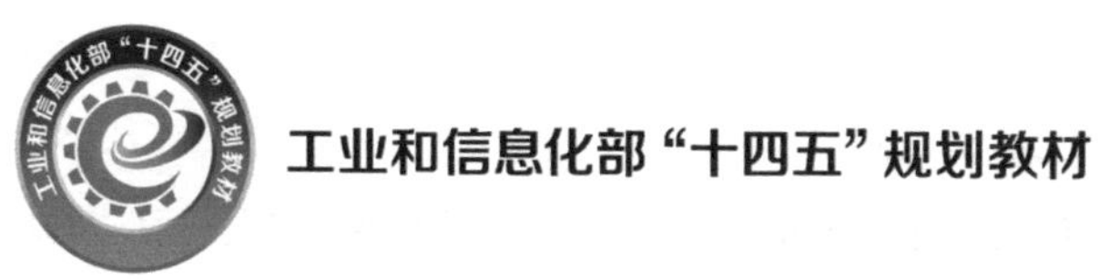

机器人
综合设计与实践

◆ 樊泽明　余孝军　主　编

◆ 刘准钆　刘文泉　宁　飞　副主编

電子工業出版社
Publishing House of Electronics Industry
北京 · BEIJING

内容简介

本书介绍机器人综合设计与实践的相关内容，是一本将串联型机器人技术、并联型机器人技术、移动机器人技术集成的教材。本书主要运用机器人的智能感知技术、自主定位与导航技术、运动与控制技术、控制系统与元件等知识内容，设计、构建并实现具备完整避障作业的机器人系统，旨在指导学生将机器人理论知识应用于设计与实践环节，增强学生对新知识、新技术的兴趣，达到培养学生动手实践能力、独立思考能力及团队分工协作能力的目的。通过学习本书，学生能进一步掌握机器人系统的理论知识和工程综合设计能力，为将来的专业发展打下良好的基础。

本书具有理论性、设计性与实践性相结合的特点，适合作为高年级本科生和研究生的机器人学习教材，也适合作为从事机器人研究、开发和应用的科技人员的参考书。

图书在版编目（CIP）数据

机器人综合设计与实践 / 樊泽明，余孝军主编. —北京：电子工业出版社，2023.10
ISBN 978-7-121-45754-8

Ⅰ. ①机… Ⅱ. ①樊… ②余… Ⅲ. ①机器人－设计 Ⅳ. ①TP242

中国国家版本馆 CIP 数据核字（2023）第 103804 号

责任编辑：路　越　　特约编辑：田学清
印　　刷：涿州市般润文化传播有限公司
装　　订：涿州市般润文化传播有限公司
出版发行：电子工业出版社
　　　　　北京市海淀区万寿路 173 信箱　　邮编：100036
开　　本：787×1 092　1/16　印张：16　字数：410 千字
版　　次：2023 年 10 月第 1 版
印　　次：2024 年 11 月第 2 次印刷
定　　价：69.80 元

凡所购买电子工业出版社图书有缺损问题，请向购买书店调换。若书店售缺，请与本社发行部联系，联系及邮购电话：（010）88254888，88258888。

质量投诉请发邮件至 zlts@phei.com.cn，盗版侵权举报请发邮件至 dbqq@phei.com.cn。

本书咨询联系方式：mengyu@phei.com.cn。

前　言

作为20世纪人类最伟大的发明之一，机器人常常被誉为“制造业皇冠顶端的明珠”。一方面，机器人是制造业实现数字化、智能化和信息化的重要载体，其研发、制造、应用是衡量一个国家科技创新和高端制造的重要标志；另一方面，机器人技术在社会生活领域的广泛应用，还催生了可从事修理、运输、清洗、救援、监护等工作的服务机器人和特种机器人，有望成为“第三次工业革命”的突破口。

党的二十大报告指出“教育、科技、人才是全面建设社会主义现代化国家的基础性、战略性支撑。必须坚持科技是第一生产力、人才是第一资源、创新是第一动力，深入实施科教兴国战略、人才强国战略、创新驱动发展战略，开辟发展新领域新赛道，不断塑造发展新动能新优势”。21世纪以来，我国机器人技术及产业在国家战略正常指引下，得到迅猛发展。期间，在“十五”期间，由单纯的机器人技术研发向机器技术与自动化工业装备扩展做了战略性调整。“十一五”期间则重点开展了机器人共性技术研究。“十二五”期间重点放在促进机器人产业链逐步形成上。“十三五”期间则主要是加强机器人的顶层设计。机器人技术是一项综合了机械自动化、电气自动化和智能自动化的交叉性学科，其不断的发展过程，都反映了技术积累与技术革命之间的关系，而机器人专业作为新工科中一门融合了多学科专业知识的综合性学科，其相关领域的人才目前有巨大的需求缺口。

本书是工业和信息化部“十四五”规划教材，综合介绍机器人学相关基础内容，并提供对应的综合实践内容，特别适合作为高年级本科生和研究生教材。作为高年级本科生教材时，教师可以跳过一些偏难内容章节；作为研究生教材时，教师可补充一些反映最新研究进展的学术论文和专题研究资料。本书也适合作为从事机器人研究、开发和应用的科技人员的参考书。

全书共10章，涉及绪论、机器人综合设计与实践平台、机器人正运动学综合设计与实践、机器人逆运动学综合设计与实践、机器人视觉感知与SLAM、机器人目标识别综合设计与实践、机器人路径规划综合设计与实践、机器人轨迹规划综合设计与实践、机器人控制综合设计与实践、机器人综合实践等内容，是一本将移动机器人、串联型机器人、并联型机器人有机集成的教材。

第1章简述机器人的起源与发展，讨论机器人的分类。第2章讨论机器人综合设计与实践平台，包括硬件系统、软件系统等平台。第3章首先对机器人正运动学理论基础进行介绍，然后从轮/履式仿人机器人的感知系统、主作业系统、辅助作业系统、3-RPS并联机构进行正运动学综合设计，最后对实践技术进行介绍。第4章首先对机器人逆运动学理论基础进行介绍，然后从轮/履式仿人机器人的主作业系统、辅助作业系统、3-RPS并联机构进行逆运动学综合设计，最后对实践技术进行介绍。第5章首先对机器人视觉感知系统理论基础进行介绍，然后从摄像头选择、摄像头标定到位姿图优化进行综合设计，最后对实践技术进行介绍。第6章首先对机器人目标识别理论基础进行介绍，然后从边界框的预测、损失函数到多种网络对比效果进行综合设计，最后对实践技术进行介绍。第 7 章首先对机器人路径规划理论基础进行介绍，然后从二维空间全局路径规划到三维空间内路径规划进行综合设计，最后对实践技术进行介绍。第 8 章首先对机器人轨迹规划理论基础进行介绍，然后从关节空间下的轨迹规划、工作空间下的轨迹规划到机器人双臂协调运动规划进行综合设计，最后对实践技术进行介绍。第 9 章首先对机器人控制理论基础进行介绍，然后对驱动器空间、关节空间、工作空间三个空间的控制进行综合设计，最后对实践技术进行介绍。第10章结合前面章节，进行全面和系统实践。

本书适合作为高年级本科生和研究生教材，作为高年级本科生教材时，教师可以跳过一些偏难内容章节；作为研究生教材时，教师可补充一些反映最新研究进展的学术论文和专题研究资料。本书也适合作为从事机器人研究、开发和应用的科技人员的参考书。

本书由西北工业大学樊泽明、余孝军、刘文泉、宁飞、刘准钆编写。西北工业大学研究生万昊、康美琳、陈洋、杨佳伟、王兴铎、徐栋、张傲、王鹏博、卢蓓蓓、余霖靓等同学完成了大量的资料收集、整理、编写、算法实现、校正等工作。

本书在编写和出版过程中，得到了众多领导、专家、教授、朋友和学生的热情鼓励和帮助。本书参考了许多机器人专著、教材、网络资源材料，在此对参考的专著、教材、网络资源的作者致以衷心的感谢。

目录 Contents

第 1 章　绪　论

进入 21 世纪以来，人类除了致力于自身的发展，还需要关注机器人的发展。当今，人们对“机器人”这个名称并不陌生。从古代的神话传说到现代的科学幻想小说、电影和电视剧，都有许多关于机器人的精彩描绘。尽管机器人和机器人技术已取得许多重要成果，但现实世界中的绝大多数机器人，既不像神话和文艺作品所描述的那样智勇双全，也没有像某些企业家所宣传的那样多才多艺。目前，机器人的本领还比较有限，不过其迅速发展，也开始对整个工业生产、太空探索、海洋探索及人类生活等各方面产生了越来越大的影响。

1.1　机器人的起源与发展

1.1.1　机器人的起源

进入近代之后，人类关于发明各种机械工具和动力机器协助用来代替人们从事各种体力劳动的梦想更加强烈。18 世纪发明的蒸汽机开辟了利用机器动力代替人类劳动的新纪元。随着动力机器的发明，人类社会出现第一次工业和科学革命，各种自动机器动力机和动力系统的问世，使机器人开始由幻想时期转入自动机械时期，许多机械式控制机器人，如精巧的机器玩具和工艺品等也应运而生。

1920 年，捷克作家卡雷尔・恰佩克在他的科幻情节剧《罗素姆的万能机器人》中，第一次提出了“机器人”这个名词，也被当成了“机器人”一词的起源。在该剧中恰佩克把斯洛伐克语“Robota”理解为奴隶或劳役的意思。该剧忧心忡忡地预告了机器人的发展对人类社会产生的悲剧性影响，引起了人们的广泛关注。在该剧中，罗素姆公司设计制造的机器人，按照其主人的命令默默地、没有感觉和感情，以呆板的方式从事繁重的劳动。后来，该公司研究的机器人技术取得了突破性进展，使机器人具有了智能和感情，成为人类在工厂和家务劳动中必不可少的成员。

恰佩克也提出了机器人的安全、智能和自繁殖问题。机器人技术的进步很可能引发人类不希望出现的问题和结果。虽然科幻世界只是一种想象，但人类担心社会将可能出现这种现实。针对人类社会对即将问世的机器人的不安，著名科学幻想小说家阿西莫夫于 1950 年在他的小说《我是机器人》中，提出了有名的“机器人三守则”：

（1）机器人不得伤害人类，或坐视人类受到伤害；

（2）机器人必须绝对服从于人类，除非这种服从有害于人类；

（3）机器人必须保护自身不受伤害，除非为了保护人类或者是人类命令它做出牺牲。

这三条守则，给机器人社会赋予新的伦理性，并使机器人概念通俗化，更易于为人类社会所接受。至今，“机器人三守则”仍为机器人研究人员、设计制造厂家和用户提供十分有意义的指导方针。

1.1.2 机器人的发展

从 20 世纪 60 年代初期到 20 世纪 70 年代初期，在工业机器人问世后头 10 年里，机器人技术的发展较为缓慢，许多研究单位和公司所做的努力均未获得成功。这一阶段的主要成果包括由美国斯坦福国际研究所于 1968 年研制的移动式智能机器人夏凯和辛辛那提·米拉克龙公司于 1973 年制成的第一台适用于投放市场的机器人 T3 等。

20 世纪 70 年代，人工智能学界开始对机器人产生浓厚的兴趣。人们发现，机器人的出现与发展为人工智能的发展带来了新的生机，也提供了一个很好的试验平台和应用场所，是人工智能可能取得重大进展的潜在领域。这一认识，很快为许多国家的科技界、产业界和政府有关部门所认同。随着自动控制理论、电子计算机和航天技术的迅速发展，机器人技术于 20 世纪 70 年代中期进入了一个新的发展阶段。进入 20 世纪 80 年代后，机器人生产继续保持 20 世纪 70 年代后期的发展势头。20 世纪 80 年代中期，机器人制造业已成为发展最快和最好的经济部门之一。

20 世纪 80 年代后期，由于传统机器人用户应用工业机器人已趋饱和，从而造成工业机器人产品的积压，不少机器人厂家倒闭或被兼并，使得国际机器人研究和机器人产业开始不景气。20 世纪 90 年代初，机器人产业开始出现复苏和继续发展迹象。但是，好景不长，1993 年—1994 年又跌入低谷。总体而言，全世界工业机器人的数目每年都在递增，但市场波浪式向前发展，1980 年至 20 世纪末，出现过三次马鞍形曲线。1995 年后，全世界机器人数量逐年增加，增长率也较高，机器人以较好的发展势头进入 21 世纪。

进入 21 世纪后，工业机器人产业发展速度加快，年增长率达到 30%左右。其中，亚洲工业机器人增长速度高达 43%，最为突出。

近年来，全世界机器人行业发展迅速，2007 年全世界机器人行业总销售量比 2006 年增长 10%。人性化、重型化、智能化已经成为未来机器人产业的主要发展趋势[1]。现在全世界服役的工业机器人总数在 100 万台以上。此外，还有数百万台服务机器人正在运行。但这些机器人中，90%以上都不具有智能。

随着工业机器人数量的快速增长和工业生产的发展，人类对机器人的工作能力也提出更高的要求，要求这些机器人不仅能够运用各种反馈传感器，而且还能够运用人工智能中各种学习、推理和抉择技术。智能机器人还应用许多最新的智能技术，如临场感技术、虚拟现实技术、多真体技术、人工神经网络技术、遗传算法和遗传编程、仿生技术、多传感器集成和融合技术及纳米技术等。

智能机器人是一类能够通过传感器感知环境和自身状态，实现在有障碍物的环境中面向目标的自主运动，从而完成一定作业功能的机器人系统[2]。而移动机器人是一类具有较高智能的机器人，也是智能机器人研究的一类前沿和重点领域。移动机器人与其他机器人的不同之处就在于其“移动”特性。移动机器人不仅能够在生产、生活中起到越来越大的作用，而且还是研究复杂智能行为的产生、探索人类思维模式的有效工具与实验平台。21 世纪的机器人的智能水平，将提高到令人赞叹的更高水平。

1.2　机器人的分类

机器人的分类方法很多。本书将按机器人的连接方式、机器人的移动性、机器人的控制方式、机器人的几何结构、机器人的智能程度、机器人的用途等方式分类。

1.2.1　按机器人的连接方式分类

1. 串联型机器人

串联型机器人是较早应用于工业领域的机器人。如图 1-1 所示，串联型机器人是一个开放的运动链，主要以开环机构为机器人机构原型。由于串联型机器人开环的串联机构形式，该机构末端执行器可以在大范围内运动，所以其具有较大的工作空间，并且操作灵活、控制系统和结构设计较简单；同时，由于其研究相对较为成熟，已成功应用于很多领域，如各种机床、装配车间等。然而，由于串联型机器人连接的连续性，当串联机构的末端执行器受力时，各关节间不仅不分担负载，还要承受叠加的重量，每个关节都要承受此关节到末端执行器关节所受负载的力之和。因此，串联型机器人负载能力和位置精度与多轴机械比较起来很低[3]；同时，由于各关节电机安装在关节部位，在运动时会产生较大的转动惯量，从而降低其动力学性能；此外，串联关节处的累积误差也比较大，严重影响串联型机器人的工作精度。

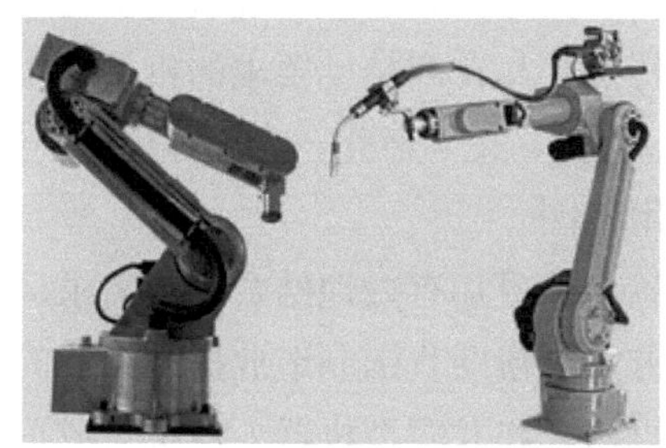

图 1-1　串联型机器人

2. 并联型机器人

并联型机器人是一个封闭的运动链。如图 1-2 所示，并联型机器人一般由上、下平台，以及两条或两条以上运动支链构成。与串联型机器人相比，由于并联型机器人由一个或几个闭环组成的关节点坐标相互关联，因此其具有运动惯性小、热变形较小、不易产生动态误差和累积误差的特点；此外，其还具有精度较高、机器刚性高、结构紧凑稳定、承载能力高且反解容易等优点[4]。基于这些特点，并联型机器人在过去的近 30 年里一直是机器人研究领域的热点。尽管其与串联型机器人相比起步较晚，并且还有很多理论问题没有解决，但关于并联多运动臂的结构设计、动力与控制策略，以及主轴电机的工作空间和工位奇异性研究已趋于成熟，且已经在需要刚度高、精度高、荷重大、工作空间精简的领域内得到了广泛应用。运动模拟器、Delta 机器人等都是并联型机器人成功的案例。

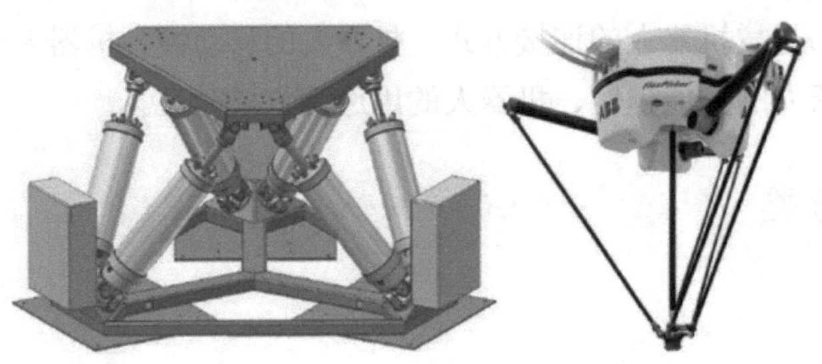

图 1-2 并联型机器人

3．混联型机器人

混联型机器人是在工业实际应用中，针对机器人工作空间和操作灵活度的具体要求而提出的一种新型机器人结构。混联型机器人是以并联机构为基础，在并联机构中嵌入具有多个自由度的串联机构，而构成的一个复杂的混联系统，其结构设计复杂，属于对并联机构的补偿和优化。混联型机器人继承了并联型机器人刚度高、承载能力高、速度快、精度高的特点，同时其末端执行器也拥有了串联型机器人运动空间大、控制简单、操作灵活等特点，多用于运动精度高的场合。

然而，由于并联机构的存在，在结构设计时对运动解耦性的考虑是不可避免的，因此，如何合理设置并联机构是混联型机器人的一个重要研究方向。此外，混联型机器人往往随着并联机构的加入而具备了微动而高精度的运动特点，其在高精度要求的机械加工领域具有很好的应用前景。在应用工艺上除常用于食品、医药、3C、日化、物流等行业中的理料、分拣、转运外，也凭借多角度拾取优势扩大了应用范围。

混联型机器人的出现为机器人应用拓宽了场景，能更加有效地结合市场需求，满足客户个性化定制需要，建立行之有效的自动化解决方案，帮助我国制造业提升企业的核心竞争力和盈利能力，加快企业转型升级。将串联型机器人和并联型机器人有机集成，构成既具有串联型的优点，又具有并联型的优点，是一种综合性机器人。图 1-3 展示了西北工业大学樊泽明教授研究的将串联、并联、移动有机集成的多功能多用途智能机器人，它也是本书的实验与创新实践平台。

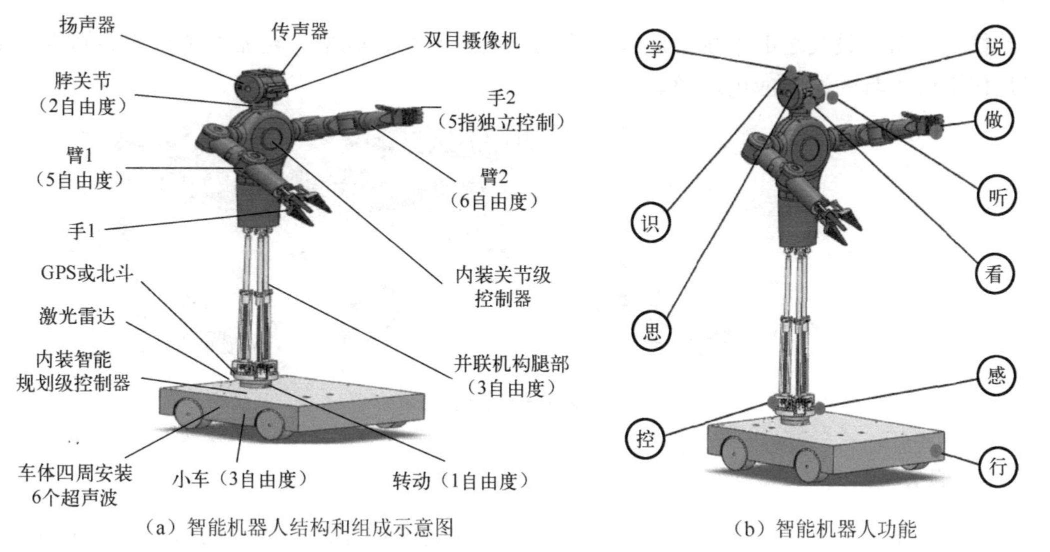

（a）智能机器人结构和组成示意图　　（b）智能机器人功能

图 1-3　智能机器人

1.2.2　按机器人的移动性分类

1. 固定式机器人

固定式机器人固定在某个底座上，整台机器人或机械手不能移动，只能移动各个关节，如图 1-4 所示。

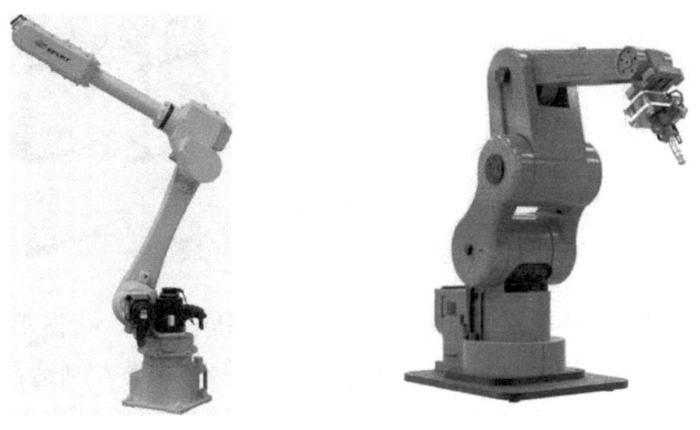

图 1-4　固定式机器人

2. 自动导向车（AGV）

AGV 主要用于工厂、仓库和运输区域的室内和室外移动材料（一种称为材料处理的应用程序）。如图 1-5 所示，AGV 可能在制造场所运送汽车零件、在出版公司运送新闻纸，或在核电厂运送废料。

现代交通系统通常使用无线通信将所有车辆连接到一个负责控制交通流量的中央计算机。车辆进一步分类的依据是，它们是拉动装满材料的拖车（拖曳式 AGV），还是用叉式 AGV（叉开式 AGV）来装卸，还是在车顶的平台上运输（单位装载式 AGV）。AGV 可能是移动机器人最发达的市场。此外，移动材料，卡车、火车、轮船和飞机的装卸也是未来几代交通工具的潜在应用对象。

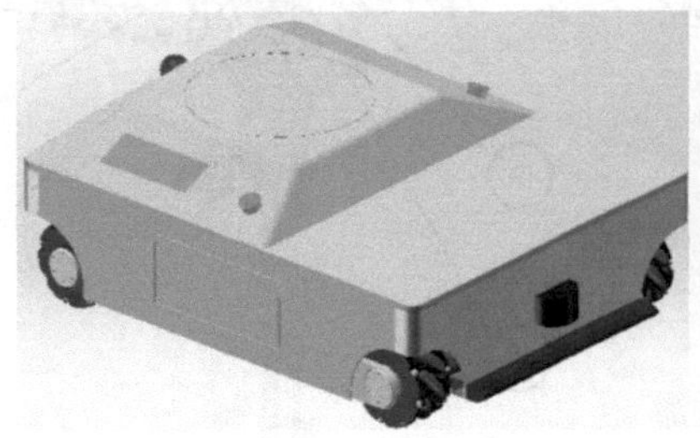

图 1-5 AGV

3．服务机器人

服务机器人执行的任务如果由人类来执行，就会被认为是服务行业的工作。如图 1-6 所示，部分服务任务，如邮件、食品和药物的递送，被认为是“轻”材料处理，与 AGV 的工作类似。然而，许多服务任务的特点是与人的亲密程度更高。

医疗服务机器人可以用来给患者送食物、水、药品、阅读材料等。它们还可以从一个地方到另一个地方移动生物样本和废物、医疗记录和行政报告。

（a）家庭服务机器人

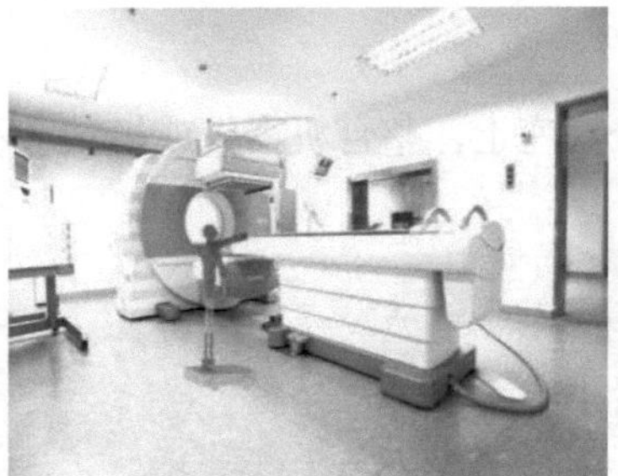

（b）医疗服务机器人

（c）航空服务机器人

图 1-6 智能机器人用于服务领域

监视机器人就像自动化的保安，在某些情况下，能够胜任在一个区域内移动并简单地探测入侵者的自动化能力是很有价值的。这个应用程序是移动机器人制造商的早期兴趣之一。

其他服务机器人包括用于机构和家庭地板清洁和草坪护理的机器人。清洁机器人用于机场、超市、购物中心、工厂等。它们的工作包括清洗、清扫、吸尘和收垃圾。这些设备与到达某个地方或携带任何东西无关，而是与至少一次到达任何地方有关。

4．社交机器人

社交机器人是专门用来与人类互动的服务机器人，它们的主要目的通常是传递信息或娱乐。虽然只是固定地传递信息，但是社交机器人由于这样或那样的原因也需要移动。

一些潜在的应用包括回答零售商店（杂货店、硬件）中的产品位置问题，在餐厅里给孩子送汉堡，老年人和体弱者的机器人助手可以帮助他们看东西（机器人导盲犬）、移动，或者记住他们的药物等。

近年来，索尼公司生产和销售了一些令人印象深刻的娱乐机器人，最早的这类设备被包装成“宠物”。博物馆和博览会的自动导游可以指导顾客参观特定的展品。

5. 野战机器人

野战机器人在极具挑战性的户外自然地形“野战”条件下执行任务。几乎任何类型的车辆，必须在户外环境中的移动和工作，都有可能实现自动化。大多数事情在户外都比较难做，在恶劣的天气很难看清，也很难决定如何穿过复杂的自然地形，也很容易陷入困境。野战机器人通常是安装在移动基座上的武器和/或工具，它们不仅会去某个地方，而且还会以某种方式与环境进行物理交互。

在农业方面，机器人潜在的应用包括种植、除草、化学（除草剂、杀虫剂、肥料）应用、修剪、收获和抓取水果与蔬菜。与家庭除草不同，大规模的除草在公园、高尔夫球场和公路中间地带是必要的。专门用于割草的人力驱动车辆是自动化的良好候选。在林业方面，照料苗圃和收获成年树木是潜在的应用。图 1-7 中的机器人为西北工业大学樊泽明教授研究的机器人。

（a）水果抓取示意图

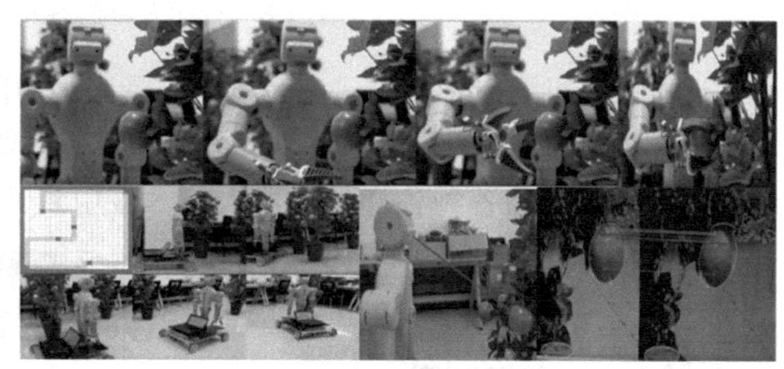

（b）水果抓取过程

图 1-7 智能机器人用于蔬果抓取领域

机器人在采矿和挖掘中有多种应用。在地面上，挖掘机、装载机和岩石卡车已经在露天矿山实现了自动化。井下、钻机、锚杆机、连续式采煤机和自卸车都实现了自动化。

6. 检查、侦察、监视和探测机器人

检查、侦察、监视和探测机器人是现场机器人，它们在移动平台上部署仪器，以检查一个区域或发现或探测某个区域内的某些东西。通常，使用机器人的最佳理由是，环境太危险，不能冒险让人类来做这项工作。这种环境的典型例子包括受高辐射水平影响的地区（核电站深处）、某些军事场景（侦察、拆弹）和空间探索。图 1-8 中的机器人为西北工业大学樊泽明教授正在研究的智能人形机器人。

在能源领域，机器人已被用于检查核反应堆部件，包括蒸汽发生器、加热管和废物储存罐[5]、用于检查高压电力线、天然气和石油管道的机器人已经原型化或装备完毕。远程驾驶的水下交通工具也变得越来越大，被用来检查石油钻井平台、海底通信电缆，甚至帮助寻找沉船等。

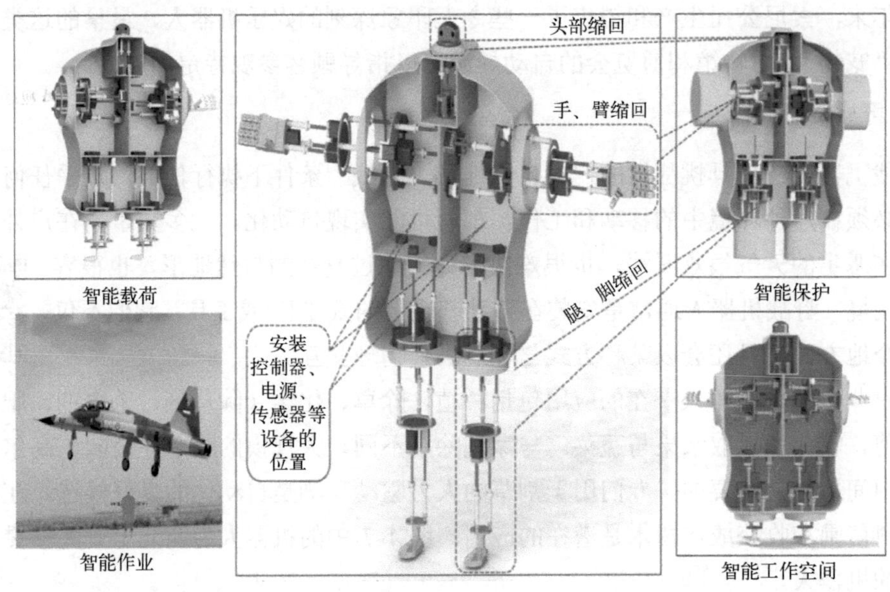

图 1-8 智能人形机器人结构示意图

近年来，机器人士兵的研究开发尤为紧张。如图 1-9 所示，机器人被用于战争领域，如用于侦察和监视、部队补给、雷区测绘和清除，以及救护车服务等任务。而军用车辆制造商已经在努力将各种各样的机器人技术应用到其产品中。拆弹已经是一个成熟的市场。

图 1-9 智能人形机器人用于战争领域

在太空中，一些机器人飞行器已经在火星表面自动行驶了数公里，而在推进器的动力下绕空间站飞行的飞行器的概念已被提上日程一段时间了。

1.2.3 按机器人的控制方式分类

按照控制方式可把机器人分为非伺服机器人和伺服控制机器人两种[6]。

（1）非伺服机器人。非伺服机器人工作能力比较有限，它们往往涉及那些叫作“终点”“抓放”或“开关”式机器人，尤其是“有限顺序”机器人。这种机器人按照预先编好的程序顺序工作，使用终端限位开关、制动器、插销板和定序器来控制机器人机械手的运动。

（2）伺服控制机器人。伺服控制机器人比非伺服机器人有更强的工作能力，因而价格较贵，而且在某种情况下不如简单的机器人可靠。通过反馈传感器取得的反馈信号与来自给定装置的综合信号，用比较器加以比较后，得到的误差信号在经过放大后，用于激发机器人的驱动装置，进而带动末端执行器装置以一定规律运动，到达规定的位置或速度等。

显然这就是一个反馈控制系统。伺服控制机器人又可以分为点位伺服控制机器人和连续路径伺服控制机器人两种。

1.2.4 按机器人的几何结构分类

机器人的机械结构形式多种多样，最常用的结构形式用图 1-10 所示的坐标特性来描述，如笛卡儿坐标结构、柱面坐标结构、极坐标结构、球面坐标结构和关节坐标结构等。

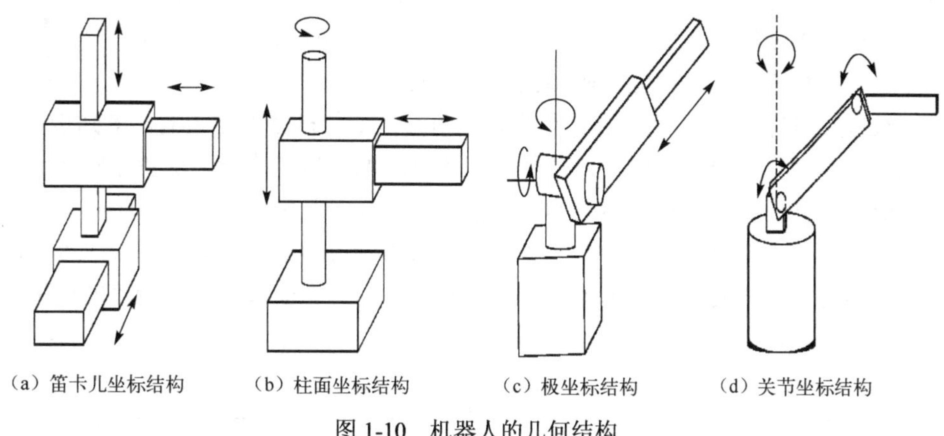

（a）笛卡儿坐标结构 （b）柱面坐标结构 （c）极坐标结构 （d）关节坐标结构

图 1-10 机器人的几何结构

1.2.5 按机器人的智能程度分类

（1）一般机器人，不具有智能，只是具有一般编程能力和操作功能，如图 1-1 所示。

（2）智能机器人，具有不同程度的智能，又可分为传感型机器人、交互型机器人、自立型机器人，如图 1-3 和图 1-8 所示。

1.2.6 按机器人的用途分类

（1）工业机器人或产业机器人，主要应用在工农业生产中，或在制造业中进行焊接、喷涂、装配、搬运、农产品加工等作业，如图 1-7 所示。

（2）探索机器人，用于进行太空或海洋探索，也可用于地面和地下的探险与探索，如图 1-11 所示。

图 1-11 探索机器人

（3）服务机器人，是一种半自主或全自主工作的机器人，其所从事的服务工作可使人类生活得更好，使制造业以外的设备工作得更好，如图 1-6 所示。

（4）军事机器人，用于军事目的，或进攻性的，或防务性的。它又可分为空中军用机器人、海洋军用机器人和地面军用机器人，或简称为空军机器人、海军机器人和陆军机器人，如图 1-9 所示。

1.3 本书综述

虽然机器人有广阔的应用范畴和市场，但真正成功的机器人都有一个千真万确的事实：它的设计是许多不同知识体系的集成，这也使得机器人成为一个交叉学科领域。为解决运动问题，机器人专家必须了解机械结构、运动学、动力学和控制理论；为建立稳健的感知系统，机器人专家必须沟通信号分析领域和专门的知识体系，如计算机视觉等，以便适当地使用众多的传感器工艺技术。定位、导航和目标识别则需要计算机算法、信息论、人工智能、概率论等方面的知识。

图 1-12 为本书各章节关系拓扑结构图，该图确认了与机器人相关的许多知识主题。作为学习机器人的本科生和研究生，以及热衷于该领域的科研工作者，熟悉矩阵代数、微积分、概率论和计算机编程，对于学习本书非常有利。同时，由西北工业大学樊泽明教授开发的智能机器人（见图 1-3）是为本书学习研发的实验与创新实践教学平台，可完成本书的大部分内容的实验与创新实践训练。基于该平台学习，将会起到事半功倍的效果。

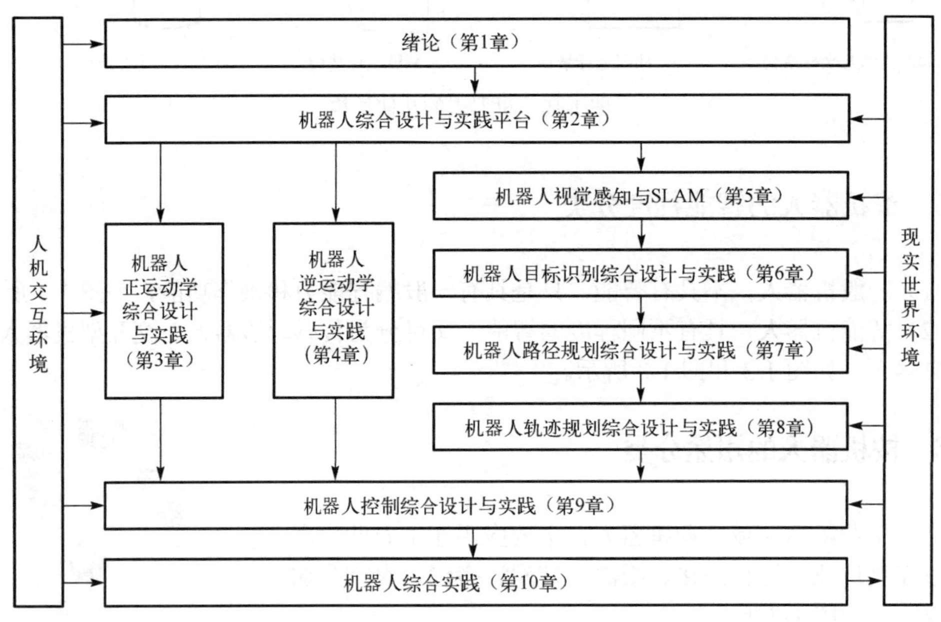

图 1-12　本书各章节关系拓扑结构图

1.3.1　机器人运动学设计与实践

机器人机械结构的运动学分析，是描述机器人相对一个固定参考笛卡儿坐标系的运动，并不考虑导致结构运动的力和力矩。在此，也很有必要对运动学和微分运动学加以区分。对于一个机器人机械手，运动学描述的是关节的位置与末端执行器的位置和方向之间的解析关系，而微分运动学则通过雅可比矩阵描述关节运动与末端执行器运动在速度方面的解析关系。

运动学关系的公式化表示使得对机器人的两个关键问题——正运动学问题和逆运动学问题的研究成为可能。正运动学利用线性代数工具，确定了一个系统性和一般性方法，将末端执行器的运动描述为关节运动的函数。逆运动学考虑前一问题的逆问题，其解的本质作用是将在工作空间中制定给末端执行器的期望运动，转换为相应的关节的运动[7]。

建立一个机器人的运动学模型，对确定处于静态平衡位形时作用到关节上的力和力矩，与作用到末端执行器上的力和力矩之间的关系也是有用的。

1. 操作臂正运动学设计与实践

运动学研究物体的运动，但不考虑引起这种运动的力。在运动学中，我们研究位置、速度、加速度和位置变量对于时间或者其他变量的高阶微分。这样，操作臂运动学的研究对象就是运动的全部几何和时间特性。

几乎所有的操作臂都是由刚性连杆组成的，相邻连杆间由可做相对运动的关节连接。这些关节通常装有位置传感器，用来测量相邻连杆的相对位置。如果是转动关节，那么将这个位移称为关节角。如果一些操作臂含有滑动（或移动）关节，那么两个相邻连杆的位移是直线运动，有时将这个位移称为关节偏距。

操作臂自由度的数目是操作臂中具有独立位置变量的数目，这些位置变量确定了机构中所有部件的位置。末端执行器安装在操作臂的自由端。根据机器人的不同应用场合，末端执行器可以是一个夹具、一支焊枪、一个电磁铁或其他装置。我们通常用附着于末端执行器上的工具坐标系描述操作臂的位置，与工具坐标系相对应的是与操作臂固定底座相连的基坐标系。

在操作臂运动学研究中，一个典型的问题是操作臂正运动学。计算操作臂末端执行器的位置和姿态是一个静态的几何问题。具体来讲，给定一组关节角的值，正运动学问题是计算工具坐标系相对于基坐标系的位置和姿态[8]。一般情况下，我们将这个过程称为从关节空间描述到笛卡儿空间描述的操作臂位置表示。

2. 操作臂逆运动学设计与实践

在后面的章节中，我们将讨论操作臂逆运动学，即给定操作臂末端执行器的位置和姿态，计算所有可达到该给定位置和姿态的关节角[9]。这是操作臂实际应用中的一个基本问题。

操作臂逆运动学是一个相当复杂的几何问题，然而人类或其他生物系统每天都要进行数千次这样的求解。对于机器人这样一个人工智能系统，我们需要在控制计算机中设计一种算法来实现这种逆向计算。从某种程度上讲，逆运动学问题的求解是操作臂系统最重要的部分[10]。

我们认为这是个“定位”映射问题，是将机器人位姿从三维笛卡儿空间向内部关节空间的映射。当机器人目标位置用外部三维空间坐标表示时，则需要进行这种映射。某些早期的机器人没有这种算法，它们只能简单地被移动（有时要由人工示教）到期望位置，同时记录一系列关节变量（如各关节空间的位置和姿态）以实现再现运动。显然，如果机器人只是单纯地记录和再现机器人的关节位置和运动，那么就不需要任何从关节空间到笛卡儿空间的变换算法。然而，现在已经很难找到一台没有这种逆运动学算法的机器人了。

逆运动学不像正运动学那样简单。因为运动学方程是非线性的，所以很难得到封闭解，有时甚至无解[11]，同时提出了解的存在性和多解问题。

上述问题的研究给人脑和神经系统在无意识的情况下引导手臂和手移动，以及操作物体的现象做出了一种恰当的解释。运动学方程解的存在与否限定了操作臂的工作空间。无解表示目标点在工作空间之外，而操作臂无法达到该期望位姿[12]。

1.3.2 机器人感知和物体识别设计与实践

机器人在各种工程应用中，都需要识别物体[13]。例如，机器人在加工过程中，需要识别零件图纸；机器人在装配过程中，需要识别工件形状；机器人在搬运过程中，需要识别被搬运物体；机器人在抓取水果过程中，需要识别水果的形状和颜色、树枝、树干等；机器人在环境中活动时，需要识别障碍物形状及环境。因此，物体识别在机器人领域无处不在。

1.3.3 机器人定位和地图构建设计与实践

因为机器人要在未知环境下完成给定任务，所以定位和地图构建发挥着重要的作用[14]。在机器人中，定位和地图构建通常相互依赖，对于地图构建而言，我们只有知道机器人所处的位置，才能准确描述出周围环境的地图信息；而对于定位而言，我们只有通过地图构建描绘出环境中的特征，才能根据这些信息进行更为准确的定位。

1.3.4 机器人规划和避障设计与实践

通过机器人传感器、机器人地图构建技术、定位技术，论述机器人的认知[15]。一般来说，认知表示系统利用有目的的决策并执行，以实现最高级别的目标。

1.3.5 机器人控制设计与实践

分析机器人的控制特点和控制技术，讨论机器人关节空间控制、工作空间控制和力控制。严格地讲，线性控制技术仅适用于能够用线性微分方程进行数学建模的系统。对于操作臂的控制，这种线性方法实质上是一种近似方法，因为在第 5 章我们可以看到，操作臂的动力学方程一般都是由非线性微分方程来描述的。但是，通常这种近似是可行的，而且这些线性方法是当前工程实际中最常用的方法。工作空间控制讨论了直接控制方法和解耦控制方法及自适应控制方法。当机器人在空间中跟踪轨迹运动时，可采用位置控制，但当末端执行器与工作环境发生碰撞时，如磨削机器人，不仅要考虑位置控制，而且要考虑力控制。

1.4 本 章 小 结

本章阐述了机器人的起源与发展、机器人的分类及本书的结构。其中机器人的分类部分，介绍了连接方式、移动性、控制方式、几何结构、智能程度和用途 6 个方面的分类方法；本书的结构部分，介绍了机器人运动学、感知和物体识别、定位和地图构建、规划和避障，以及控制的设计与实践。

习　题　1

1.1 国内外机器人技术的发展有何特点？

1.2 制作一个年表，记录在过去 40 年中机器人发展的主要事件。

1.3 简述机器人的正运动学。

1.4 简述机器人的逆运动学。

1.5 简述机器人的速度和静力学。

1.6 简述机器人的动力学。

1.7 简述机器人的控制类型。

思政内容

第 2 章　机器人综合设计与实践平台

2.1　引　　言

机器人是融合信息、电子、计算机、控制、电气、机械及生物认知等工程技术，综合应用自然科学、社会科学、人文科学等相关学科的理论与方法，研究机器人的智能感知、优化控制与系统设计、人机交互模式等多领域交叉的技术。本书为培养具有基础扎实、知识面宽、实践能力强、创新意识强，即能从事国家和地方发展的机器人行业高素质、国际化、复合型人才提供理论、设计、实践支持。

本书以“国际工程教育专业认证体系”（以下简称为国际认证体系）为依据，国际认证体系提出了将设计、实验和创新实践提到人才培养的新高度，针对这一高度，工科类专业建设规划图如图 2-1 所示。工科类人才培养的实验和创新实践类课程学分要占总课程学分的 30%以上，其中，综合实践类课程不低于实验和创新实践类课程的 60%。

因此，提供机器人设计与创新实践课程的综合创新实践平台非常必要。

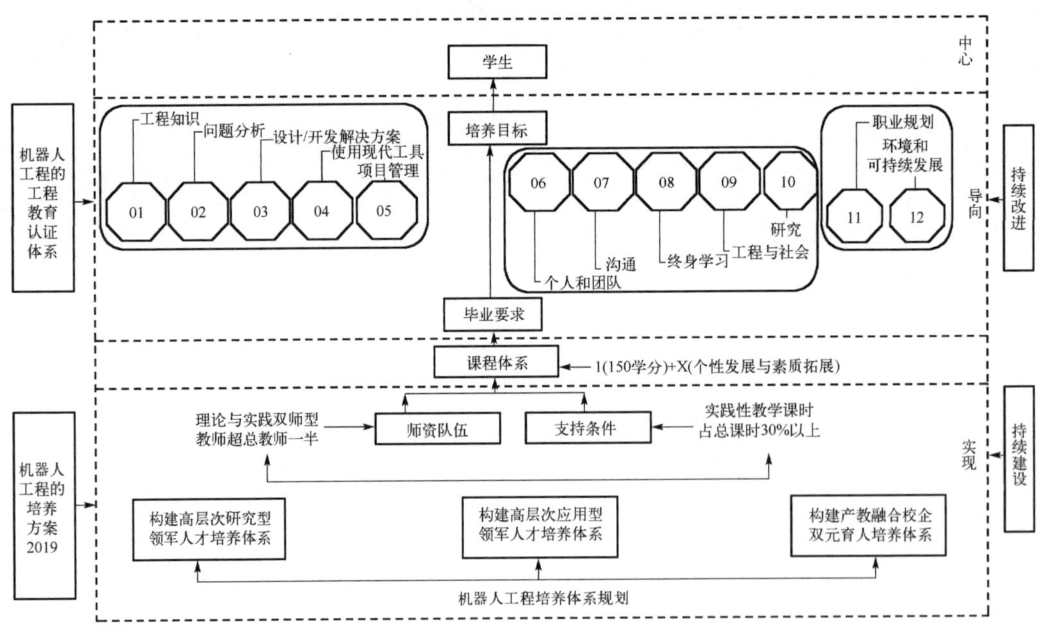

图 2-1　工科类专业建设规划图

依据高标准和前沿性要求，以国际认证体系提出的工科类专业课程设置体系的“厚基础、宽口径、重实践、求创新”的人才培养目标为依据，将主要课程分别归入几大课程模块之中，课程之间相互支持与衔接，突出专业特色，满足专业学术型、交叉复合型、就业创业型人才培养要求，同时考虑能够在家里、宿舍等有网络的地方，可以进行基于浏览器的理论、实验和创新实践一体化同步教学，设计并建设了图 2-2 所示的实验和创新实践平台。

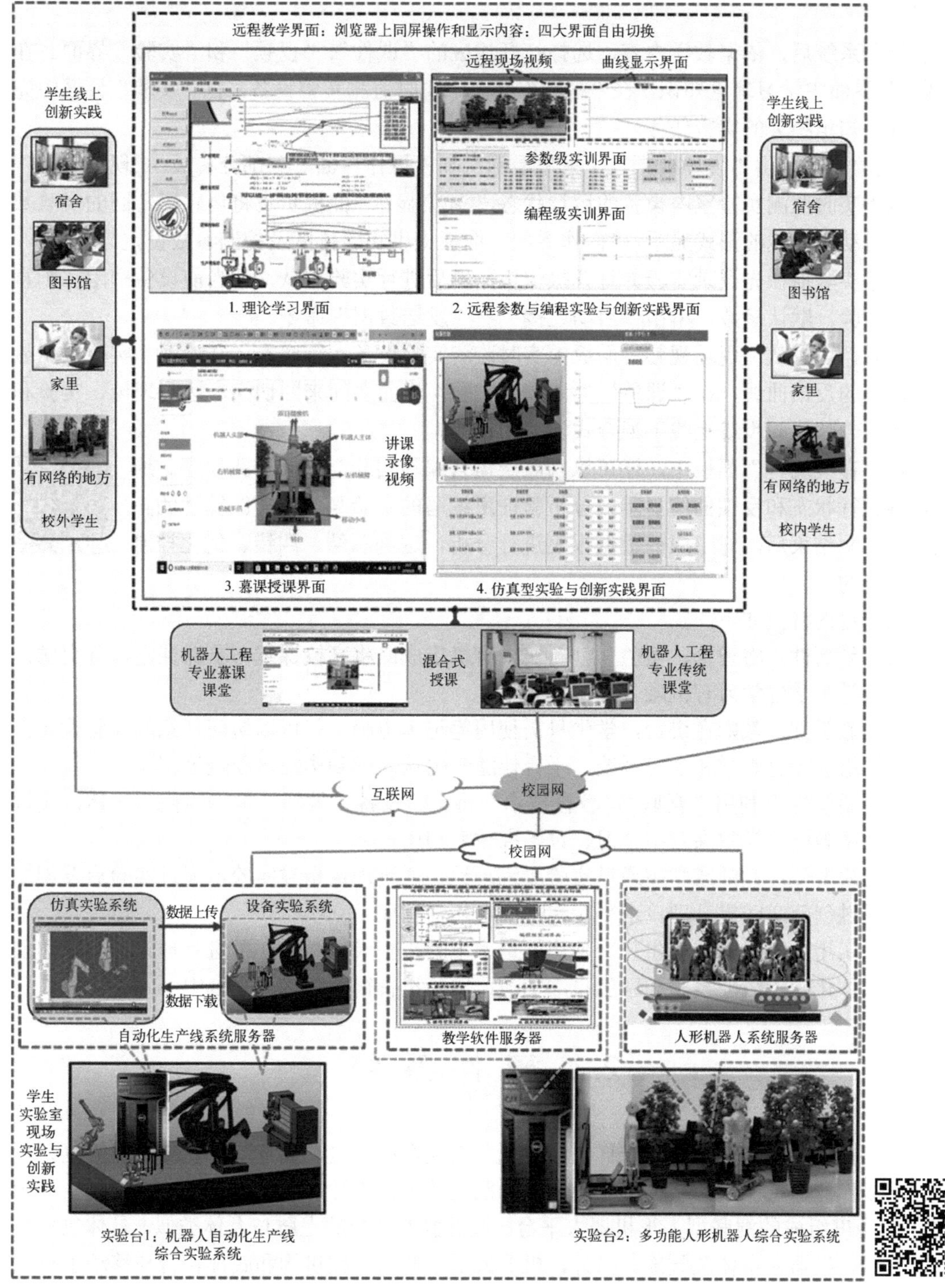

图 2-2　基于浏览器的理论、实验和创新实践一体化同步教学的平台（扫码见彩图）

该平台将设备群、服务器群、教师群、学生群通过校园网和互联网有机地集成为一体，无论是高校课堂还是慕课课堂，老师在教室即可完成理论、实验和创新实践一体化同步教学，学生在宿舍、图书馆等有网络的地方也可进行理论、实验和创新实践一体化同步课后学习。

进入系统后，依据教学内容，选择打开相应的“课件”、“视频”和“实验”界面。在“课件”界面中学习理论知识，在“视频”界面中实时监测实验设备，在“实验”界面中完成与理论知识相关的实验任务。

“实验”界面由“现场视频”、“采集显示”和“操作界面”三部分构成，“现场视频”面板负责实时监测实验室内设备的运行状态，“采集显示”面板负责将传感器传回的实验数据以实时动态曲线的形式显示，“操作界面”面板提供实验排队及控制参数设定等操作。

开始实验前，先登录实验并打开摄像头，然后进行实验排队，若当前设备空闲，则直接进入实验。默认参数，单击“启动连接”→“发送数据”命令。

此时，可以从“现场视频”面板中实时监测实验设备运行状态，并验证“实验数据显示”面板的反馈曲线，在“课件”界面和“实验”界面之间来回切换，达到理论、实验和创新实践一体化同步线上线下混合式学习的目的。

在“在线编程”面板中，还可以用底层语言编写实验与创新实践程序。通过设备运行状态和反馈曲线显示，分析验证所编写的实验与创新实践算法的正确性。实验结束后，对生成的数据报表进行分析，达到总结、纠错、优化控制算法的目的。

该平台的特点如下。

（1）创新性：将理论、实验和创新实践有机集成；将高校课堂与慕课课堂水乳交融；将教师教学与学生学习有机融合。

（2）教学性：教师在讲台，学生只需使用笔记本电脑，就可以访问任意的实验设备，随时随地组成专有教学和学习系统，平台伴随学生从入学到毕业培养全过程。

（3）科学性：利用“互联网+教育技术”将实验设备、教师、学生连接为一体，实现教师高效率教学、学生高效率学习、设备高效率利用。

（4）启发性：教师或学生通过实验凝练理论，通过理论指导实验，通过实验启发创新实践，通过创新实践提升理论水平，实现三者相辅相成。

（5）实用性：教师或学生只需使用笔记本电脑，登录浏览器即可进行理论、实验和创新实践一体化同步教师教学和学生自主学习，实验设备很容易接入平台中。

2.2 硬件系统

为了能够让机器人与人类一样灵活，代替人类在高难度、高危险、重复枯燥等复杂环境中完成作业，机器人的结构和功能大多参照人体进行设计开发。本书中，设计了一种由25个自由度组成的混联型人形机器人平台。该机器人平台的上肢与人体类似，具体包括头部、双臂、机器人主体及腰部。另外，机器人上肢通过并联机构和底部转台与移动小车相连，移动小车实现机器人前后、左右、转弯功能，而并联机构实现下蹲和站立功能。通过头部视觉系统对目标物进行识别和定位，通过车载激光雷达和头部视觉实现机器人自主导航、行走、目标抓取等检测任务。机器人系统主要包括硬件系统和软件系统两部分，本章将详细介绍这两部分内容。

该机器人平台包括双目视觉系统、双臂作业系统、腰部 3-RPS 并联机构、移动小车平台等硬件部分，整体结构如图 2-3 所示。

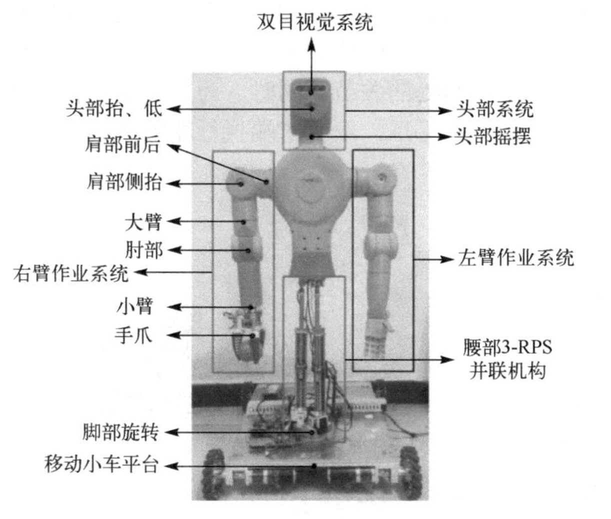

图 2-3　机器人硬件

如图 2-3 所示，将机器人各部分硬件系统组装搭建为一体，并通过软件系统进行协调控制，实现机器人自主作业的功能。

2.2.1　双目视觉系统

本书中，采用 Intel Realsense D435 摄像头作为机器人的“眼睛”。这款摄像头将宽视场和全局快门传感器结合到一起，功能强大，室内、室外均可使用，摄像头正面从左到右，分别为红外传感器、红外激光发射器、红外传感器和色彩传感器，如图 2-4 所示。

本书中，利用该摄像头的深度技术对目标物进行识别和定位，保证抓取实验过程的准确性。其中，摄像头的最小深度距离约为 0.105m，其最大拍摄范围高达 10m，准确度也随着校准、场景和光照条件的不同而变化。

该双目摄像头体积小巧，可安装于机器人头部，并随着机器人颈部俯仰、旋转两个方向的运动而进行不同方位的扫描，如图 2-5 所示。

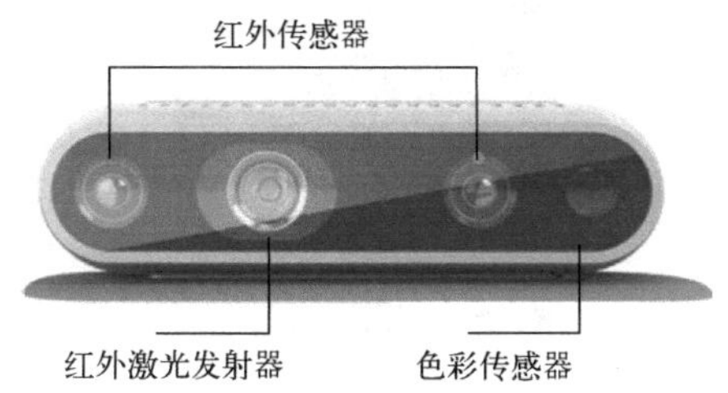

图 2-4　机器人视觉系统

图 2-5　机器人头部

2.2.2 双臂作业系统

仿照人体的双臂结构，机器人系统双臂的外层及支撑结构分模块金属结构设计，并通过 3D 打印制作外壳，使用的材料为塑性材料，密度较小，强度较高，可极大地减轻机器人整体质量。机器人平台的主辅作业臂分别有 5 个自由度、6 个自由度，主辅作业臂中均包括肩部前后转动关节、肩部左右转动关节、大臂旋转关节、肘部关节和小臂旋转关节，辅助作业臂相比主作业臂而言，增加了手腕处的关节。同时，为了满足主作业臂的作业任务需求，其末端执行器采用了三指柔性机械手爪，双臂末端执行器如图 2-6 所示。

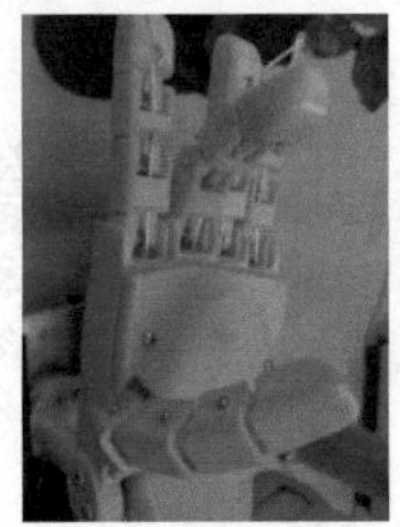

（a）辅助作业臂末端执行器

（b）主作业臂末端执行器

图 2-6　双臂末端执行器（扫码见彩图）

辅助作业臂末端执行器拥有大拇指、食指、中指、无名指和小拇指 5 个手指关节，每个手指关节都可以模仿人类手指，并且做出相应的动作。更重要的是，可以使用该末端执行器将遮挡目标物的障碍物移开，辅助主作业臂抓取目标物。主作业臂末端执行器为三指柔性机械手爪，是由柔性材料制作而成的，可以保证目标物的表皮免受损伤。

机器人平台双臂系统一共有 16 个自由度，要使双臂系统像人类一样灵活，需要对机器人双臂的各个关节进行驱动控制。本书中，选取了串行总线智能舵机，该舵机采用 ARM 32 位单片机作为主控制核心，位置感应采用 360°12 位精度的磁感应角度方案，通信电平采用具有较强抗干扰能力的 RS485 方式。其通信方式为串行异步方式，控制器和舵机之间采用问答方式通信，控制器发出指令包，舵机返回应答包。一个总线控制网络中允许有多个舵机，可以给每个舵机分配网络内唯一的 ID 号。控制器发出的控制指令中包含 ID 信息，只有匹配上 ID 号的舵机才能完整接收这条指令，并返回应答信息。驱动舵机和舵机控制板分别如图 2-7 和图 2-8 所示。

图 2-7　驱动舵机

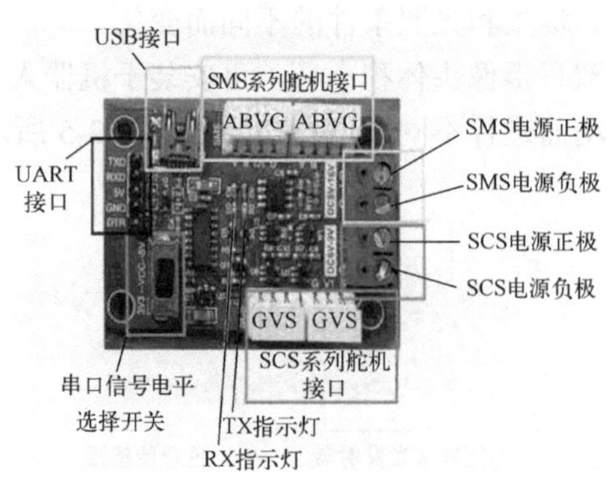

图 2-8　舵机控制板

2.2.3　腰部 3-RPS 并联机构

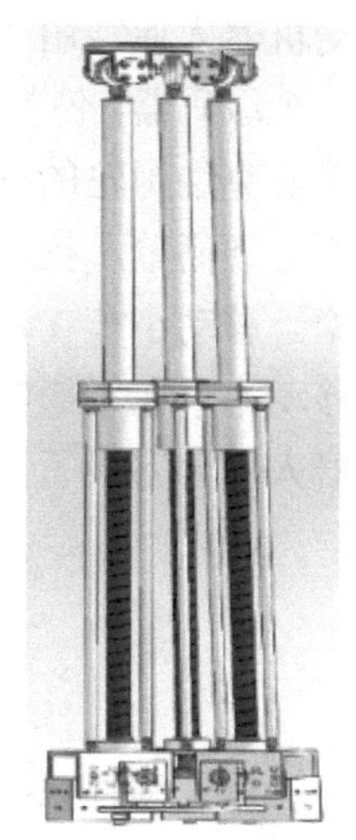

图 2-9　3-RPS 并联机构

一般地，当人形机器人的上半身比较重时，若采用传统的串联结构将其与下半身进行连接，则需要高强度、高刚度、高承载能力机构。这是因为，串联机构是悬臂梁结构，其结构不稳定、刚度低、承载能力较低。然而，相较于传统的串联机构，并联机构具有结构稳定、刚度高、承载能力较高、输出精度高、运动负荷较小等优点。因此，本书采用了 3-RPS 并联机构作为机器人的“腰部”，将人形机器人的上半身与移动小车连接到一起，如图 2-9 所示。

3-RPS 并联机构由静平台、动平台，以及 3 个串联分支组成。串联分支底部固定于静平台，串联分支顶部通过球铰关节与动平台相连。同时，串联分支设计为滚珠丝杠螺母结构，呈 120°对称分布，并通过数字舵机对其进行驱动控制。机器人平台利用其对称结构设计，使并联机构的末端执行器动平台可看作是 2 个转动、1 个移动的 3 自由度空间运动机构。也就是说，3-RPS 并联机构可以让机器人在其关节空间中起到转动和移动的作用，从而实现了机器人的前后弯腰、左右弯腰和升降功能。该腰部 3-RPS 并联机构，不仅增加了混联型人形机器人的工作空间，也提高了机器人腰部的刚度和承载能力。

2.2.4　移动小车平台

为了保证整个机器人系统运动的灵活性、可靠性、精确性，选取基于麦克纳姆轮的四轮移动小车作为机器人行走的“双腿”。麦克纳姆轮由轮毂和一组均匀分布在轮毂周围的鼓状辊子组成，其中间是支撑机构，轮毂轴线与辊子轴线成一定角度，通常为 45°，如图 2-10 所示。

图 2-10　移动小车平台

在非主动运动方向上，小辊子可以绕自身的轴线自由转动，实现机器人的全向移动。被动小辊子的自由转动为单个麦克纳姆轮提供相互独立的 3 个自由度。基于麦克纳姆轮的移动机器人通常由 4 个分为左右旋的麦克纳姆轮组成，每个麦克纳姆轮都配备了一台电机和一个编码器，使得 4 个轮组间既能相互协同又能独立控制。与其他类型的移动小车相比，基于麦克纳姆轮的移动小车有以下特点：①底盘轻便，结构强度高，承载能力高；②运动控制方便简单，控制系统易于实现；③轮组机构设计简单，轮组有一定宽度，运动时较为平稳。移动小车在任何要求的方向上，各个轮子的力最终会叠加合成一个合力向量，从而使移动小车在不影响轮子固有方向的基础上自由运动。根据 4 个麦克纳姆轮的运动特性，机器人平台完成了前移、后移、左移、右移、斜移和自转等运动模式。

2.3 软 件 系 统

机器人硬件系统搭建完成之后，就需要进行软件系统的开发来对整个机器人平台进行控制。然而，在耗费很多硬件资源完成机器人的搭建后，再去编写大量的底层驱动程序时，会大大地增加工作强度和开发成本。ROS（Robot Operating System）是 Willow Garage 公司发布的一款开源机器人操作系统，用户可以根据其提供的绘图、定位、感知、遥控、模拟、行动规划等软件功能包，选取适合的功能对机器人实现简单便捷的控制。近年来，随着 ROS 的不断完善和相关领域技术的不断发展，大多数开发人员在 ROS 上开发，并投入大量的精力进行深入研究。这更适合学生创新实践训练，因此，平台选择 ROS 作为操作系统。

2.3.1 机器人模型

机器人建模的 ROS 软件包是 URDF 软件包，该软件包包含一个用于统一机器人描述格式的 C++解析器。在 URDF 软件包中，必须创建一个扩展名为.urdf 的文件来保存机器人连杆和关节之间的连接关系。其中，link 标签表示机器人的连杆，joint 标签表示关节。两个连杆通过关节相连，并将前一个连杆称为父连杆，后一个连杆称为子连杆，如图 2-11 所示。

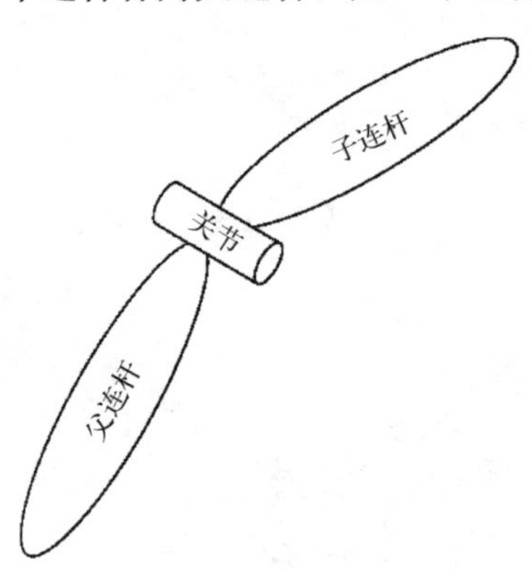

图 2-11 关节及连杆

本书中，将 SolidWorks 中的机器人模型导出为 URDF 模型文件，并通过对其进行参数配置等操作，将其在 RVIZ 仿真插件中配置与真实机器人完全相同的仿真模型，如图 2-12 所示。

（a）SolidWorks 模型

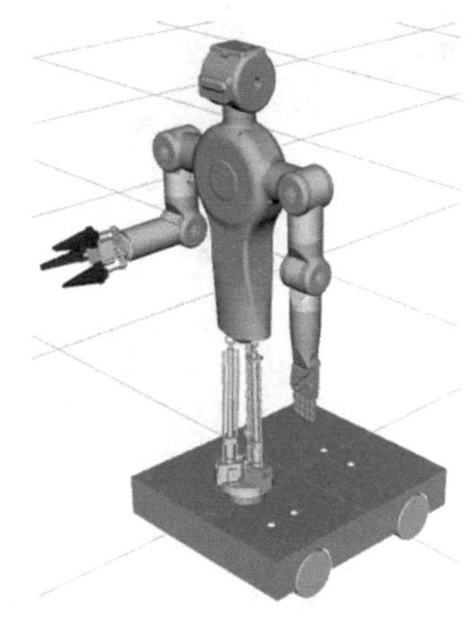

（b）URDF 模型

图 2-12　机器人模型

在 RVIZ 仿真插件中，对机器人进行调试，并应用配置助手对机器人的规划组进行配置。同时，建立 MoveIt!与真实机器人的通信，对机器人模型的正确性进行验证。而在本模型中，为了使腰部并联机构能够正常运动，将其在 URDF 模型文件中等效为一个球体，可以同时实现左右弯腰和前后弯腰功能。

当随机给定机器人辅助作业臂关节一组角度值(–100°、–10°、30°、–60°、24°、0°)时，仿真模型和真实机器人的运动状态如图 2-13 所示。

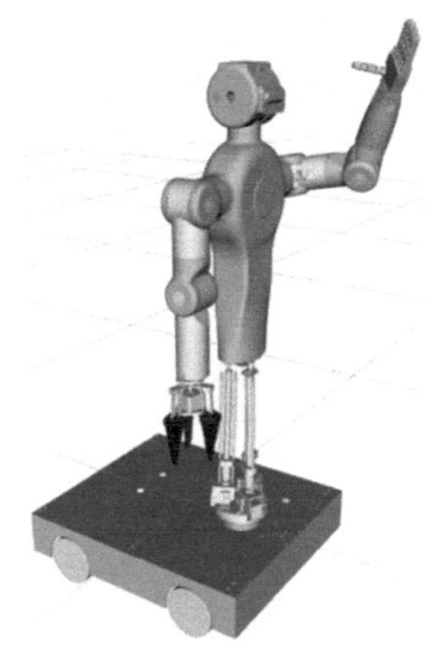

（a）仿真模型的运动状态

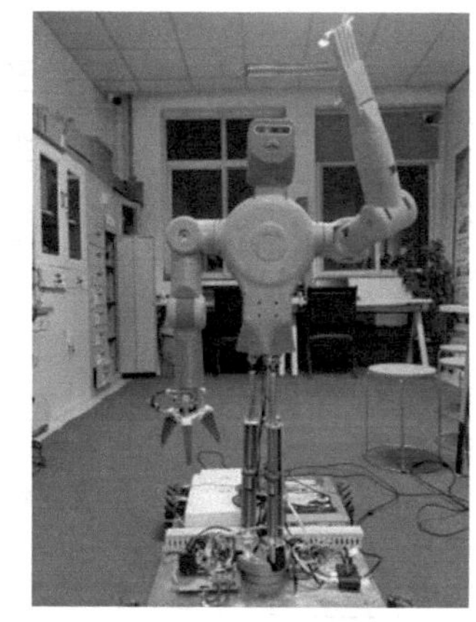

（b）真实机器人的运动状态

图 2-13　仿真模型和真实机器人的运动状态（扫码见彩图）

在 RVIZ 仿真插件中，随机给定末端执行器目标点进行规划，通过逆运动学算法，可以使仿真模型中的作业臂末端执行器到达目标点并与底层进行通信，驱动真实作业臂运动至目标点。当已知主作业臂末端执行器的目标位姿时，使用主作业臂规划组进行规划，得到主作业臂各个关节角度值，并将其下发至底层以驱动作业臂运动，如图 2-14 所示。

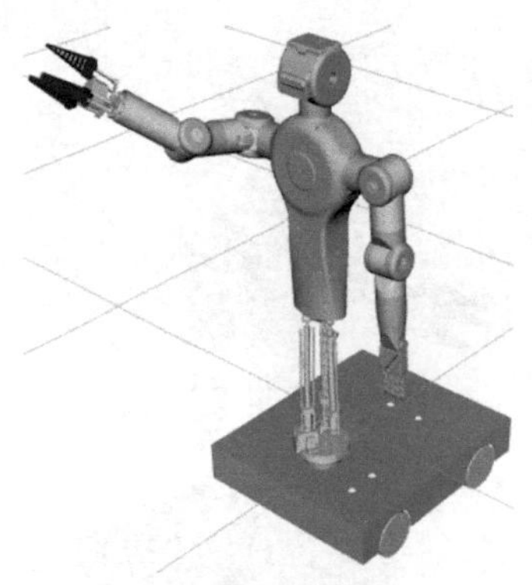

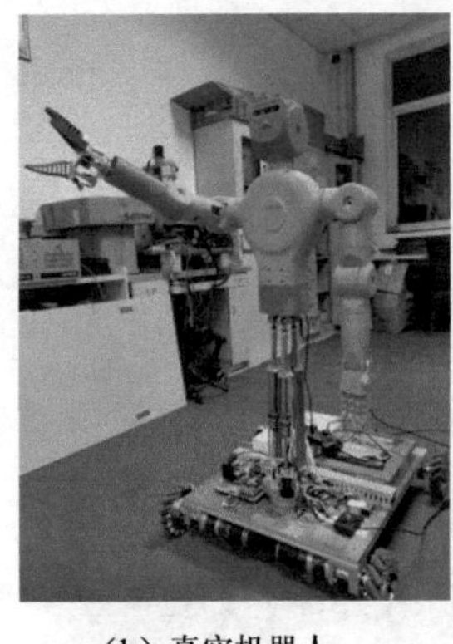

（a）仿真模型　　　　　　　　（b）真实机器人

图 2-14　逆运动学测试（扫码见彩图）

2.3.2　机器人通信

ROS 软件包中一般有多个可执行文件，以进程的形式工作，也称为节点。由于机器人的功能模块十分复杂，通常不会将所有的功能都集中到一个节点中，而是采用分布式的方法，将不同模块放在不同的节点中，再在不同的节点之间利用话题、服务和动作进行通信。本书的控制程序中，部分节点之间的通信如图 2-15 所示。

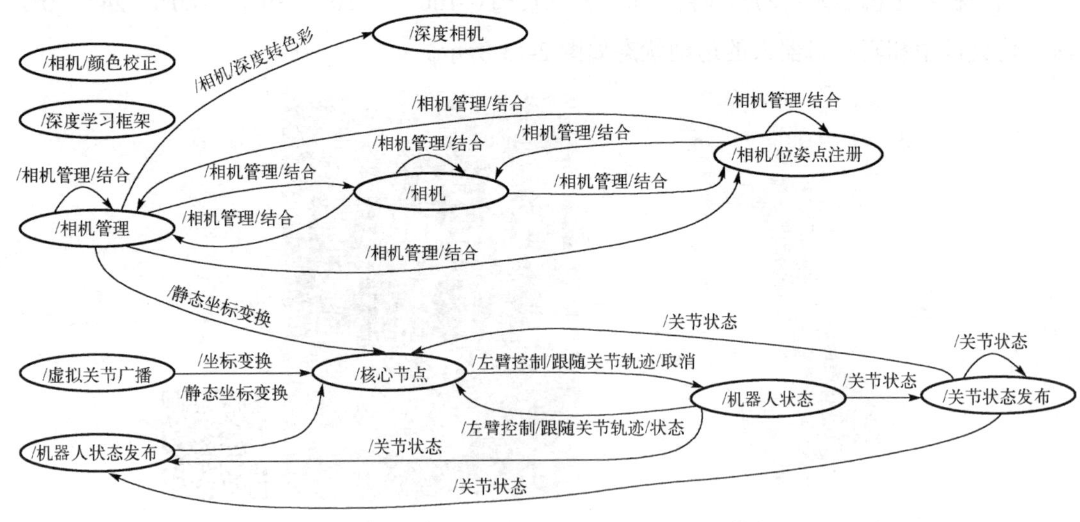

图 2-15　部分节点之间的通信

节点之间的合理调配是通过节点管理器（Master）来进行管理的，节点在节点管理器处注册后才会被纳入整个 ROS 程序中。节点之间的通信也是由节点管理器配对，才能实现点对点的通信。ROS 的通信方式主要包括以下几种。

话题（Topic）：话题是一种点对点的单向通信方式，建立一次联系后，一个话题可以被多个节点同时发布，也可以同时被多个节点订阅。每个话题都有唯一的名称，任何节点都可以访问此话题并通过它发送数据。节点之间通信的数据具有一定的格式标准，这种数据格式就是消息（Message），通常将需要发布的消息均放置在一个名为 msg 的文件夹下，文件扩展名为.msg。

服务（Service）：服务的通信是双向的，不仅可以发送消息，同时还会有反馈，是一种请求/应答的交互方式，即其中一个节点向另一个节点请求执行某一任务。类似于 msg 文件，服务通信的数据格式定义在功能包的 srv 文件夹下，且文件扩展名为.srv，其中包括了请求和响应两部分。

动作（Action）：动作的通信方式与服务通信类似，同时弥补了服务通信的不足，当机器人执行一个长时间的任务时，服务通信的请求方会很长时间接收不到反馈，通信过程会受到阻碍。而动作通信可以随时查看进度，也可以终止请求。动作消息也有一定的格式标准，其放在功能包的 action 文件夹下扩展名为.action 的文件中。

通信方式如图 2-16 所示。

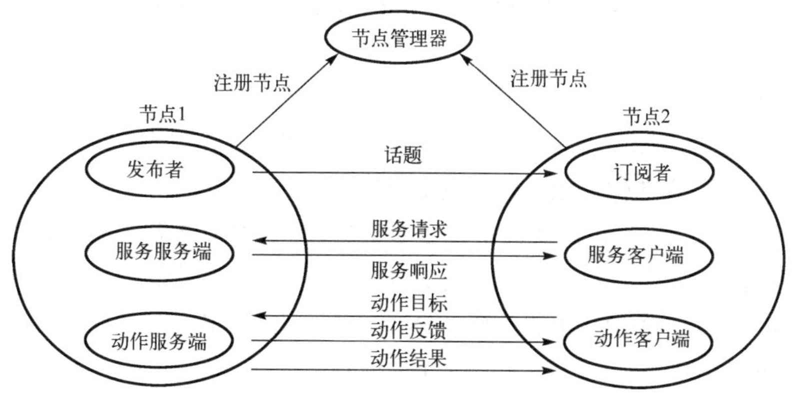

图 2-16　通信方式

2.4　本 章 小 结

本章主要对整个机器人平台的硬件系统和软件系统进行了介绍。其中，硬件系统主要包括双目视觉系统、双臂作业系统、腰部 3-RPS 并联机构及移动小车平台；软件系统采用 ROS 操作系统，根据算法编写控制程序，控制机器人实现预设的功能。而在整个机器人平台的运动过程中，将机器人的硬件系统与软件系统结合到一起，通过软件系统控制硬件系统，即上位机控制机器人硬件系统在获取到外界目标物信息后，通过软件系统对机器人的整个作业运动过程进行规划，最后控制机器人硬件平台成功完成作业任务。

习　题　2

思政内容

2.1　论述腰部 3-RPS 并联机构的组成部分。

2.2　论述基于麦克纳姆轮的移动小车的特点。

2.3　论述双目视觉系统的功能和性能。

2.4　论述 ROS 的功能和性能。

2.5　解释什么是自由度。

第 3 章　机器人正运动学综合设计与实践

3.1　机器人正运动学理论基础

机器人运动学分析需要建立坐标系。对于机器人坐标系的建立，我们可以采用一般的建立方法，但各连杆坐标系之间的位姿关系没有规律可循，使得杆件之间的坐标变换矩阵变得复杂，整个机器人的位姿矩阵计算也变得烦琐。

Denavit 和 Hartenbery 于 1956 年提出了 D-H 方法[7]。D-H 方法严格规定了每个坐标系的坐标轴，相对简化了各连杆坐标系之间的位姿关系，进而使得杆件之间的坐标变换矩阵变得简单，简化了机器人的分析和计算。D-H 方法分为 Standard-DH 坐标系建立方法及后面演化的 Modified-DH 坐标系建立方法，下面分别进行阐述。

3.1.1　机器人 Standard-DH 坐标系

1．机器人 Standard-DH 坐标系的序号标定

机器人各连杆通过关节连接在一起，关节有移动副与转动副之分。Standard-DH 坐标系序号按照从机座到末端执行器的顺序依次分配，各连杆、关节及坐标系的编号如图 3-1 所示。

连杆编号：机座为连杆 0，以此类推，相应为连杆 $1,2,\cdots,n$。

关节编号：机座与连杆 1 之间为关节 1，以此类推，相应为关节 $2,3,\cdots,n$。

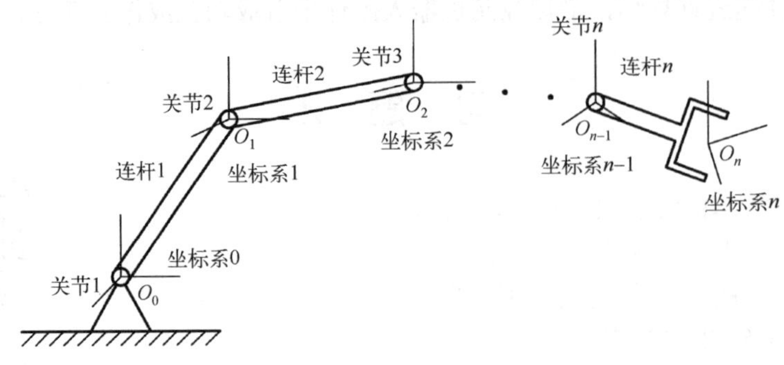

图 3-1　Standard-DH 坐标系的分配

坐标系编号：连杆 i 坐标系与连杆 i 一同随关节 i 运动，我们将连杆 i 坐标系建立在其末端执行器关节 $i+1$ 上，也即连杆 0 坐标系（基座坐标系）建立在关节 1 上，连杆 1 坐标系建立在关节 2 上，以此类推。末端执行器连杆 n 坐标系建立在手部。

对于转动关节，各连杆坐标系的 z 轴方向与关节轴线重合；对于移动关节，z 轴方向为该关节的移动方向。

2. 机器人坐标系的建立方法

对于转动关节，其 Standard-DH 坐标系如图 3-2 所示，说明如下。

（1）连杆 i 坐标系建立在 $i+1$ 关节上，其 z_i 轴位于 $i+1$ 关节的轴线上，z_i 轴的指向自行规定。

（2）连杆 i 坐标系的 x_i 轴位于连杆 i 两端关节轴线的公垂线上，方向指向连杆 $i+1$，如果关节轴 i 和 $i+1$ 轴线相交，则规定 x_i 轴过两轴线交点并垂直于两轴线所在的平面，x_i 轴的指向自行规定。

（3）连杆 i 坐标系的原点为 x_i 轴与 z_i 轴的交点，y_i 轴由 x_i 轴和 z_i 轴按照右手规则确定。

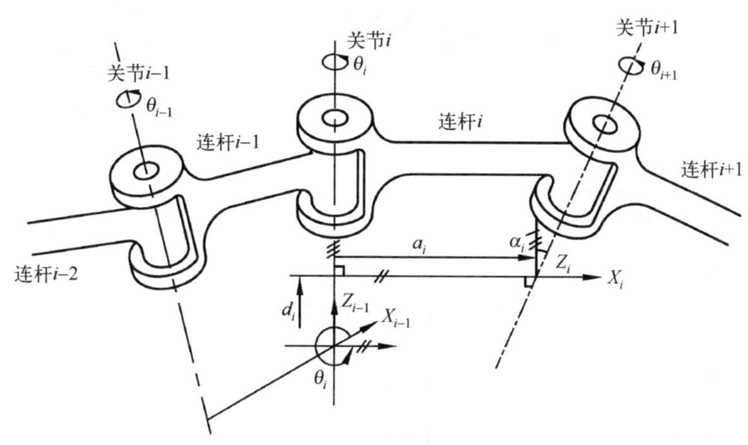

图 3-2　转动关节 Standard-DH 坐标系

转动关节 Standard-DH 坐标系可用 4 个参数来描述，如图 3-2 所示，具体含义如表 3-1 所示。

表 3-1　连杆 i 坐标系 Standard-DH 参数含义（关节 i 为转动关节）

特征	描述相邻两连杆关系的参数		描述连杆的参数	
参数	两连杆夹角 θ_i	两连杆距离 d_i	连杆长度 a_i	连杆扭转角 α_i
定义	垂直于关节 i 轴线（z_{i-1} 轴）的平面内，两公垂线之间的夹角（绕 z_{i-1} 轴从 x_{i-1} 轴旋转到 x_i 轴的角度）	沿关节 i 轴线（z_{i-1} 轴）上两公垂线之间的距离（沿 z_{i-1} 轴从 x_{i-1} 轴移动到 x_i 轴的位移）	连杆 i 两端关节轴线的公垂线长度（沿 x_i 轴从 z_{i-1} 轴移动到 z_i 轴的位移）	与 x_i 轴垂直的平面内两关节轴线的夹角（绕 x_i 轴从 z_{i-1} 轴旋转到 z_i 轴的角度）
特性	关节变量	常量	常量	常量

注：1. 由于 z_i 轴指向存在两种可选性，以及在两关节轴相交的情况下（这时 $a_i=0$），x_i 轴指向也存在两种可选性，Standard-DH 坐标系的建立并不唯一。

2. 如果连杆 i 两端关节轴线平行，因其平行轴线的公垂线存在多值，故仅利用公垂线无法确定连杆 i 坐标系的原点，还需考虑 d_{i+1} 值才能确定原点位置，通常选取该原点，并使其满足 $d_{i+1}=0$。

3.1.2 机器人 Modified-DH 坐标系

1. 机器人 Modified-DH 坐标系的序号标定

Standard-DH 方法是在关节 $i+1$ 上固连连杆 i 坐标系，即坐标系建立在连杆 i 的末端，而 Modified-DH 方法是在关节 i 上固连连杆 i 坐标系，即坐标系建立在连杆 i 的始端。因此，依照从基座到末端执行器的顺序，Modified-DH 方法与 Standard-DH 方法相同的是各连杆编号、各关节编号不变，不同的是，各坐标系编号发生了变化。如图 3-3 所示，连杆 i 坐标系与连杆 i 一同随关节 i 运动，我们将连杆 i 坐标系建立在其始端关节 i 上。这样连杆 0 坐标系（基座坐标系）及连杆 1 坐标系建立在关节 1 上，连杆 2 坐标系建立在关节 2 上，以此类推，末端执行器连杆 n 坐标系建立在关节 n 上。同样，对于转动关节，各连杆坐标系的 z 轴方向与关节轴线重合；对于移动关节，z 轴方向为该关节的移动方向。

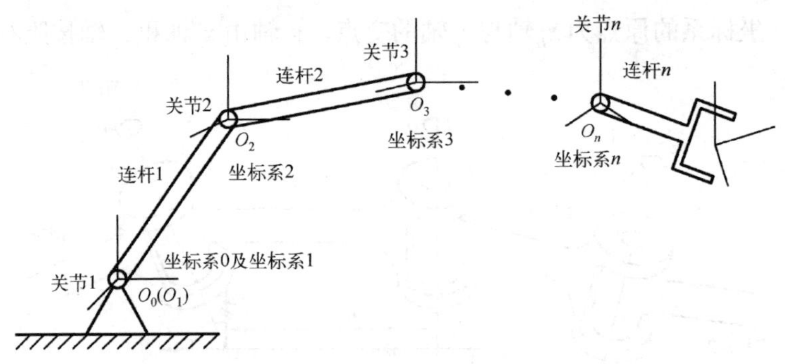

图 3-3 Modified-DH 坐标系的分配

2. 机器人 Modified-DH 坐标系的建立方法

转动关节 Modified-DH 坐标系如图 3-4 所示。

（1）连杆 i 坐标系建立在关节 i 上，其 z_i 轴位于关节 i 的轴线上，z_i 轴的指向自行规定。

（2）连杆 i 坐标系的 x_i 轴位于连杆 i 两端关节轴线的公垂线上，方向指向连杆 $i+1$；如果关节轴 i 和 $i+1$ 相交，则规定 x_i 轴垂直于关节 i 和 $i+1$ 两轴线所在的平面，指向自行规定。

（3）连杆 i 坐标系的原点为 x_i 轴与 z_i 轴的交点，y_i 轴由 x_i 轴和 z_i 轴按照右手规则确定。

（4）坐标系 $\{0\}$ 和 $\{1\}$ 均建立在关节 1 上，但坐标系 $\{0\}$ 是固定坐标系（基座坐标系），坐标系 $\{1\}$ 是动坐标系，规定当动坐标系 $\{1\}$ 的关节变量为 0 时，坐标系 $\{0\}$ 和 $\{1\}$ 的原点及方位完全重合。

（5）连杆 n 坐标系 $\{n\}$ 建立在关节 n 的轴线上，原点在关节轴线上的具体位置及 x_n 轴的方向可以任意选取，选取时尽量使杆件参数为零。例如，可选取坐标系 $\{n\}$ 的原点位置使得 $d_n=0$。

（6）机器人手部处于坐标系 $\{n\}$ 中，其手部中心位置处于并非坐标系 $\{n\}$ 原点的某个位置。

转动关节 Modified-DH 坐标系也可用 4 个参数来描述，如图 3-4 所示，具体含义如表 3-2 所示。

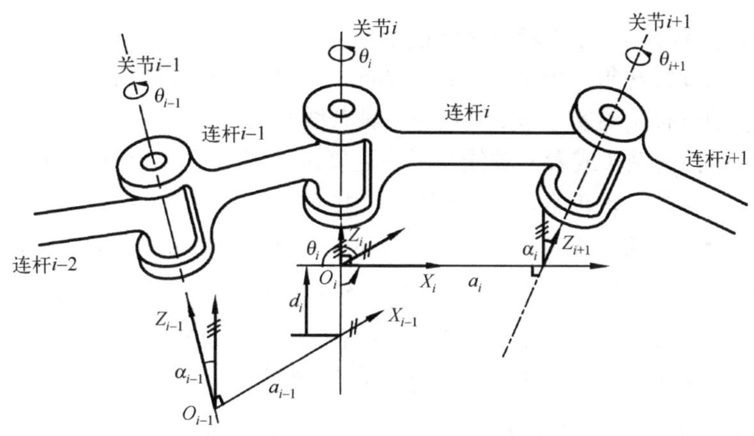

图 3-4　转动关节 Modified-DH 坐标系

表 3-2　连杆 i 坐标系 Modified-DH 参数含义（关节 i 为转动关节）

特征	描述相邻两连杆关系的参数		描述连杆的参数	
参数	两连杆夹角 θ_i	两连杆距离 d_i	连杆长度 a_i	连杆扭转角 α_i
定义	垂直于关节 i 轴线（z_i 轴）的平面内，两公垂线之间的夹角（绕 z_i 轴从 x_{i-1} 轴旋转到 x_i 轴的角度）	沿关节 i 轴线（z_i 轴）上两公垂线之间的距离（沿 z_i 轴从 x_{i-1} 轴移动到 x_i 轴的位移）	连杆 i 两端关节轴线的公垂线长度（沿 x_i 轴从 z_i 轴移动到 z_{i+1} 轴的位移）	与 x_i 轴垂直的平面内两关节轴线 z_i 与 z_{i+1} 的夹角，（绕 x_i 轴从 z_i 轴旋转到 z_{i+1} 轴的角度）
特性	关节变量	常量	常量	常量

注：1. 由于 z_i 轴指向存在两种可选性，以及在两关节轴相交的情况下（这时 $a_i=0$），x_i 轴指向也存在两种可选性，Modified-DH 坐标系的建立并不唯一。

2. 如果连杆 i 两端关节轴线平行，因其平行轴线的公垂线存在多值，故仅利用公垂线无法确定连杆 i 坐标系的原点，通常选取该原点，并使其满足 $d_i=0$ 。

3.1.3　相邻两连杆坐标系的位姿表达

机器人连杆 i 坐标系相对于连杆 $i-1$ 坐标系的位姿矩阵为连杆 i 坐标系相对于连杆 $i-1$ 坐标系的坐标变换矩阵，用 $\boldsymbol{A}_i^{i-1}$ 表示。对于具有 n 个关节的机器人，相邻两连杆坐标系的位姿关系依次表达为

$$\boldsymbol{A}_n^{n-1},\cdots,\boldsymbol{A}_i^{i-1},\cdots,\boldsymbol{A}_1^0 \quad (i=1,2,\cdots,n)$$

通常省略上标，表达成 $\boldsymbol{A}_i$，即

$$\boldsymbol{A}_n,\cdots,\boldsymbol{A}_i,\cdots,\boldsymbol{A}_1 \quad (i=1,2,\cdots,n)$$

另外，我们也常把 $\boldsymbol{A}_i^{i-1}$（$\boldsymbol{A}_i$）表示为 ${}^{i-1}_{\ \ i}\boldsymbol{A}$ 。

3.1.4　相邻两连杆坐标系的位姿确定

1. Standard-DH 坐标系位姿矩阵

如图 3-1 及图 3-2 所示，按照 Standard-DH 坐标系建立方法确定全部连杆后，按照下列

步骤建立相邻两连杆 $i-1$ 与 i 坐标系之间的变换关系。

（1）绕 z_{i-1} 轴旋转 θ_i 角，使 x_{i-1} 轴与 x_i 轴同向（两轴平行且同向）。

（2）沿 z_{i-1} 轴平移距离 d_i，使 x_{i-1} 轴与 x_i 轴共线且同向。

（3）沿此刻的 x_{i-1} 轴（或者 x_i 轴线）平移距离 a_i，使连杆 $i-1$ 坐标系原点与连杆 i 坐标系原点重合，x_{i-1} 轴与 x_i 轴重合，z_{i-1} 轴与 z_i 轴共面。

（4）绕此刻的 x_{i-1} 轴（或者 x_i 轴）旋转 α_i 角，使 z_{i-1} 轴与 z_i 轴重合。

经过上述变换，连杆 $i-1$ 坐标系与连杆 i 坐标系重合。根据上述变换步骤，采用左乘规则，可推得 Standard-DH 坐标系下，连杆 i 坐标系相对于连杆 $i-1$ 坐标系的坐标变换矩阵 $\boldsymbol{A}_i$（也即连杆 i 坐标系相对于连杆 $i-1$ 坐标系的位姿矩阵），即

$$
\begin{aligned}
\boldsymbol{A}_i &= \mathbf{Rot}(z_{i-1},\theta_i)\mathbf{Trans}(0,0,d_i)\mathbf{Trans}(a_i,0,0)\mathbf{Rot}(x_i,\alpha_i) \\
&= \begin{bmatrix} c\theta_i & -s\theta_i & 0 & 0 \\ s\theta_i & c\theta_i & 0 & 0 \\ 0 & 0 & 1 & 0 \\ 0 & 0 & 0 & 1 \end{bmatrix}
\begin{bmatrix} 1 & 0 & 0 & 0 \\ 0 & 1 & 0 & 0 \\ 0 & 0 & 1 & d_i \\ 0 & 0 & 0 & 1 \end{bmatrix}
\begin{bmatrix} 1 & 0 & 0 & a_i \\ 0 & 1 & 0 & 0 \\ 0 & 0 & 1 & 0 \\ 0 & 0 & 0 & 1 \end{bmatrix}
\begin{bmatrix} 1 & 0 & 0 & 0 \\ 0 & c\alpha_i & -s\alpha_i & 0 \\ 0 & s\alpha_i & c\alpha_i & 0 \\ 0 & 0 & 0 & 1 \end{bmatrix} \\
&= \begin{bmatrix} c\theta_i & -s\theta_i c\alpha_i & s\theta_i s\alpha_i & a_i c\theta_i \\ s\theta_i & c\theta_i c\alpha_i & -c\theta_i s\alpha_i & a_i s\theta_i \\ 0 & s\alpha_i & c\alpha_i & d_i \\ 0 & 0 & 0 & 1 \end{bmatrix}
\end{aligned} \tag{3-1}
$$

使用式（3-1）时应注意以下几点。

（1）当关节 i 为转动关节时，式（3-1）中的 θ_i 为关节变量，α_i、d_i、a_i 为常量。

（2）当关节 i 为移动关节时，式（3-1）中的 d_i 为关节变量，α_i、θ_i、a_i 为常量。

（3）对于移动关节 i，如果采用图 3-2 的方法建立坐标系，则令连杆长度 $a_i=0$，因此式（3-1）的坐标变换矩阵 $\boldsymbol{A}_i$ 变为

$$
\begin{aligned}
\boldsymbol{A}_i &= \mathbf{Rot}(z_{i-1},\theta_i)\mathbf{Trans}(0,0,d_i)\mathbf{Trans}(a_i,0,0)\mathbf{Rot}(x_i,\alpha_i) \\
&= \begin{bmatrix} c\theta_i & -s\theta_i c\alpha_i & s\theta_i s\alpha_i & 0 \\ s\theta_i & c\theta_i c\alpha_i & -c\theta_i s\alpha_i & 0 \\ 0 & s\alpha_i & c\alpha_i & d_i \\ 0 & 0 & 0 & 1 \end{bmatrix}
\end{aligned} \tag{3-2}
$$

2. Modified-DH 坐标系位姿矩阵

如图 3-3 及图 3-4 所示，按照 Modified-DH 坐标系建立方法确定后全部连杆，按照下列步骤建立相邻两连杆 $i-1$ 与 i 坐标系之间的变换关系。

（1）绕 x_{i-1} 轴旋转 α_{i-1} 角，使 z_{i-1} 轴与 z_i 轴同向（两轴平行且同向）。

（2）沿 x_{i-1} 轴平移距离 a_{i-1}，使 z_{i-1} 轴与 z_i 轴共线且同向。

（3）沿此刻的 z_{i-1} 轴（或者 z_i 轴线）平移距离 d_i，使连杆 $i-1$ 坐标系原点与连杆 i 坐标系原点重合，z_{i-1} 轴与 z_i 轴重合，x_{i-1} 轴与 x_i 轴共面。

（4）绕此刻的 z_{i-1} 轴（或者 z_i 轴）旋转 θ_i 角，使 x_{i-1} 轴与 x_i 轴重合。

经过上述变换，连杆 $i-1$ 坐标系与连杆 i 坐标系重合。根据上述变换步骤，采用左乘规则，可推得 Modified-DH 坐标系下，连杆 i 坐标系相对于连杆 $i-1$ 坐标系的变换矩阵 $\boldsymbol{A}_i$（也即连杆 i 坐标系相对于连杆 $i-1$ 坐标系的位姿矩阵），即

$$
\begin{aligned}
\boldsymbol{A}_i &= \mathbf{Rot}(x_{i-1},\alpha_{i-1})\mathbf{Trans}(a_{i-1},0,0)\mathbf{Trans}(0,0,d_i)\mathbf{Rot}(z_i,\theta_i) \\
&= \begin{bmatrix} 1 & 0 & 0 & 0 \\ 0 & c\alpha_{i-1} & -s\alpha_{i-1} & 0 \\ 0 & s\alpha_{i-1} & c\alpha_{i-1} & 0 \\ 0 & 0 & 0 & 1 \end{bmatrix}
\begin{bmatrix} 1 & 0 & 0 & a_{i-1} \\ 0 & 1 & 0 & 0 \\ 0 & 0 & 1 & 0 \\ 0 & 0 & 0 & 1 \end{bmatrix}
\begin{bmatrix} 1 & 0 & 0 & 0 \\ 0 & 1 & 0 & 0 \\ 0 & 0 & 1 & d_i \\ 0 & 0 & 0 & 1 \end{bmatrix}
\begin{bmatrix} c\theta_i & -s\theta_i & 0 & 0 \\ s\theta_i & c\theta_i & 0 & 0 \\ 0 & 0 & 1 & 0 \\ 0 & 0 & 0 & 1 \end{bmatrix} \\
&= \begin{bmatrix} c\theta_i & -s\theta_i & 0 & a_{i-1} \\ s\theta_i c\alpha_{i-1} & c\theta_i c\alpha_{i-1} & -s\alpha_{i-1} & -d_i s\alpha_{i-1} \\ s\theta_i s\alpha_{i-1} & c\theta_i s\alpha_{i-1} & c\alpha_{i-1} & d_i c\alpha_{i-1} \\ 0 & 0 & 0 & 1 \end{bmatrix}
\end{aligned}
\tag{3-3}
$$

使用式（3-3）时应注意以下几点。

（1）式（3-3）位姿矩阵中，既有连杆 $i-1$ 的参数 α_{i-1}、a_{i-1}，也有连杆 i 的参数 θ_i、d_i。

（2）当关节 i 为转动关节时，式（3-3）中的 θ_i 为关节变量，α_{i-1}、d_i、a_{i-1} 为常量。

（3）当关节 i 为移动关节时，式（3-3）中的 d_i 为关节变量，α_{i-1}、θ_i、a_{i-1} 为常量。

3.1.5　机器人正运动学

由 3.1.4 节，我们给出了后一连杆坐标系相对于前一连杆坐标系的位姿矩阵 $\boldsymbol{A}_i$，那么从末端执行器连杆坐标系 $\{n\}$ 依次前推，我们可以得到第 n 个坐标系相对于第 $n-1$ 个坐标系的位姿矩阵 $\boldsymbol{A}_n$……连杆 2 坐标系相对于连杆 1 坐标系的位姿矩阵 $\boldsymbol{A}_2$，以及连杆 1 坐标系相对于基坐标系 $\{0\}$ 的位姿矩阵 $\boldsymbol{A}_1$。假设末端执行器连杆坐标系 $\{n\}$ 中有一点 $\boldsymbol{P}$，其在坐标系 $\{n\}$ 中的位置为 ${}^{n}\boldsymbol{P}=\begin{bmatrix}P_x & P_y & P_z & 1\end{bmatrix}$，那么其在基坐标系中的位置 ${}^{0}\boldsymbol{P}$ 可以使用右乘规则求得，即

$$
{}^{0}\boldsymbol{P} = \boldsymbol{A}_1\boldsymbol{A}_2\boldsymbol{A}_3\cdots\boldsymbol{A}_{n-1}\boldsymbol{A}_n\cdot{}^{n}\boldsymbol{P}
$$

因此，末端执行器连杆坐标系 $\{n\}$ 相对于基坐标系的位姿矩阵为

$$
{}^{0}_{n}\boldsymbol{T} = \boldsymbol{A}_1\boldsymbol{A}_2\boldsymbol{A}_3\cdots\boldsymbol{A}_{n-1}\boldsymbol{A}_n = \begin{bmatrix} n_x & o_x & a_x & p_x \\ n_y & o_y & a_y & p_y \\ n_z & o_z & a_z & p_z \\ 0 & 0 & 0 & 1 \end{bmatrix} \tag{3-4}
$$

式（3-4）为机器人运动方程，式中的 ${}^{0}_{n}\boldsymbol{T}$ 也常表示为 $\boldsymbol{T}_n^0$ 及 ${}^{0}\boldsymbol{T}_n$。

进一步推知，机器人末端执行器连杆坐标系 $\{n\}$ 相对于连杆 $i-1$ 坐标系的位姿矩阵为

$$
{}^{i-1}_{6}\boldsymbol{T} = \boldsymbol{A}_i\boldsymbol{A}_{i+1}\cdots\boldsymbol{A}_6 \tag{3-5}
$$

对于一个六连杆机器人，其末端执行器相对于基坐标系的位姿矩阵则可表示为

$$
{}^{0}_{6}\boldsymbol{T} = \boldsymbol{A}_1\boldsymbol{A}_2\cdots\boldsymbol{A}_6 \tag{3-6}
$$

式中，${}_{6}^{0}\boldsymbol{T}$ 常简写成 $\boldsymbol{T}_6$。若已知机器人参数及各关节变量值（角位移或线位移），可利用式（3-6）计算出机器人末端执行器（手部）的位置与姿态，此即机器人正运动学，也即机器人正解问题。

3.2 机器人正运动学综合设计

本书不对双目摄像头获取目标物位姿的过程进行详细的阐述。本书将整个机器人平台分为感知系统、主作业系统和辅助作业系统。针对具体作业，机器人首先通过感知系统获取到外界目标物和障碍物的位姿信息，再通过主作业系统和辅助作业系统运动完成作业任务。其中，感知系统一共有 9 个自由度，分别为移动小车（3 个自由度）、机器人脚部旋转关节（1 个自由度）、腰部 3-RPS 并联机构（3 个自由度）、机器人头部俯仰和旋转关节（2 个自由度）；主作业系统有 12 个自由度，分别为移动小车（3 个自由度）、机器人脚部旋转关节（1 个自由度）、腰部 3-RPS 并联机构（3 个自由度）、机器人主作业臂（5 个自由度）；辅助作业系统包括机器人左作业臂的 6 个自由度。

对机器人系统进行运动学分析，首先需要建立运动学模型。本书根据 Modified-DH 法，对机器人各个系统建立运动学模型，如图 3-5 所示。

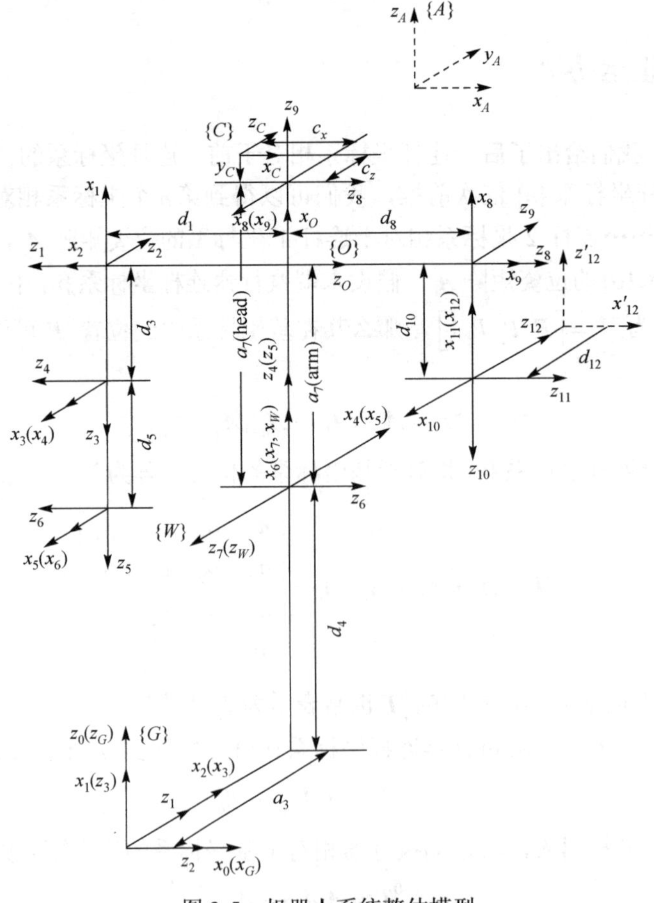

图 3-5 机器人系统整体模型

图 3-5 中，坐标系$\{A\}$为目标物A的坐标系。机器人平台使用的双目摄像头有其自身的基坐标系，记为坐标系$\{C\}$，且该坐标系的原点位于机器人左眼位置处。此外，将选定的大地坐标系$\{G\}$作为整个感知系统和主作业系统的基坐标系，且在机器人开始运动之前，移动小车的中心点与坐标系$\{G\}$的原点是重合的。同时，辅助作业系统在与主作业系统协调完成作业任务时，只需要机器人系统的辅助作业臂进行动作，故将辅助作业系统的基坐标系选定于机器人胸部中心处，记为坐标系$\{O\}$。坐标系$\{W\}$、坐标系$\{H\}$分别表示机器人腰部坐标系和头部中心坐标系。

下文中，将分别对感知系统、主作业系统、辅助作业系统进行分析。为了区分 3 个系统不同的坐标系，感知系统的各个关节坐标系及其对应的关节角依次分别定义为$\{i\}$、$\theta_i\,(i=1,2,\cdots,9)$；主作业系统各个关节坐标系及其对应的关节角依次分别定义为$\{i_{\rm m}\}$、$\theta_{i_{\rm m}}\,(i=1,2,\cdots,12)$；辅助作业系统各个关节坐标系及其对应的关节角依次分别定义为$\{i_{\rm a}\}$、$\theta_{i_{\rm a}}\,(i=1,2,\cdots,6)$。

3.2.1 感知系统正运动学

感知系统的主要作用：在整个机器人系统的各个关节处于不同的运动状态时，都可以确定机器人“眼睛”的位姿信息，从而得到目标物的位姿。但是，摄像头得到目标物A的位姿是相对于摄像头基坐标系$\{C\}$而言的。因此，我们需要在此基础上，将双目摄像头获取到的位姿通过感知系统转换到大地坐标系$\{G\}$中，这样便可确定目标物在环境中的位姿信息。另外，为了辅助作业臂末端执行器能够成功到达目标点，也需要将双目摄像头获取到的目标物位姿转换到基坐标系$\{O\}$中。

1. 目标物 A 在大地坐标系{G}中位姿的变换

根据图 3-5，将感知系统运动学模型分离出来，如图 3-6 所示。

根据图 3-6 中的模型，得到的感知系统的 D-H 参数如表 3-3 所示。

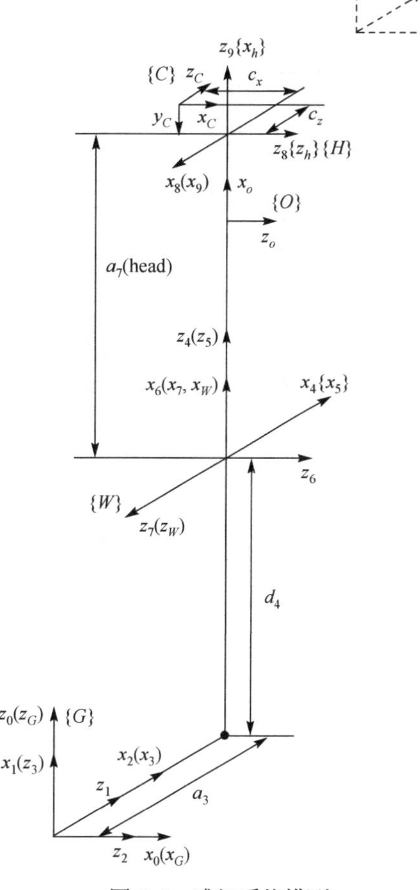

图 3-6 感知系统模型

表 3-3 感知系统的 D-H 参数

连杆 i	关节角 θ_i	扭转角 α_{i-1}	连杆长度 a_{i-1}	连杆偏移量 d_i	θ_i 角范围
1	−90°	−90°	0	d_1-d_y（变量）	常数

续表

连杆 i	关节角 θ_i	扭转角 α_{i-1}	连杆长度 a_{i-1}	连杆偏移量 d_i	θ_i 角范围
2	-90°	-90°	0	d_2-d_y（变量）	常数
3	θ_3	-90°	0	0	-180° ~ 180°
4	θ_4	0°	$a_3=186$mm	$d_4=454$mm	-180° ~ 180°
5	0°	0°	0	$d_5=h_z$（变量）	常数
6	$\theta_6+90°$	90°	0	0	-60° ~ 60°
7	θ_7	-90°	0	0	-60° ~ 60°
8	$\theta_8+90°$	90°	a_7=505mm	0	-20° ~ 60°
9	θ_9	90°	0	0	-90° ~ 90°

其中，d_x 代表小车沿基坐标系 x 轴方向移动的距离；d_y 代表小车沿基坐标系 y 轴方向移动的距离；h_z 代表并联机构竖直方向移动的距离；a_3 代表小车中心到机器人脚部中心的距离；d_4 代表机器人脚部中心到腰部中心的距离；a_7 代表腰部中心到机器人头部中心的距离。根据建立的参数表，可得到各个连杆的变换矩阵 ${}^{i-1}_{i}\boldsymbol{T}$，如式（3-7）所示。

$$
{}^{0}_{1}\boldsymbol{T}=\begin{bmatrix}0&1&0&0\\0&0&1&d_y\\1&0&0&0\\0&0&0&1\end{bmatrix}\quad
{}^{1}_{2}\boldsymbol{T}=\begin{bmatrix}0&1&0&0\\0&0&1&d_x\\1&0&0&0\\0&0&0&1\end{bmatrix}\quad
{}^{2}_{3}\boldsymbol{T}=\begin{bmatrix}c_3&-s_3&0&0\\0&0&1&0\\-s_3&-c_3&0&0\\0&0&0&1\end{bmatrix}\quad
{}^{3}_{4}\boldsymbol{T}=\begin{bmatrix}c_4&-s_4&0&a_3\\s_4&c_4&0&0\\0&0&1&d_4\\0&0&0&1\end{bmatrix}
$$

$$
{}^{4}_{5}\boldsymbol{T}=\begin{bmatrix}1&0&0&0\\0&1&0&0\\0&0&1&h_z\\0&0&0&1\end{bmatrix}\quad
{}^{5}_{6}\boldsymbol{T}=\begin{bmatrix}-s_6&-c_6&0&0\\0&0&-1&0\\c_6&-s_6&0&0\\0&0&0&1\end{bmatrix}\quad
{}^{6}_{7}\boldsymbol{T}=\begin{bmatrix}c_7&-s_7&0&0\\0&0&1&0\\-s_7&-c_7&0&0\\0&0&0&1\end{bmatrix}
$$

$$
{}^{7}_{8}\boldsymbol{T}=\begin{bmatrix}-s_8&-c_8&0&a_7\\0&0&-1&0\\c_8&-s_8&0&0\\0&0&0&1\end{bmatrix}\quad
{}^{8}_{9}\boldsymbol{T}=\begin{bmatrix}c_9&-s_9&0&0\\0&0&-1&0\\s_9&c_9&0&0\\0&0&0&1\end{bmatrix}
\tag{3-7}
$$

故根据式（3-7），可得到机器人头部中心相对于大地坐标系的位姿 ${}^{0}_{9}\boldsymbol{T}$，如式（3-8）所示。

$$
{}^{0}_{9}\boldsymbol{T}={}^{0}_{1}\boldsymbol{T}\,{}^{1}_{2}\boldsymbol{T}\,{}^{2}_{3}\boldsymbol{T}\,{}^{3}_{4}\boldsymbol{T}\,{}^{4}_{5}\boldsymbol{T}\,{}^{5}_{6}\boldsymbol{T}\,{}^{6}_{7}\boldsymbol{T}\,{}^{7}_{8}\boldsymbol{T}\,{}^{8}_{9}\boldsymbol{T}
\tag{3-8}
$$

感知系统一共有 9 个自由度，且其末端执行器位于机器人头部中心。而坐标系 $\{C\}$ 是摄像头自身的基坐标系，x_C、y_C、z_C 坐标轴如图 3-6 所示。通过模型，可得到摄像头坐标系 $\{C\}$ 与第 9 个关节坐标系的关系 ${}^{9}_{C}\boldsymbol{T}$，如式（3-9）所示。

$$
\begin{aligned}
{}^{9}_{C}\boldsymbol{T}&=\boldsymbol{R}_Z(90°)\times\boldsymbol{R}_X(-90°)\times\boldsymbol{D}_X(-c_x)\times\boldsymbol{D}_Z(c_z)\\
&=\begin{bmatrix}0&-1&0&0\\1&0&0&0\\0&0&1&0\\0&0&0&1\end{bmatrix}\begin{bmatrix}1&0&0&0\\0&0&1&0\\0&-1&0&0\\0&0&0&1\end{bmatrix}\begin{bmatrix}1&0&0&-c_x\\0&1&0&0\\0&0&1&c_z\\0&0&0&1\end{bmatrix}\begin{bmatrix}1&0&0&0\\0&1&0&0\\0&0&1&c_z\\0&0&0&1\end{bmatrix}
\end{aligned}
$$

$$
=\begin{bmatrix} 0 & 0 & -1 & -c_z \\ 1 & 0 & 0 & -c_x \\ 0 & -1 & 0 & 0 \\ 0 & 0 & 0 & 1 \end{bmatrix} \tag{3-9}
$$

式中，c_x=32.5mm，表示摄像头坐标系原点（位于机器人左眼）与双目中心左右相差的距离；c_z=68.5mm，表示双目中心到头部中心前后的距离，便可得到双目摄像头相对于大地坐标系的位姿 ${}_C^G\boldsymbol{T}$，如式（3-10）所示。

$$
{}_C^G\boldsymbol{T} = {}_9^0\boldsymbol{T}\,{}_C^9\boldsymbol{T} = {}_1^0\boldsymbol{T}\,{}_2^1\boldsymbol{T}\,{}_3^2\boldsymbol{T}\,{}_4^3\boldsymbol{T}\,{}_5^4\boldsymbol{T}\,{}_6^5\boldsymbol{T}\,{}_7^6\boldsymbol{T}\,{}_8^7\boldsymbol{T}\,{}_9^8\boldsymbol{T}\,{}_C^9\boldsymbol{T} \tag{3-10}
$$

根据式（3-10），当给定机器人感知系统中各关节旋转的角度值和移动的距离时，就可求出机器人头部在大地坐标系中的位姿 ${}_9^0\boldsymbol{T}$，进而求出双目摄像头在大地坐标系中的位姿 ${}_C^G\boldsymbol{T}$。在此基础上，便解决了目标“在哪儿”的问题。本书中，将双目摄像头获取到目标物 A 的位姿记为 ${}_A^C\boldsymbol{T}$，则可得到目标物 A 在大地坐标系 $\{G\}$ 中的位姿 ${}_A^G\boldsymbol{T}$，如式（3-11）所示。

$$
{}_A^G\boldsymbol{T}={}_C^G\boldsymbol{T}\,{}_A^C\boldsymbol{T} \tag{3-11}
$$

2. 目标物 A 在胸部中心坐标系{O}中位姿的变换

机器人头部有上下俯仰和左右旋转两个关节，可以带动摄像头运动增加其扫描的空间范围。如果将摄像头获取到目标物的位姿记为 $\boldsymbol{T}_{\text{camera}}$，则需要经过头部的两个旋转关节才能将 $\boldsymbol{T}_{\text{camera}}$ 转换到胸部中心坐标系 $\{O\}$ 中。根据模型可知，机器人头部可以分别绕着坐标系 $\{H\}$ 的 x_h 轴、z_h 轴进行旋转。图 3-7 显示了摄像头坐标系 $\{C\}$、头部中心坐标系 $\{H\}$、胸部中心坐标系 $\{O\}$ 之间的坐标关系。

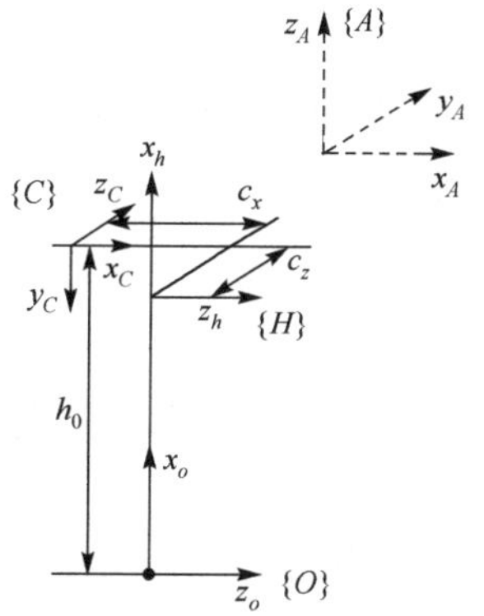

图 3-7　转换关系示意图

根据图 3-7，可得到变换步骤如下。

第一步：头部绕坐标系 $\{H\}$ 有俯仰、左右偏转两个关节，绕 x_h 轴旋转 α_2（逆时针转头为正），再绕 z_h 轴旋转 α_1（仰头为正），变换关系记为 $\boldsymbol{T}_h$，如式（3-12）所示。

$$
\boldsymbol{T}_h=\mathbf{Rot}(z_h,\alpha_1)\mathbf{Rot}(x_h,\alpha_2)=\begin{bmatrix} c\alpha_1 & -s\alpha_1 c\alpha_2 & s\alpha_1 s\alpha_2 & 0 \\ s\alpha_1 & c\alpha_1 c\alpha_2 & -c\alpha_1 s\alpha_2 & 0 \\ 0 & s\alpha_2 & c\alpha_2 & 0 \\ 0 & 0 & 0 & 1 \end{bmatrix} \tag{3-12}
$$

第二步：由图 3-7 可得，坐标系 $\{H\}$ 与坐标系 $\{C\}$ 之间，各坐标轴的方向均一致，原点在相同 x 轴方向上且相差一定的距离，该距离记为 $h_0=230\text{mm}$。故得到头部中心坐标系 $\{H\}$ 相对于胸部中心坐标系 $\{O\}$ 的位姿 ${}_H^O\boldsymbol{T}$，即在 $\boldsymbol{T}_h$ 中的 x 轴方向上直接加上 h_0 即可，如式（3-13）所示。

$$
{}_H^O\boldsymbol{T}=\begin{bmatrix} c\alpha_1 & -s\alpha_1 c\alpha_2 & s\alpha_1 s\alpha_2 & h_0 \\ s\alpha_1 & c\alpha_1 c\alpha_2 & -c\alpha_1 s\alpha_2 & 0 \\ 0 & s\alpha_2 & c\alpha_2 & 0 \\ 0 & 0 & 0 & 1 \end{bmatrix} \tag{3-13}
$$

第三步：将摄像头坐标系$\{C\}$转换到头部中心坐标系$\{H\}$中，变换关系记为${}^{H}_{C}\boldsymbol{T}$，如式（3-14）所示。

$$
{}^{H}_{C}\boldsymbol{T}=\boldsymbol{R}_Z(90°)\times\boldsymbol{R}_Y(-90°)\times\boldsymbol{D}_X(-c_x)\times\boldsymbol{D}_Z(c_z)=\begin{bmatrix}0 & -1 & 0 & 0\\ 0 & 0 & -1 & -c_z\\ 1 & 0 & 0 & -c_x\\ 0 & 0 & 0 & 1\end{bmatrix} \tag{3-14}
$$

式（3-14）中的c_x、c_z与式（3-9）中的c_x、c_z含义相同。

第四步：根据以上3个步骤，得到摄像头通过头部两个旋转关节变换到胸部中心坐标系$\{O\}$的位姿关系，记为${}^{O}_{C}\boldsymbol{T}$，如式（3-15）所示。

$$
{}^{O}_{C}\boldsymbol{T}={}^{O}_{H}\boldsymbol{T}\,{}^{H}_{C}\boldsymbol{T}=\begin{bmatrix}s\alpha_1 s\alpha_2 & -c\alpha_1 & s\alpha_1 c\alpha_2 & h_0+c_z s\alpha_1 c\alpha_2-c_x s\alpha_1 s\alpha_2\\ -c\alpha_1 s\alpha_2 & -s\alpha_1 & -c\alpha_1 c\alpha_2 & -c_z c\alpha_1 c\alpha_2+c_x c\alpha_1 s\alpha_2\\ c\alpha_2 & 0 & -s\alpha_2 & -c_z s\alpha_2-c_x c\alpha_2\\ 0 & 0 & 0 & 1\end{bmatrix} \tag{3-15}
$$

第五步：综合以上所有步骤，可得到目标物A相对于胸部中心坐标系$\{O\}$的位姿${}^{O}_{A}\boldsymbol{T}$，如式（3-16）所示。

$$
{}^{O}_{A}\boldsymbol{T}={}^{O}_{C}\boldsymbol{T}\times\boldsymbol{T}_{\text{camera}} \tag{3-16}
$$

3.2.2 主作业系统正运动学

根据图3-5，将主作业系统运动学模型单独分离出来，如图3-8所示。

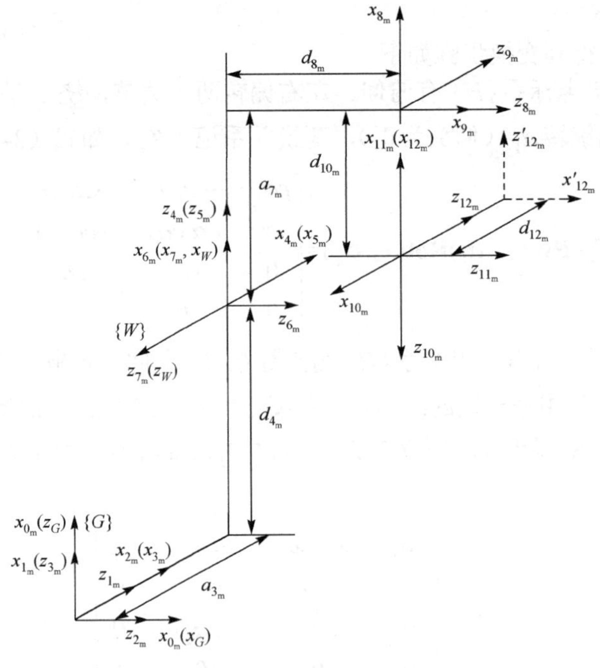

图3-8 主作业系统运动学模型

根据图 3-8，可得到主作业系统的 D-H 参数，如表 3-4 所示。

表 3-4　主作业系统的 D-H 参数

连杆 i_m	关节角 θ_{i_m}	扭转角 $\alpha_{(i-1)_m}$	连杆长度 $a_{(i-1)_m}$	连杆偏移量 d_{i_m}	θ_{i_m} 角范围
1_m	−90°	−90°	0	$d_{1_m}=d_y$（变量）	常数
2_m	−90°	−90°	0	$d_{2_m}=d_x$（变量）	常数
3_m	θ_{3_m}	−90°	0	0	−180° ～ 180°
4_m	θ_{4_m}	0°	$a_{3_m}=186\text{mm}$	$d_{4_m}=545\text{mm}$	−180° ～ 180°
5_m	0°	0°	0	$d_{5_m}=h_z$（变量）	常数
6_m	$\theta_{6_m}+90°$	90°	0	0	−60° ～ 60°
7_m	θ_{7_m}	−90°	0	0	−60° ～ 60°
8_m	θ_{8_m}	90°	$a_{7_m}=275\text{mm}$	$d_{8_m}=200\text{mm}$	−120° ～ 120°
9_m	$\theta_{9_m}+90°$	90°	0	0	−120° ～ 10°
10_m	$\theta_{10_m}+90°$	−90°	0	$d_{10_m}=183\text{mm}$	−90° ～ 90°
11_m	$\theta_{11_m}-90°$	90°	0	0	−120° ～ 120°
12_m	θ_{12_m}	90°	0	0	−90° ～ 90°

其中，d_x、d_y、h_z 与感知系统模型中的 d_x、d_y、h_z 含义相同；a_{3_m}、d_{4_m} 与感知系统模型中的 a_3、d_4 含义相同；a_{7_m} 表示腰部中心到机器人胸部中心的距离；d_{8_m} 表示胸部中心到机器人主作业臂肩部的距离；d_{10_m} 表示主作业臂肩部中心到主作业臂肘部的距离。此外，图 3-8 中的 d_{12_m} 表示肘部中心到末端执行器中心的距离。根据表 3-4，可得到主作业系统各个连杆的齐次变换矩阵 ${}^{(i-1)_m}_{i_m}\boldsymbol{T}$，如式（3-17）所示。

$$
{}^{0_m}_{1_m}\boldsymbol{T}=\begin{bmatrix}0&1&0&0\\0&0&1&d_y\\1&0&0&0\\0&0&0&1\end{bmatrix}\quad
{}^{1_m}_{2_m}\boldsymbol{T}=\begin{bmatrix}0&1&0&0\\0&0&1&d_x\\1&0&0&0\\0&0&0&1\end{bmatrix}\quad
{}^{2_m}_{3_m}\boldsymbol{T}=\begin{bmatrix}c_{3_m}&-s_{3_m}&0&0\\0&0&1&0\\-s_{3_m}&-c_{3_m}&0&0\\0&0&0&1\end{bmatrix}
$$

$$
{}^{3_m}_{4_m}\boldsymbol{T}=\begin{bmatrix}c_{4_m}&-s_{4_m}&0&a_{3_m}\\s_{4_m}&c_{4_m}&0&0\\0&0&1&d_{4_m}\\0&0&0&1\end{bmatrix}\quad
{}^{4_m}_{5_m}\boldsymbol{T}=\begin{bmatrix}1&0&0&0\\0&1&0&0\\0&0&1&h_z\\0&0&0&1\end{bmatrix}\quad
{}^{5_m}_{6_m}\boldsymbol{T}=\begin{bmatrix}-s_{6_m}&-c_{6_m}&0&0\\0&0&-1&0\\c_{6_m}&-s_{6_m}&0&0\\0&0&0&1\end{bmatrix}
$$

$$
{}^{6_m}_{7_m}\boldsymbol{T}=\begin{bmatrix}c_{7_m}&-s_{7_m}&0&0\\0&0&1&0\\-s_{7_m}&-c_{7_m}&0&0\\0&0&0&1\end{bmatrix}\quad
{}^{7_m}_{8_m}\boldsymbol{T}=\begin{bmatrix}c_{8_m}&-s_{8_m}&0&a_{7_m}\\0&0&-1&-d_{8_m}\\s_{8_m}&c_{8_m}&0&0\\0&0&0&1\end{bmatrix}\quad
{}^{8_m}_{9_m}\boldsymbol{T}=\begin{bmatrix}-s_{9_m}&-c_{9_m}&0&0\\0&0&-1&0\\c_{9_m}&-s_{9_m}&0&0\\0&0&0&1\end{bmatrix}
$$

$$
{}^{9_\mathrm{m}}_{10_\mathrm{m}}\boldsymbol{T}=\begin{bmatrix}-s_{10_\mathrm{m}} & -c_{10_\mathrm{m}} & 0 & 0\\ 0 & 0 & 1 & d_{10_\mathrm{m}}\\ -c_{10_\mathrm{m}} & s_{10_\mathrm{m}} & 0 & 0\\ 0 & 0 & 0 & 1\end{bmatrix}\quad {}^{10_\mathrm{m}}_{11_\mathrm{m}}\boldsymbol{T}=\begin{bmatrix}s_{11_\mathrm{m}} & c_{11_\mathrm{m}} & 0 & 0\\ 0 & 0 & -1 & 0\\ -c_{11_\mathrm{m}} & s_{11_\mathrm{m}} & 0 & 0\\ 0 & 0 & 0 & 1\end{bmatrix}\quad {}^{11_\mathrm{m}}_{12_\mathrm{m}}\boldsymbol{T}=\begin{bmatrix}c_{12_\mathrm{m}} & -s_{12_\mathrm{m}} & 0 & 0\\ 0 & 0 & -1 & 0\\ s_{12_\mathrm{m}} & c_{12_\mathrm{m}} & 0 & 0\\ 0 & 0 & 0 & 1\end{bmatrix} \tag{3-17}
$$

由图 3-8 中模型可得，主作业系统的末端执行器坐标系的原点位于肘部中心，故需要将末端执行器坐标系变换到与末端执行器中心坐标系 $\{12'_\mathrm{m}\}$ 重合。变换过程为：将坐标系 $\{12_\mathrm{m}\}$ 先绕 z 轴旋转 90°，再绕 x 轴旋转 90°，最后沿变换后坐标系的 y 轴方向平移 d_{12_m} 到坐标系 $\{12'_\mathrm{m}\}$。因此，得到末端执行器中心相对于基坐标系 $\{0_\mathrm{m}\}$（大地坐标系 $\{G\}$）的位姿 ${}^{0_\mathrm{m}}_{12'_\mathrm{m}}\boldsymbol{T}$ 为

$$
{}^{0_\mathrm{m}}_{12'_\mathrm{m}}\boldsymbol{T}={}^{0_\mathrm{m}}_{12_\mathrm{m}}\boldsymbol{T}\times\boldsymbol{R}_Z(90°)\times\boldsymbol{R}_X(90°)\times\boldsymbol{D}_Y(d_{12_\mathrm{m}}) \tag{3-18}
$$

$$
{}^{0_\mathrm{m}}_{12_\mathrm{m}}\boldsymbol{T}={}^{0_\mathrm{m}}_{1_\mathrm{m}}\boldsymbol{T}\,{}^{1_\mathrm{m}}_{2_\mathrm{m}}\boldsymbol{T}\,{}^{2_\mathrm{m}}_{3_\mathrm{m}}\boldsymbol{T}\,{}^{3_\mathrm{m}}_{4_\mathrm{m}}\boldsymbol{T}\,{}^{4_\mathrm{m}}_{5_\mathrm{m}}\boldsymbol{T}\,{}^{5_\mathrm{m}}_{6_\mathrm{m}}\boldsymbol{T}\,{}^{6_\mathrm{m}}_{7_\mathrm{m}}\boldsymbol{T}\,{}^{7_\mathrm{m}}_{8_\mathrm{m}}\boldsymbol{T}\,{}^{8_\mathrm{m}}_{9_\mathrm{m}}\boldsymbol{T}\,{}^{9_\mathrm{m}}_{10_\mathrm{m}}\boldsymbol{T}\,{}^{10_\mathrm{m}}_{11_\mathrm{m}}\boldsymbol{T}\,{}^{11_\mathrm{m}}_{12_\mathrm{m}}\boldsymbol{T} \tag{3-19}
$$

其中，d_{12_m}=300mm。当已知主作业系统各个关节运动的角度值时，就可以根据式(3-18)、式（3-19）确定其末端执行器相对于基坐标系的位姿信息。

3.2.3 辅助作业系统正运动学

辅助作业系统为机器人辅助作业臂机构，一共包含 6 个自由度，且其模型的基坐标系 $\{0_\mathrm{a}\}$ 位于机器人胸部中心坐标系 $\{O\}$ 处。根据图 3-5，将辅助作业系统运动学模型分离出来，如图 3-9 所示。

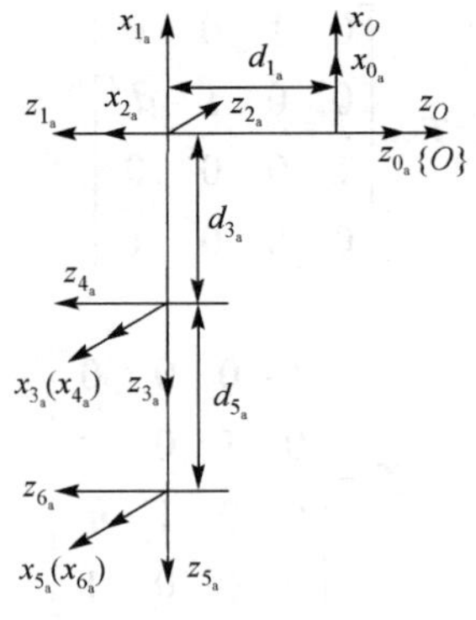

图 3-9 辅助作业系统运动学模型

根据图 3-9，可得到辅助作业系统的 D-H 参数，如表 3-5 所示。

表 3-5 辅助作业系统的 D-H 参数

连杆 i_a	关节角 θ_{i_a}	扭转角 $\alpha_{(i-1)_\mathrm{a}}$	连杆长度 $a_{(i-1)_\mathrm{a}}$	连杆偏移量 d_{i_a}	θ_{i_a} 角范围
1_a	θ_{1_a}	180°	0	d_{1_a}=200mm	−120° ～ 120°

续表

连杆 i_a	关节角 θ_{i_a}	扭转角 $\alpha_{(i-1)_a}$	连杆长度 $a_{(i-1)_a}$	连杆偏移量 d_{i_a}	θ_{i_a} 角范围
2_a	$\theta_{2_a}-90°$	−90°	0	0	−10° ～ 120°
3_a	$\theta_{3_a}-90°$	90°	0	d_{3_a}=183mm	−90° ～ 90°
4_a	θ_{4_a}	−90°	0	0	−120° ～ 20°
5_a	θ_{5_a}	90°	0	d_{5_a}=300mm	−90° ～ 90°
6_a	θ_{6_a}	−90°	0	0	−15° ～ 15°

其中，d_{1_a} 表示胸部中心到机器人辅助作业臂肩部的距离；d_{3_a} 表示辅助作业臂肩部中心到辅助作业臂肘部的距离；d_{5_a} 表示肘部中心到末端执行器手腕的距离。根据表 3-5，可得到辅助作业系统各个连杆的齐次变换矩阵 ${}^{(i-1)_a}_{i_a}\boldsymbol{T}$，如式（3-20）所示。

$$
{}^{0_a}_{1_a}\boldsymbol{T}=\begin{bmatrix} c_{1_a} & -s_{1_a} & 0 & 0 \\ -s_{1_a} & -c_{1_a} & 0 & 0 \\ 0 & 0 & -1 & -d_{1_a} \\ 0 & 0 & 0 & 1 \end{bmatrix}\quad
{}^{1_a}_{2_a}\boldsymbol{T}=\begin{bmatrix} s_{2_a} & c_{2_a} & 0 & 0 \\ 0 & 0 & 1 & 0 \\ c_{2_a} & -s_{2_a} & 0 & 0 \\ 0 & 0 & 0 & 1 \end{bmatrix}\quad
{}^{2_a}_{3_a}\boldsymbol{T}=\begin{bmatrix} s_{3_a} & c_{3_a} & 0 & 0 \\ 0 & 0 & -1 & -d_{3_a} \\ -c_{3_a} & s_{3_a} & 0 & 0 \\ 0 & 0 & 0 & 1 \end{bmatrix}
$$

$$
{}^{3_a}_{4_a}\boldsymbol{T}=\begin{bmatrix} c_{4_a} & -s_{4_a} & 0 & 0 \\ 0 & 0 & 1 & 0 \\ -s_{4_a} & -c_{4_a} & 0 & 0 \\ 0 & 0 & 0 & 1 \end{bmatrix}\quad
{}^{4_a}_{5_a}\boldsymbol{T}=\begin{bmatrix} c_{5_a} & -s_{5_a} & 0 & 0 \\ 0 & 0 & -1 & -d_{5_a} \\ s_{5_a} & c_{5_a} & 0 & 0 \\ 0 & 0 & 0 & 1 \end{bmatrix}\quad
{}^{5_a}_{6_a}\boldsymbol{T}=\begin{bmatrix} c_{6_a} & -s_{6_a} & 0 & 0 \\ 0 & 0 & 1 & 0 \\ -s_{6_a} & -c_{6_a} & 0 & 0 \\ 0 & 0 & 0 & 1 \end{bmatrix}
\tag{3-20}
$$

若将机器人辅助作业臂手腕沿着其固连坐标系 y 轴负方向平移距离 $d=30\text{mm}$ 变换到末端执行器的中心，则末端执行器的中心相对于机器人胸部中心坐标系的位姿 ${}^{0_a}_{p_a}\boldsymbol{T}$ 如式（3-21）所示。

$$
{}^{0_a}_{p_a}\boldsymbol{T}={}^{0_a}_{6_a}\boldsymbol{T}\times\boldsymbol{D}_Y(-d)={}^{0_a}_{1_a}\boldsymbol{T}\,{}^{1_a}_{2_a}\boldsymbol{T}\,{}^{2_a}_{3_a}\boldsymbol{T}\,{}^{3_a}_{4_a}\boldsymbol{T}\,{}^{4_a}_{5_a}\boldsymbol{T}\,{}^{5_a}_{6_a}\boldsymbol{T}\times\boldsymbol{D}_Y(-d) \tag{3-21}
$$

所以，当已知机器人辅助作业系统各个关节运动的角度值时，就可以根据式（3-21）得到辅助作业臂末端执行器所处的位姿信息。

3.2.4　3-RPS 并联机构正运动学

机器人的位置和姿态描述有 3 种表示方法：驱动器空间描述、关节空间描述和工作空间描述[16]。上文中，我们将机器人腰部结构的运动关节假设为直接由驱动器驱动。然而，3-RPS 并联机构通过 3 台电机分别驱动 3 个串联分支使动平台运动，并在关节空间中可以将其等效为两个转动关节和一个移动关节。然而，根据并联机构电机驱动 3 个串联分支运动并不能直接得出其动平台的运动状态，所以需要将串联分支的运动等效成动平台的运动状态，该过程也称为并联机构正运动学。3-RPS 并联机构简化结构如图 3-10 所示。

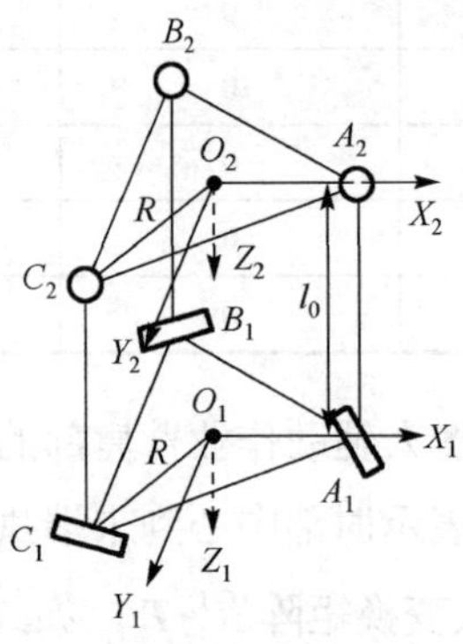

图 3-10　3-RPS 并联机构简化结构

如图 3-10 所示，并联机构的下层为定平台，固定在定平台的电机呈120° 均匀分布，且运动副之间的连线构成等边三角形；上层动平台通过球铰与串联分支相连，串联分支带动上层动平台运动，且定平台与动平台平面均为圆面，其半径均为 $R = 45\text{mm}$ 。同时，固连在定平台与动平台的 3 个串联分支初始长度 l_0=425mm 。

根据并联机构在机器人上的安装结构，在动平台、定平台上，以等边三角形的几何中心为坐标原点，分别建立坐标系 $O_1 - X_1Y_1Z_1$ 、 $O_2 - X_2Y_2Z_2$ ，如图 3-10 所示。其中， X_i 轴方向为 O_i 点到顶点 A_i 的连线方向， Y_i 轴方向为从 O_i 点出发与向量 $\overrightarrow{B_iC_i}$ 平行的方向， Z_i 轴方向为垂直于等边三角形平面向下的方向，其中 $i = 1,2$ 。

因此，可以得到 3-RPS 并联机构在初始状态时，动平台、定平台内接等边三角形的顶点在其对应坐标系 $O_i - X_iY_iZ_i$ 中的位置坐标如式（3-22）所示。

$$\begin{aligned} &A_i=(R,0,0) \\ &B_i=\left(-\frac{R}{2},-\frac{\sqrt{3}R}{2},0\right), \quad i=1,2 \\ &C_i=\left(-\frac{R}{2},\frac{\sqrt{3}R}{2},0\right) \end{aligned} \tag{3-22}$$

3-RPS 并联机构在初始状态时，动平台坐标系 $O_2 - X_2Y_2Z_2$ 原点 O_2 在坐标系 $O_1 - X_1Y_1Z_1$ 中位置坐标如式（3-23）所示。

$$O_2=(0,0,-l_0) \tag{3-23}$$

设三条串联分支 A_1A_2 、 B_1B_2 、 C_1C_2 伸缩之后的长度分别为 l_1 、 l_2 和 l_3 ，对定平台的倾斜角分别为 ϕ_1 、 ϕ_2 、 ϕ_3 ，如图 3-11 所示。

图 3-11 中，在串联分支驱动动平台运动之后， A_1A_2 、 B_1B_2 、 C_1C_2 三条串联分支在定平面上的投影，随着串联分支与定平台倾斜角 ϕ_1 、 ϕ_2 、 ϕ_3 的改变，分别在线段 O_1A_1 、 O_1B_1 、 O_1C_1 上滑动。

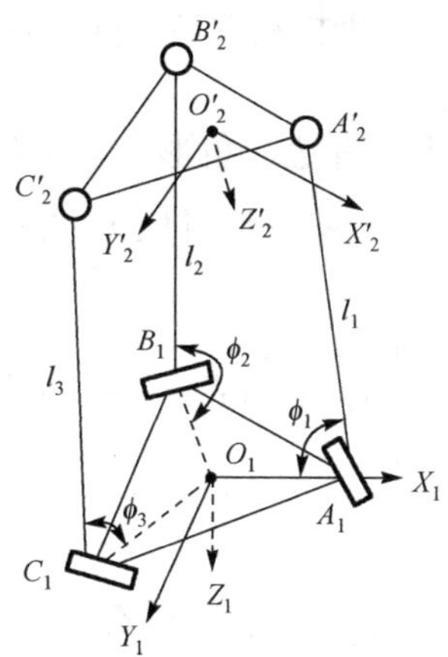

图 3-11　并联机构串联分支结构

因此，在串联分支伸缩后，结合式（3-22），得到动平台 3 个顶点 A_2'、B_2'、C_2'，其在坐标系 $O_1-X_1Y_1Z_1$ 的位置坐标分别如式（3-24）、式（3-25）和式（3-26）所示。

$$A_2':\begin{cases}X_{A_2'}=R-l_1\cos\phi_1\\Y_{A_2'}=0\\Z_{A_2'}=-l_1\sin\phi_1\end{cases}\tag{3-24}$$

$$B_2':\begin{cases}X_{B_2'}=-\dfrac{R}{2}+l_2\cos\phi_2\cos60^\circ\\Y_{B_2'}=-\dfrac{\sqrt{3}R}{2}+l_2\cos\phi_2\sin60^\circ\\Z_{B_2'}=-l_2\sin\phi_2\end{cases}\tag{3-25}$$

$$C_2':\begin{cases}X_{C_2'}=-\dfrac{R}{2}+l_3\cos\phi_3\cos60^\circ\\Y_{C_2'}=\dfrac{\sqrt{3}R}{2}-l_3\cos\phi_3\sin60^\circ\\Z_{C_2'}=-l_3\sin\phi_3\end{cases}\tag{3-26}$$

又已知等边三角形的边长为 $\sqrt{3}R$，即

$$\begin{cases}|A_2'B_2'|=\sqrt{3}R\\|A_2'C_2'|=\sqrt{3}R\\|B_2'C_2'|=\sqrt{3}R\end{cases}\tag{3-27}$$

将式（3-24）、式（3-25）、式（3-26）代入式（3-27）中，即可得到 3 个串联分支相对于定平台的倾斜角 ϕ_1、ϕ_2、ϕ_3。该方程是以倾斜角 ϕ_1、ϕ_2、ϕ_3 为自变量的超越方程，求解

过程较为复杂。本书中，只用到并联机构从关节空间转换到驱动器空间的运算过程，故不赘述该超越方程详细的求解过程。

此外，由于动平台内接三角形为等边三角形，动平台坐标系 $O_2 - X_2Y_2Z_2$ 的原点 O_2 为正三角形的重心。当动平台运动后，其原点记为 O_2'，O_2' 在坐标系 $O_1 - X_1Y_1Z_1$ 中的坐标如式（3-28）所示。

$$O_2' : \begin{cases} X_{O_2'} = \dfrac{1}{3}\left(X_{A_2'} + X_{B_2'} + X_{C_2'}\right) \\ Y_{O_2'} = \dfrac{1}{3}\left(Y_{A_2'} + Y_{B_2'} + Y_{C_2'}\right) \\ Z_{O_2'} = \dfrac{1}{3}\left(Z_{A_2'} + Z_{B_2'} + Z_{C_2'}\right) \end{cases} \tag{3-28}$$

故可得到动平台坐标系 X 、Y 、Z 三轴的方向余弦，如式（3-29）所示。

$$\begin{cases} \overrightarrow{u_X} = \dfrac{1}{\left|O_2'A_2'\right|}\left[\left(X_{A_2'} - X_{O_2'}\right)\vec{i} + \left(Y_{A_2'} - Y_{O_2'}\right)\vec{j} + \left(Z_{A_2'} - Z_{O_2'}\right)\vec{k}\right] \\ \overrightarrow{u_Y} = \dfrac{1}{\left|B_2'C_2'\right|}\left[\left(X_{C_2'} - X_{B_2'}\right)\vec{i} + \left(Y_{C_2'} - Y_{B_2'}\right)\vec{j} + \left(Z_{C_2'} - Z_{B_2'}\right)\vec{k}\right] \\ \overrightarrow{u_Z} = \overrightarrow{u_X} \times \overrightarrow{u_Y} \end{cases} \tag{3-29}$$

为简化书写，将式（3-29）记为

$$\begin{cases} \overrightarrow{u_X} = u_{x1}\vec{i} + u_{x2}\vec{j} + u_{x3}\vec{k} \\ \overrightarrow{u_Y} = u_{y1}\vec{i} + u_{y2}\vec{j} + u_{y3}\vec{k} \\ \overrightarrow{u_Z} = u_{z1}\vec{i} + u_{z2}\vec{j} + u_{z3}\vec{k} \end{cases} \tag{3-30}$$

综上，根据式（3-29）、式（3-30），可得到动平台在定平台坐标系 $O_1 - X_1Y_1Z_1$ 中的位姿矩阵 ${}_{O_2}^{O_1}\boldsymbol{T}$ ，如式（3-31）所示。

$${}_{O_2}^{O_1}\boldsymbol{T} = \begin{bmatrix} u_{x1} & u_{y1} & u_{z1} & X_{O_2'} \\ u_{x2} & u_{y2} & u_{z2} & Y_{O_2'} \\ u_{x3} & u_{y3} & u_{z3} & Z_{O_2'} \\ 0 & 0 & 0 & 1 \end{bmatrix} \tag{3-31}$$

3.3 机器人正运动学综合实践

3.3.1 仿真模型建立

根据上文中对机器人上半身模型的建立，利用 MATLAB 机器人工具箱对机器人的双臂模型进行运动学的验证。该工具箱是专门应用于机器人学的工具箱，可以实现机器人运动学模型的建立与仿真、机器人正逆运动学的求解及轨迹规划等功能[17]。

机器人的主作业臂从肩部到小臂一共有 5 个旋转关节，而辅助作业臂从肩部到左手腕一共有 6 个旋转关节。且机器人主作业臂、辅助作业臂仿真模型均以机器人胸部中心坐标系为参考坐标系，并调用工具箱的 Link 类函数，基于改进型 DH 建模法建立其相关关系，再调用 SerialLink 类函数将 Link 类函数建立的机器人连杆连成一个整体，生成串联作业臂。

Link 类函数的一种用法如下：

```
L=Link([theta,d,a,alpha,sigma,offset],'modified')
```

其中，参数 theta 表示关节角；参数 d 表示连杆偏距；参数 a 表示连杆长度；参数 alpha 表示连杆扭转角；参数 sigma 表示关节的类型，旋转关节为 0，移动关节为 1；参数 offset 表示关节变量的偏移量；而 modified 表示采用改进型 DH 建模法建模。

SerialLink 类函数将以上建立的关节模型连接到一起，如：

```
robot=SerialLink([L1,L2,...,L5],'name','right arm')
```

所以，本书利用 MATLAB 机器人工具箱建立本机器人双臂模型的代码如下所示。

辅助作业臂：

```
L1 = Link([0 200 0 pi 0 0],'modified');       L1.qlim=[-120,120]*pi/180;
L2 = Link([0 0 0 -pi/2 0 -pi/2],'modified');   L2.qlim=[-10,120]*pi/180;
L3 = Link([0 183 0 pi/2 0 -pi/2],'modified');  L3.qlim=[-90,90]*pi/180;
L4 = Link([0 0 0 -pi/2 0 0],'modified');        L4.qlim=[-120,20]*pi/180;
L5 = Link([0 300 0 pi/2 0 0],'modified');       L5.qlim=[-90,90]*pi/180;
L6 = Link([0 0 0 -pi/2 0 0],'modified');        L6.qlim=[-15,15]*pi/180;
```

主作业臂：

```
R1 = Link([0 200 0 0 0 0],'modified');         R1.qlim=[-120,120]*pi/180;
R2 = Link([0 0 0 pi/2 0 pi/2],'modified');      R2.qlim=[-120,10]*pi/180;
R3 = Link([0 183 0 -pi/2 0 pi/2],'modified');  R3.qlim=[-90,90]*pi/180;
R4 = Link([0 0 0 pi/2 0 -pi/2],'modified');     R4.qlim=[-120,20]*pi/180;
R5 = Link([0 0 0 pi/2 0 0],'modified');          R5.qlim=[-90,90]*pi/180;
```

上述模型中，qlim 表示关节变量的范围。

最后将机器人主辅作业臂的最后一个关节坐标系分别变换到末端执行器，输出的初始状态模型如图 3-12 所示。

根据其初始状态，应用正运动学函数得到其末端执行器的位姿 $\boldsymbol{T}_{\mathrm{L0}}$、$\boldsymbol{T}_{\mathrm{R0}}$，如式（3-32）所示。

$$\boldsymbol{T}_{\mathrm{L0}}=\begin{bmatrix}0&1&0&-513\\1&0&0&0\\0&0&-1&-200\\0&0&0&1\end{bmatrix}\qquad \boldsymbol{T}_{\mathrm{R0}}=\begin{bmatrix}1&0&0&-183\\0&0&-1&-330\\0&1&0&200\\0&0&0&1\end{bmatrix} \tag{3-32}$$

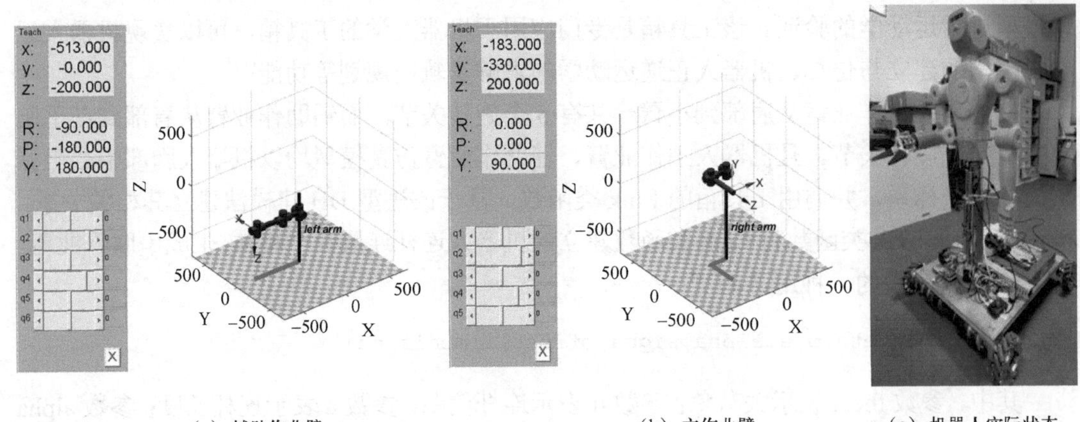

（a）辅助作业臂　　（b）主作业臂　　（c）机器人实际状态

图 3-12　机器人双臂初始状态模型

3.3.2　正运动学仿真

当分别给定机器人双臂各个关节一组随机角度值时，如辅助作业臂 6 个关节为 (–100°,–10°,30°,–60°,24°,5°)、主作业臂 5 个关节为 (–100°,–10°,30°,–60°,24°) 时，可以得到输出仿真模型分别对应的状态，如图 3-13 所示。

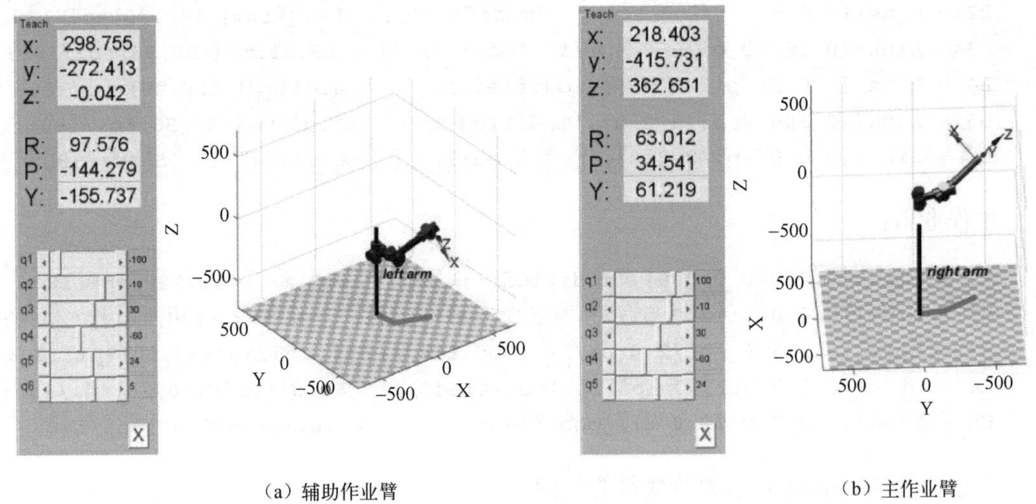

（a）辅助作业臂　　（b）主作业臂

图 3-13　随机角度对应的模型状态

根据上述给定的角度值，输出主辅作业臂末端执行器的位姿 $\boldsymbol{T}_{\mathrm{L1}}$、$\boldsymbol{T}_{\mathrm{R1}}$，如式（3-33）所示。

$$\boldsymbol{T}_{\mathrm{L1}}=\begin{bmatrix} -0.107 & -0.805 & 0.584 & 298.8 \\ -0.872 & 0.358 & 0.334 & -272.4 \\ -0.478 & -0.473 & -0.740 & -0.0416 \\ 0 & 0 & 0 & 1 \end{bmatrix} \quad \boldsymbol{T}_{\mathrm{R1}}=\begin{bmatrix} 0.374 & -0.734 & 0.567 & 218.4 \\ 0.655 & -0.224 & -0.722 & -415.7 \\ 0.657 & 0.641 & 0.397 & 362.7 \\ 0 & 0 & 0 & 1 \end{bmatrix} \tag{3-33}$$

3.3.3　正运动学实践

（1）熟悉机器人正运动学，建立移动小车、3-RPS 并联机构和串联双臂的数学模型，设计正运动学算法，如图 3-14 所示。

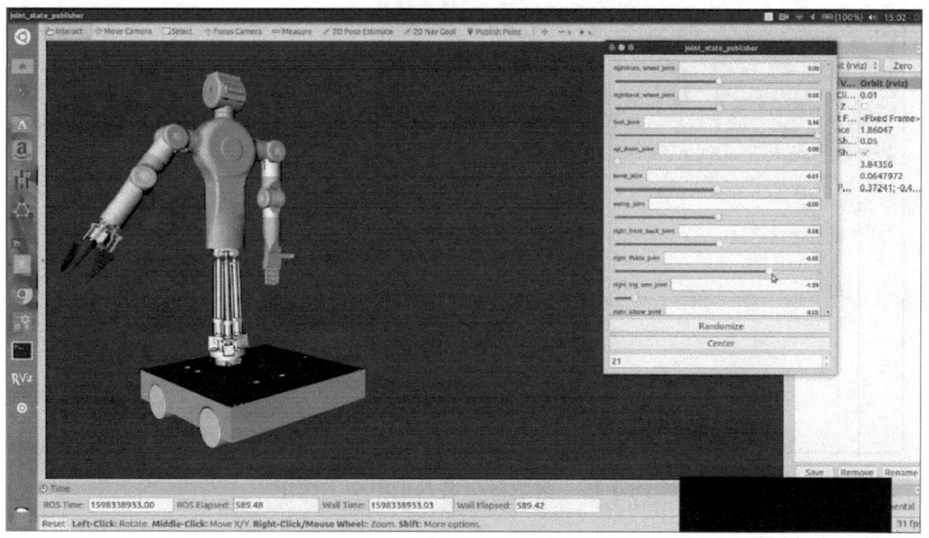

图 3-14　正运动学建模

（2）参数级机器人正运动学虚拟仿真实验。

选择“实验”→“机器人控制”命令，进入控制面板，如图 3-15 所示。

图 3-15　参数级机器人正运动学学习

在控制面板的各关节参数输入框中，输入设计好的运动学参数，单击“确认参数”按钮，结果如图 3-16 所示。

图 3-16　参数级机器人正运动学操作

（3）编程级机器人正运动学虚拟仿真实验。

单击“在线编程”选项卡，进入“在线编程”界面，将设计好的正运动学模型编写成C、Java 或 JavaScript 语言程序，单击“运行”按钮，查看结果，如图 3-17 所示。

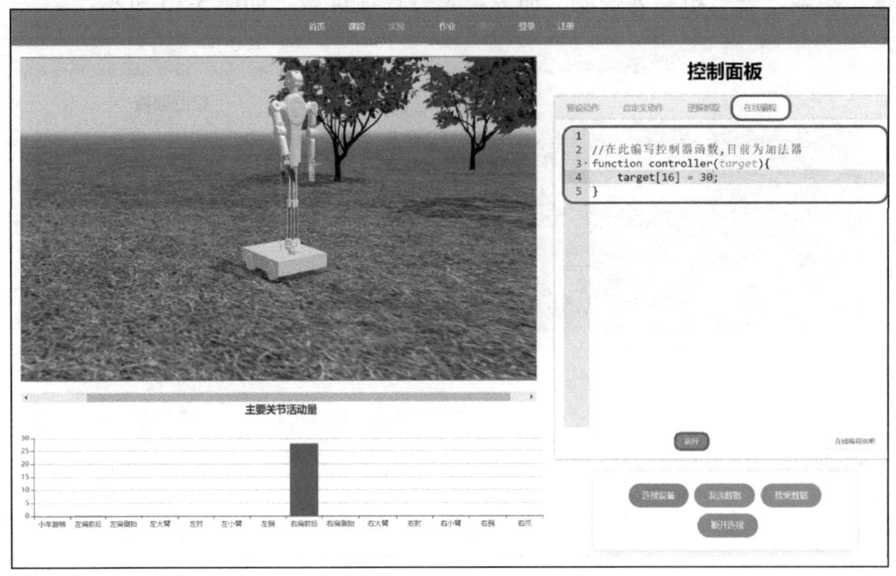

图 3-17　编程级虚拟仿真实验正运动学学习

（4）选择“实验”→”机器人控制”命令，进入控制面板，获取实物实验界面，如图 3-18 所示。

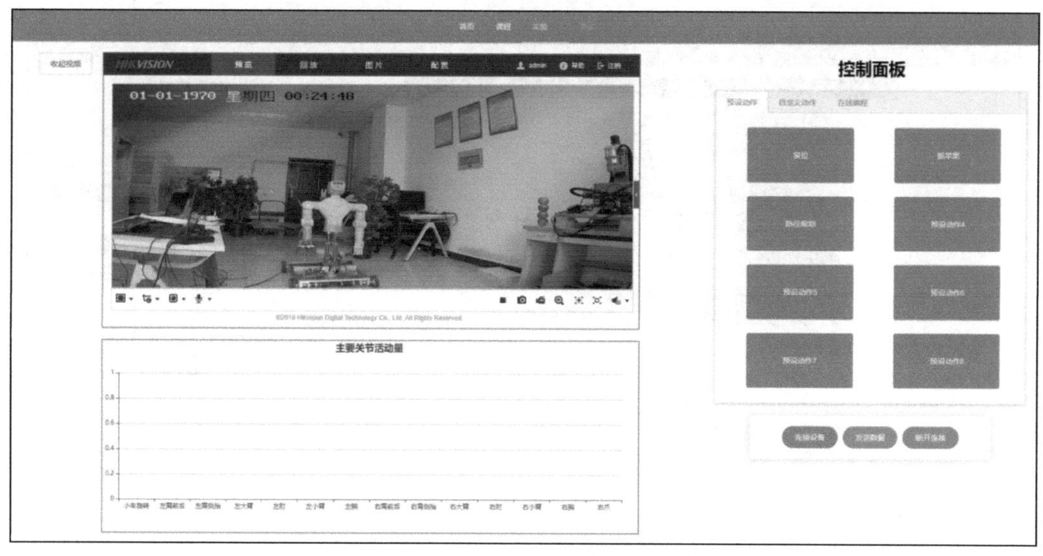

图 3-18　参数级机器人实物实验正运动学学习

在控制面板中根据设计的正运动学参数，选择正运动学，输入参数，单击“确认参数”按钮，如图 3-19 所示。

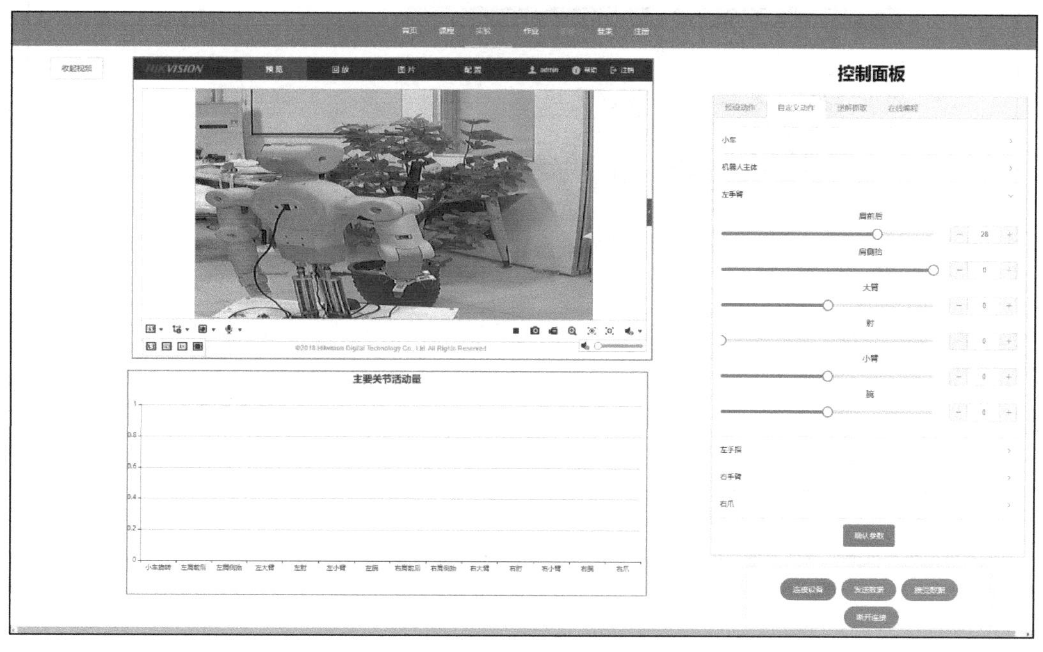

图 3-19　参数级机器人正运动学实物实验

（5）编程级机器人正运动学实物实验。

编制设计好的正运动学算法流程图，单击“在线编程”选项卡，如图 3-20 所示。

进入“在线编程”界面，根据流程图编写 C、Java 或 JavaScript 语言程序，单击“连接设备”“发送数据”按钮，再单击“运行”按钮，如图 3-21 所示。

图 3-20 编程级机器人实物实验正运动学算法

图 3-21 编程级机器人实物实验正运动学编程

3.4 本章小结

本章介绍了机器人空间的描述和坐标系之间的变换关系，并对机器人系统中的连杆描述进行了简要的介绍。同时，应用改进型的 D-H 建模法，根据该机器人平台的实际结构，对机器人感知系统、主作业系统和辅助作业系统建立了连杆坐标系，并进行了正运动学的研究分析。

习　题　3

3.1 如题 3.1 图所示，2 自由度平面机械手的关节 1 为转动关节，关节 2 为移动关节，关节变量分别为θ_1、d_2。

（1）建立关节坐标系，并写出该机械手的运动方程式。

（2）按下列关节变量参数求出手部中心的位置值。

θ_1	0°	30°	45°	90°
d_2/m	0.30	0.50	0.80	1.00

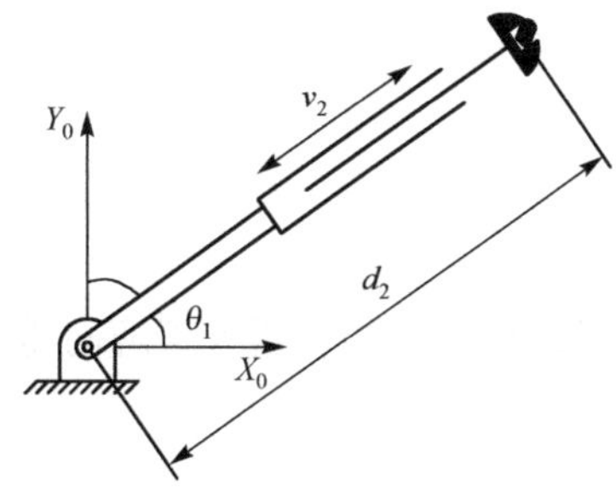

题 3.1 图

3.2 一个 2 自由度平面机械手如题 3.1 图所示，已知手部中心坐标值为 X_0、Y_0。求该机械手运动方程的逆解θ_1、d_2，并通过实践验证。

3.3 一个 3 自由度机械手如题 3.3 图所示，转角为θ_1、θ_2、θ_3，杆长为 l_1 和 l_2，手部中心离手腕中心的距离为 H，试建立连杆坐标系，推导出该机械手的运动学方程，并通过实践验证。

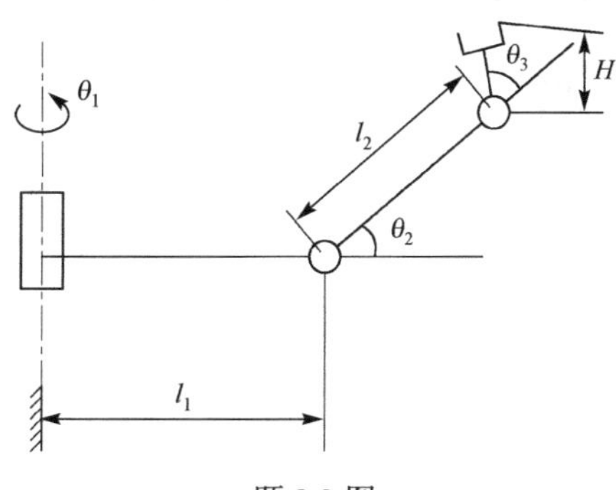

题 3.3 图

思政内容

第 4 章　机器人逆运动学综合设计与实践

4.1　机器人逆运动学理论基础

4.1.1　逆运动学定义

第 3 章举例阐述了机器人正运动学，即机器人正解问题，本章探讨机器人逆运动学，即机器人逆解问题。

对于具有 n 个自由度的机器人，运动学方程可以写成

$$\begin{bmatrix} n_x & o_x & a_x & p_x \\ n_y & o_y & a_y & p_y \\ n_z & o_z & a_z & p_z \\ 0 & 0 & 0 & 1 \end{bmatrix} = \boldsymbol{A}_1\boldsymbol{A}_2\boldsymbol{A}_3\cdots\boldsymbol{A}_{n-1}\boldsymbol{A}_n \tag{4-1}$$

式（4-1）左边表示末端执行器相对于基坐标系的位姿。给定末端执行器的位姿来计算相应关节变量的过程称为机器人逆运动学，其逆向运算称为求运动学逆解[18]。

4.1.2　机器人逆运动学的解

1．多解性

机器人运动学逆解具有多解性，如图 4-1 所示，对于给定的末端执行器的位置与姿态，其关节角变量值具有两组解，这两种关节角组合方式均可实现目标位姿。

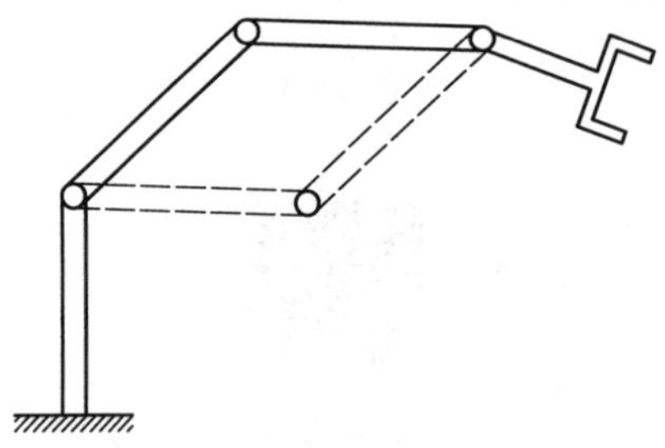

图 4-1　机器人运动学逆解的多解性

机器人运动学逆解产生多解的原因如下。

（1）由于机器人运动学中含有大量的三角函数方程，在求解逆运动学时，不可避免地需要解反三角函数方程，而求解反三角函数时将产生机器人无法实现的多余解。

（2）结构上存在关节角的多种组合方式（多解）来实现目标位姿。

虽然机器人逆运动学往往产生多解，但对于一个真实的机器人，通常只有一组解最优，为此必须做出判断，以选择合适的解。

剔除多余解的一般方法如下。

（1）根据一些参数要求（如杆长不为负），剔除在反三角函数求解时的关节角多余解。

（2）根据关节的运动空间剔除物理上无法实现的关节角多余解。

（3）根据关节运动过程，选择一个距离最近、最易实现的解。

（4）根据避障要求，剔除受障碍物限制的关节角多余解。

（5）逐级剔除多余解。

2. 可解性

机器人的可解性是指能否求得机器人运动学逆解的解析式。

所有具有转动和移动关节的机器人系统，在一个单一串联链中共有 6 个自由度（或小于 6 个自由度）时是可解的。要使机器人有解析解，设计时就要使机器人的结构尽量简单，而且尽量满足有若干相交的关节轴或许多 α_i 等于 0° 或 ±90° 的特殊条件。

对于逆运动学的求解，虽然通过式（4-1）可得到 12 个方程式，但如果对 12 个方程式联立求解，由于方程表达式的复杂性，其解析解往往很难求出，因此一般不采用联立方程求解的方法。

逆运动学的求解通常采用一系列变换矩阵的逆 $\boldsymbol{A}_i^{-1}$ 左乘，然后找出右端为常数或简单表达式的元素，并令这些元素与左端对应元素相等，这样就得出一个可以求解的三角函数方程式，进而求得对应的关节角。以此类推，最终求解出每个关节变量值。

4.2　机器人逆运动学综合设计

通过机器人双目视觉系统和感知系统获取到外界目标物的位姿信息后，需要驱动机器人主作业系统和辅助作业系统的末端执行器能够精确到达期望的目标点，这个过程就必须对机器人系统进行逆运动学研究。

本书针对图 2-3 中机器人的具体作业，当通过感知系统得到目标物的位姿信息后，为了让主作业系统的末端执行器准确地抓取到目标物，必须对具有 12 个自由度的主作业系统进行逆运动学研究。一方面，当主作业系统在作业过程中目标物没有被障碍物遮挡时，辅助作业系统也可以去完成其他目标物的抓取；另一方面，当目标物被障碍物遮挡时，可以应用辅助作业臂将障碍物拉开。这也需要经过对具有 6 个自由度的辅助作业系统进行逆运动学才能得到其所需运动的角度值。感知系统的作用是将双目视觉系统获取到的目标物的位姿从双目参考基坐标系变换到机器人的基坐标系。因此，只需要对感知系统进行正运动学分析即可。

接下来，将分别对主作业系统、辅助作业系统进行逆运动学分析。

4.2.1 主作业系统逆运动学

根据上文可知，主作业系统有 12 个自由度。一般机器人运动学均通过齐次变换矩阵表示，且该矩阵有 16 个元素，但含有机器人连杆参数、关节参数的只有 12 个元素。对于多自由度的机器人来说，在求逆运动学时列出含有多个参数的 12 个非线性方程，这些方程的求解十分复杂。所以，本书参考基于太空机器人基座悬浮理论的多自由度机器人运动学建模与求解方法，对该多自由度系统采用模型分离的方法进行逆运动学求解，即将图 3-8 中的主作业系统运动学模型，从腰部坐标系$\{W\}$处分开，分为移动小车到机器人腰部、机器人腰部到主作业臂末端执行器两部分，再进行逆运动学求解。其中，腰部坐标系$\{W\}$既在下半部分模型中，也附着在上半部分模型中。

“模型分离法”的整体思想是根据地面作业多自由度机器人结构特征，从其中一个分离点将模型分为上、下两部分，将目标点从目标物处转换到分离点，再将分离点的位姿作为下半部分模型的目标位姿进行逆运动学分析。但是，该方法必须满足一个条件，即必须保证分离的上、下两部分模型能够实现无缝对接。所以，在选取分离点时，上半部分模型的分离点的可达空间必须在下半部分模型的末端执行器的可达空间中。

第一部分：假设上半部分模型的末端执行器已成功到达目标点，即此时上半部分模型处于“悬浮”状态。建立末端执行器到分离点的运动学模型，进行正运动学计算，得到分离点在整个模型基坐标系中的位姿信息。

第二部分：分离点同时作为下半部分模型的末端执行器。将得到的分离点位姿信息，作为下半部分模型的末端执行器期望达到的目标位姿，对下半部分模型进行逆运动学分析，实现下半部分与“悬浮”的上半部分系统无缝对接。

在机器人平台中，将分离点选取在腰部，记为点W，坐标系为$\{W\}$，即上半部分模型中的关节个数为 5，下半部分模型中的关节个数为 7，机器人平台抓取作业示意图如图 4-2 所示。

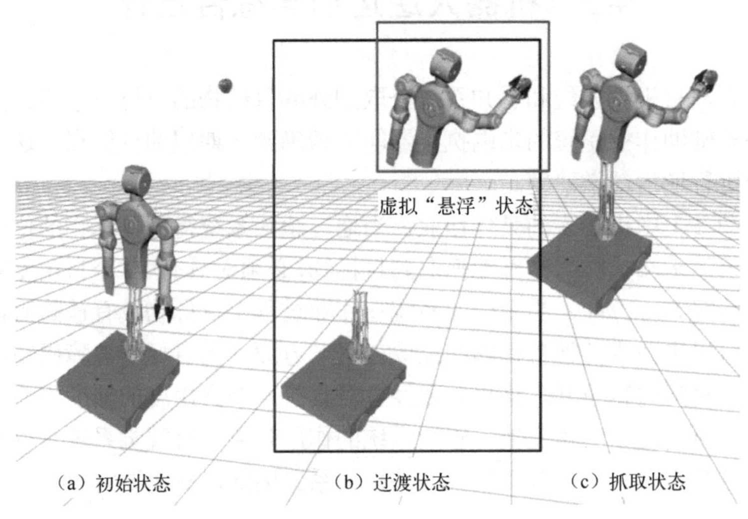

图 4-2　机器人平台抓取作业示意图

根据上文，将“模型分离法”归纳总结为初始、过渡、执行 3 个阶段。其中，初始阶段为上半部分成功抓取到目标物时，腰部分离点处于虚拟“悬浮”状态位姿的求解；过渡阶段为机器人下半部分与“悬浮”的上半部分完成对接时各个关节所需运动量的求取；执行阶段为在下半部分的腰部末端执行器达到指定“悬浮”位姿后，为了上半部分末端执行器更精确地到达目标点，双目摄像头再次追踪到目标物时，对上半部分系统进行逆运动学分析。

1．初始阶段：分离点“悬浮”状态位姿的求解

在机器人准备作业之前，假设主作业系统的上半身末端执行器已经成功抓取到了目标物 A，即坐标系 $\{A\}$ 与图 3-8 中末端执行器坐标系 $\{12'_{\mathrm{m}}\}$ 完全重合。此时，机器人的下半身还没动作，故上半身是处于虚拟“悬浮”状态的。为了求取到该“悬浮”状态时分离点腰部的位姿，建立末端执行器 P 到腰部的运动学模型，即将目标点坐标系{A}作为基座，{W}作为末端执行器，从基座 A 到腰部 W 分别将连杆定义为 $i_{m-}(i_{m-}=1_{m-},\dots,5_{m-})$，坐标系记为 $\{i_{\mathrm{m}-}\}$，如图 4-3 所示。

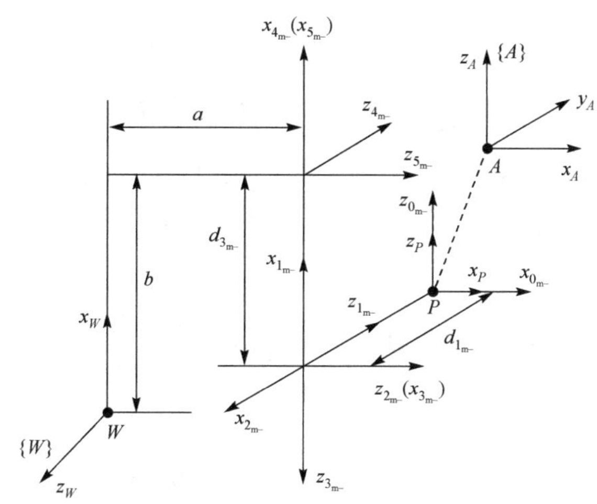

图 4-3　末端执行器到腰部的运动学模型

图 4-3 所示的模型中，为了计算方便，各个关节坐标系旋转轴的方向与图 3-8 所示的模型中坐标系方向保持一致。其中，a、b 参数意义说明如下。

a：肩部关节到胸部中心的距离，大小同图 3-8 所示的模型中的 $d_{8_{\mathrm{m}}}$ 相等。

b：胸部中心到腰部的距离，大小同图 3-8 所示的模型中的 $a_{7_{\mathrm{m}}}$ 相等。

根据以上模型，得到末端执行器 P 到腰部分离点 W 的 D-H 参数，如表 4-1 所示。

表 4-1　末端执行器 P 到腰部分离点 W 的 D-H 参数

连杆 $i_{\mathrm{m}-}$	关节角 $\theta_{i_{\mathrm{m}-}}$	扭转角 $\alpha_{(i-1)_{\mathrm{m}-}}$	连杆长度 $a_{(i-1)_{\mathrm{m}-}}$	连杆偏移量 $d_{i_{\mathrm{m}-}}$	$\theta_{i_{\mathrm{m}-}}$ 角范围
$1_{\mathrm{m}-}$	$\theta_{i_{\mathrm{m}-}}-90°$	−90°	0	$-d_{1_{\mathrm{m}-}}=-300$mm	−90° ～ 90°
$2_{\mathrm{m}-}$	$\theta_{2_{\mathrm{m}-}}+90°$	−90°	0	0	−20° ～ 120°
$3_{\mathrm{m}-}$	$\theta_{3_{\mathrm{m}-}}-90°$	−90°	0	$-d_{3_{\mathrm{m}-}}=-183$mm	−90° ～ 90°
$4_{\mathrm{m}-}$	$\theta_{4_{\mathrm{m}-}}-90°$	90°	0	0	−10° ～ 120°
$5_{\mathrm{m}-}$	$\theta_{5_{\mathrm{m}-}}$	−90°	0	0	−120° ～ 120°

其中，$d_{1_{m-}}$ 表示主作业臂末端执行器中心到肘部的距离；$d_{3_{m-}}$ 表示肘部到主作业臂肩部的距离。根据以上模型及表 4-1，可得到各个连杆之间的变换矩阵 ${}^{(i-1)_{m-}}_{i_{m-}}\boldsymbol{T}$，如式（4-2）所示。

$$
{}^{0_{m-}}_{1_{m-}}\boldsymbol{T}=\begin{bmatrix} s_{1_{m-}} & c_{1_{m-}} & 0 & 0 \\ 0 & 0 & 1 & -d_{1_{m-}} \\ c_{1_{m-}} & -s_{1_{m-}} & 0 & 0 \\ 0 & 0 & 0 & 1 \end{bmatrix}
{}^{1_{m-}}_{2_{m-}}\boldsymbol{T}=\begin{bmatrix} -s_{2_{m-}} & -c_{2_{m-}} & 0 & 0 \\ 0 & 0 & 1 & 0 \\ -c_{2_{m-}} & s_{2_{m-}} & 0 & 0 \\ 0 & 0 & 0 & 1 \end{bmatrix}
{}^{2_{m-}}_{3_{m-}}\boldsymbol{T}=\begin{bmatrix} s_{3_{m-}} & c_{3_{m-}} & 0 & 0 \\ 0 & 0 & 1 & -d_{3_{m-}} \\ c_{3_{m-}} & -s_{3_{m-}} & 0 & 0 \\ 0 & 0 & 0 & 1 \end{bmatrix}
$$

$$
{}^{3_{m-}}_{4_{m-}}\boldsymbol{T}=\begin{bmatrix} s_{4_{m-}} & c_{4_{m-}} & 0 & 0 \\ 0 & 0 & -1 & 0 \\ -c_{4_{m-}} & s_{4_{m-}} & 0 & 0 \\ 0 & 0 & 0 & 1 \end{bmatrix}
{}^{4_{m-}}_{5_{m-}}\boldsymbol{T}=\begin{bmatrix} c_{5_{m-}} & -s_{5_{m-}} & 0 & 0 \\ 0 & 0 & 1 & 0 \\ -s_{5_{m-}} & -c_{5_{m-}} & 0 & 0 \\ 0 & 0 & 0 & 1 \end{bmatrix} \tag{4-2}
$$

故肩部关节在基坐标系 $\{0_{m-}\}$ 中的位姿 ${}^{0_{m-}}_{5_{m-}}\boldsymbol{T}$ 如式（4-3）所示。

$$
{}^{0_{m-}}_{5_{m-}}\boldsymbol{T}={}^{0_{m-}}_{1_{m-}}\boldsymbol{T}\,{}^{1_{m-}}_{2_{m-}}\boldsymbol{T}\,{}^{2_{m-}}_{3_{m-}}\boldsymbol{T}\,{}^{3_{m-}}_{4_{m-}}\boldsymbol{T}\,{}^{4_{m-}}_{5_{m-}}\boldsymbol{T} \tag{4-3}
$$

由于机器人上半身只有 5 个关节，且起始关节是肩部关节，故需要通过坐标转换关系 $\boldsymbol{T}_0$ 将肩部关节坐标系 $\{5_{m-}\}$ 变换到分离点 W 处。其中，$\boldsymbol{T}_0$ 为

$$
\boldsymbol{T}_0=\boldsymbol{R}_X(-90°)\times\boldsymbol{D}_X(-b)\times\boldsymbol{D}_Y(a)=\begin{bmatrix} 1 & 0 & 0 & -b \\ 0 & 0 & 1 & 0 \\ 0 & -1 & 0 & -a \\ 0 & 0 & 0 & 1 \end{bmatrix} \tag{4-4}
$$

所以，通过给定图 4-3 所示的模型中各个关节的角度值，就可以得到末端执行器成功抓取到目标物时，腰部分离点 W 相对于目标物 A 的位姿信息 ${}^{A}_{W}\boldsymbol{T}$ 。本书中，采用以下方法求解机器人上半身各个关节的初始角度值以确定浮动分离点的位姿。

假设机器人末端执行器与给定的目标位姿完全重合，即末端固定在目标位姿，而分离点在空间中任意浮动。目前，已有的一般逆运动学求解方法是需要根据目标位姿和固定基坐标系去求解各个关节运动量。所以，本书先采用 FABRIK 方法来确定机器人末端执行器到达目标位姿时各个连杆的位置，从而求解出浮动分离点的位姿。特别地，上述方法中所求浮动分离点的位姿 ${}^{G}_{W}\boldsymbol{T}_{\text{float}}$ 必须满足在机器人下半身可达的工作空间 $\mathbb{R}_L$ 内，且各个关节角度均在关节限度内，如式（4-5）所示：

$$
{}^{G}_{W}\boldsymbol{T}_{\text{float}}\in\mathbb{R}_L\ ,\ (\theta_{i_{m-}}\in[\theta_{i_{m-}\min},\theta_{i_{m-}\max}],i=1,2,3\cdots) \tag{4-5}
$$

之后，根据满足条件的浮动基位姿，通过执行阶段的第 3）步的方法重新对上半身各个关节值进行优化求解。在此过程中，若求解出的关节角度超出了限度，则需要继续采用相同的方法重新确定机器人上半身的连杆位置后，再进行重新求解后得到满足条件的浮动分离点位姿。

综上，选定上半身各个关节的角度值后，就可得到腰部坐标系 $\{W\}$ 相对于目标物坐标系 $\{A\}$ 的位姿 ${}^{A}_{W}\boldsymbol{T}$，如式（4-6）所示。

$$ {}^{A}_{W}\boldsymbol{T} = {}^{0_{m-}}_{5_{m-}}\boldsymbol{T}\boldsymbol{T}_0 \tag{4-6} $$

2．过渡阶段：下半身末端执行器对接到指定的“悬浮”状态

通过双目摄像头和感知系统得到目标物 A 在大地坐标系 $\{G\}$ 中的位姿。同时，结合式（4-6），可求解出当腰部“悬浮”时，相对于大地坐标系 $\{G\}$ 的位姿 ${}^{G}_{W}\boldsymbol{T}_{\text{float}}$，如式（4-7）所示。

$$ {}^{G}_{W}\boldsymbol{T}_{\text{float}} = {}^{G}_{A}\boldsymbol{T}\,{}^{A}_{W}\boldsymbol{T} \tag{4-7} $$

为了让机器人下半身末端执行器能与“悬浮”的上半身起端完成对接，需要对下半部分模型进行逆运动学分析，且目标位姿为 ${}^{G}_{W}\boldsymbol{T}_{\text{float}}$。获取移动小车到腰部的运动学模型及其 D-H 参数，分别如图 4-4、表 4-2 所示。

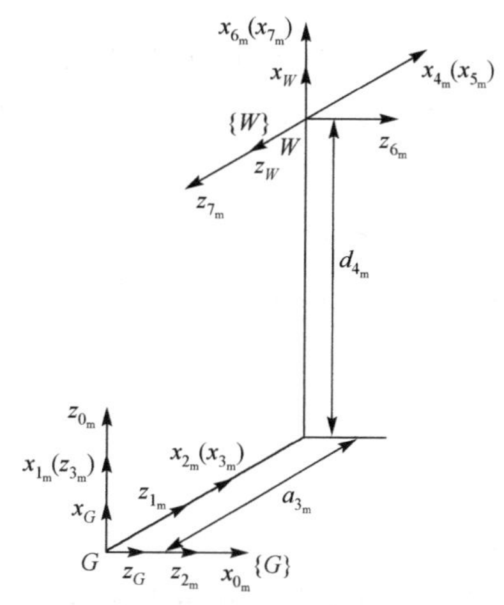

图 4-4　移动小车到腰部的运动学模型

移动小车到腰部的运动学模型的 D-H 参数如表 4-2 所示。

表 4-2　移动小车到腰部的运动学模型的 D-H 参数

连杆 i_m	关节角 θ_{i_m}	扭转角 $\alpha_{(i-1)_m}$	连杆长度 $a_{(i-1)_m}$	连杆偏移量 d_{i_m}	θ_{i_m} 角范围
1_m	−90°	−90°	0	$d_{1_m}=d_y$（变量）	常数
2_m	−90°	−90°	0	$d_{2_m}=d_x$（变量）	常数
3_m	θ_{3_m}	−90°	0	0	−180° ～ 180°
4_m	θ_{4_m}	0°	$a_{3_m}=186\text{mm}$	$d_{4_m}=545\text{mm}$	−180° ～ 180°
5_m	0°	0°	0	$d_{5_m}=h_z$（变量）	常数
6_m	$\theta_{6_m}+90°$	90°	0	0	−60° ～ 60°
7_m	θ_{7_m}	−90°	0	0	−60° ～ 60°

其中，该模型中各个关节的变换矩阵为式（4-1）中的前 7 个矩阵。且该模型中最后一个关节坐标系 $\{7_m\}$ 与腰部坐标系 $\{W\}$ 是重合的，其变换关系为单位矩阵 $\boldsymbol{I}$，如式（4-8）所示。

$$ {}^{7_\text{m}}_{W}\boldsymbol{T}=\boldsymbol{I}_{4\times4} \tag{4-8}$$

所以，机器人下半身末端执行器W相对于大地坐标系$\{G\}$的位姿${}^{G}_{W}\boldsymbol{T}$如式（4-9）所示。

$$ {}^{G}_{W}\boldsymbol{T}={}^{0_\text{m}}_{1_\text{m}}\boldsymbol{T}\,{}^{1_\text{m}}_{2_\text{m}}\boldsymbol{T}\,{}^{2_\text{m}}_{3_\text{m}}\boldsymbol{T}\,{}^{3_\text{m}}_{4_\text{m}}\boldsymbol{T}\,{}^{4_\text{m}}_{5_\text{m}}\boldsymbol{T}\,{}^{5_\text{m}}_{6_\text{m}}\boldsymbol{T}\,{}^{6_\text{m}}_{7_\text{m}}\boldsymbol{T}\,{}^{7_\text{m}}_{W}\boldsymbol{T} \tag{4-9}$$

为了求得移动小车到腰部各个关节的运动量，设目标位姿${}^{G}_{W}\boldsymbol{T}_\text{float}$已知，将其记为

$$ {}^{G}_{W}\boldsymbol{T}_\text{float}=\begin{bmatrix} a_{11} & a_{12} & a_{13} & p_x \\ a_{21} & a_{22} & a_{23} & p_y \\ a_{31} & a_{32} & a_{33} & p_z \\ 0 & 0 & 0 & 1 \end{bmatrix} \tag{4-10}$$

则根据${}^{G}_{W}\boldsymbol{T}={}^{G}_{W}\boldsymbol{T}_\text{float}$得：

$$\begin{aligned}
&a_{11}=c_{7_\text{m}}s_{6_\text{m}}(c_{3_\text{m}}s_{4_\text{m}}+c_{4_\text{m}}s_{3_\text{m}})-s_{7_\text{m}}(c_{3_\text{m}}c_{4_\text{m}}-s_{3_\text{m}}s_{4_\text{m}})\\
&a_{21}=-s_{7_\text{m}}(c_{3_\text{m}}s_{4_\text{m}}+c_{4_\text{m}}s_{3_\text{m}})-c_{7_\text{m}}s_{6_\text{m}}(c_{3_\text{m}}c_{4_\text{m}}-s_{3_\text{m}}s_{4_\text{m}})\\
&a_{31}=c_{6_\text{m}}c_{7_\text{m}}\\
&a_{12}=-c_{7_\text{m}}(c_{3_\text{m}}c_{4_\text{m}}-s_{3_\text{m}}s_{4_\text{m}})-s_{6_\text{m}}s_{7_\text{m}}(c_{3_\text{m}}s_{4_\text{m}}+c_{4_\text{m}}s_{3_\text{m}})\\
&a_{22}=s_{6_\text{m}}s_{7_\text{m}}(c_{3_\text{m}}c_{4_\text{m}}-s_{3_\text{m}}s_{4_\text{m}})-c_{7_\text{m}}(c_{3_\text{m}}s_{4_\text{m}}+c_{4_\text{m}}s_{3_\text{m}})\\
&a_{32}=-c_{6_\text{m}}s_{7_\text{m}}\\
&a_{13}=c_{6_\text{m}}(c_{3_\text{m}}s_{4_\text{m}}+c_{4_\text{m}}s_{3_\text{m}})\\
&a_{23}=-c_{6_\text{m}}(c_{3_\text{m}}c_{4_\text{m}}-s_{3_\text{m}}s_{4_\text{m}})\\
&a_{33}=-s_{6_\text{m}}\\
&p_x=d_x-a_{3_\text{m}}s_{3_\text{m}}\\
&p_y=d_y+a_{3_\text{m}}c_{3_\text{m}}\\
&p_z=d_{4_\text{m}}+h_z
\end{aligned} \tag{4-11}$$

经过验证，选取其中一组符合关节限度范围内的角度值，如式（4-12）所示。

$$\begin{cases}\theta_{7_\text{m}}=a\tan2(-a_{32},a_{31}),\ \ \theta_{6_\text{m}}=a\tan2(-a_{33},a_{31}/c_{7_\text{m}})\\ \theta_{3_\text{m}}+\theta_{4_\text{m}}=a\tan2(a_{13}/c_{6_\text{m}},a_{23}/-c_{6_\text{m}}),\ \ d_x=p_x+a_{3_\text{m}}s_{3_\text{m}}\\ d_y=p_y-a_{3_\text{m}}c_{3_\text{m}},\ \ h_z=p_z-d_{4_\text{m}}\end{cases} \tag{4-12}$$

其中，机器人腰部弯腰、侧腰两个旋转关节θ_{6_m}、θ_{7_m}的角度范围均为$[-60°,60°]$，故式（4-12）中的c_{6_m}、c_{7_m}均不等于0。

同时，在该模型中，只能得到θ_3、θ_4角度之和。故在本书中，当两角之和超出机器人脚部旋转的最大限度时，移动小车也需要旋转一定的角度；当两角之和没有超出机器人脚部旋转的最大限度时，优先机器人脚部的转动，移动小车不进行转动。

3．执行阶段：上半身抓取过程分析

1）摄像头对于目标物连续追踪

根据以上初始阶段和过渡阶段，将求出的下半身各个关节角通过控制系统下发至底层驱动系统。在机器人下半身到达指定的“悬浮”位姿后，为了能够更准确地抓取到目标物，

利用双目摄像头不断获取目标物 A 的位姿信息，对上半身进行逆运动学分析。但在这个过程中，由于移动小车和机器人腰部以下各个关节的运动，很大程度上会导致双目摄像头找不到之前看到的目标物 A。

故在本书中，预设机器人颈部的俯仰、左右旋转两个关节分别转动 δ_1、δ_2 之后，双目摄像头跟踪到之前看到的目标物 A，且跟踪到的目标物 A 处于摄像头视野的中间像素值，即目标物 A 相对于双目摄像头的基坐标系 $\{C\}$ 中 x、y 轴方向的偏差值比较小，而在视野前方的距离，即 z 方向的距离限制在 0～τ_d mm。所以，可得到该目标物相对于双目摄像头基坐标系 $\{C\}$ 的位置，记为 (X_C,Y_C,Z_C)，且其约束条为 $X_C \in [-\tau_x,\tau_x]$，$Y_C \in [-\tau_y,\tau_y]$，$Z_C \in [0,\tau_d]$，单位均为毫米（mm）。在此处只考虑位置，并将此时目标物的姿态设为单位矩阵。

将通过式（4-12）得到的移动小车到腰部各个关节的角度值，以及头部 δ_1、δ_2 的两个角度值，代入式（3-16）中，就可得到腰部到达指定“悬浮”位姿后，目标物在大地坐标系中的位姿 ${}_A^G\boldsymbol{T}'$。而在整个平台还没有开始运动，即双目识别到目标物时，已经得到目标物相对于大地坐标系的位姿为 ${}_A^G\boldsymbol{T}$。若不考虑整个平台运动过程中的误差，${}_A^G\boldsymbol{T}$ 与 ${}_A^G\boldsymbol{T}'$ 两者的位置应该是完全相等的。但实际上，这两者之间的位置是有偏差的。

本书中根据所使用摄像头的实际参数，将 ${}_A^G\boldsymbol{T}$、${}_A^G\boldsymbol{T}'$ 中 x、y 和 z 三个方向的位置偏差值分别限制在±10mm、±10mm 和±100mm 之间并作为约束条件；为了让目标物能够处于双目视野的中央位置，将目标函数定义为 x、y 方向目标物的位置绝对值之和达到最小值，即 $\min(\mathrm{Abs}(X_C)+\mathrm{Abs}(Y_C))$。目标函数和约束条件如下：

$$
\begin{aligned}
&\text{MinFunction}\quad \mathrm{Abs}(X_C)+\mathrm{Abs}(Y_C)\\
&\text{s.t.}\ \begin{cases}
\mathrm{Abs}({}_A^G\boldsymbol{T}(1,4)-{}_A^G\boldsymbol{T}'(1,4))\leqslant 10\\
\mathrm{Abs}({}_A^G\boldsymbol{T}(2,4)-{}_A^G\boldsymbol{T}'(2,4))\leqslant 10\\
\mathrm{Abs}({}_A^G\boldsymbol{T}(3,4)-{}_A^G\boldsymbol{T}'(3,4))\leqslant 100
\end{cases}
\end{aligned}
\tag{4-13}
$$

应用高斯牛顿法[19]和通用全局优化算法[20]求解以上方程便可得到头部两个旋转关节转动的角度值 δ_1、δ_2，从而实现对目标物的跟踪定位，如图 4-5 所示。

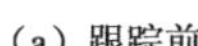

（a）跟踪前　　　　（b）跟踪后

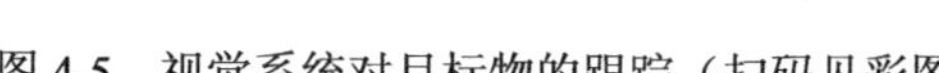

图 4-5　视觉系统对目标物的跟踪（扫码见彩图）

2）高斯牛顿法和通用全局优化算法

在非线性方程组的计算过程中，若使用迭代方法，则必须给出合适的迭代初始值。但是，初始值的选取往往是很困难的。而通用全局优化算法的最大特点，就是在优化计算领域中使用迭代法时，避免了初始值的难题。

如式（4-14）所示，一个最小二乘问题：

$$\min_{x}\frac{1}{2}\|f(\boldsymbol{x})\|_2^2 \tag{4-14}$$

式中，自变量$\boldsymbol{x}\in\mathbb{R}^n$，且函数$f$是任一非线性函数，并设有$m$维：$f(\boldsymbol{x})\in\mathbb{R}^m$。此外，就需要思考如何求取其优化解。一般来说，当不能直接求取其最小二乘解时，就需要采用梯度下降法不断搜索，直到该算法收敛。为了得到下降向量$\Delta\boldsymbol{x}$，使$\|f(\boldsymbol{x}+\Delta\boldsymbol{x})\|_2^2$的值达到最小，采用高斯牛顿法进行求解。

高斯牛顿法是在牛顿法的基础上进行改进得到的，是非线性最小二乘的一种优化算法，用来解决非线性最小二乘问题。高斯牛顿法的基本思想是首先使用泰勒级数展开式去近似地代替非线性回归模型，然后通过多次迭代，多次修正回归系数，使回归系数不断逼近非线性回归模型的最佳回归系数，最后使原模型的残差平方和达到最小。

将$f(\boldsymbol{x})$进行一阶泰勒展开：

$$f(\boldsymbol{x}+\Delta\boldsymbol{x})\approx f(\boldsymbol{x})+\boldsymbol{J}(\boldsymbol{x})\Delta\boldsymbol{x} \tag{4-15}$$

式中，$\boldsymbol{J}(\boldsymbol{x})$为$f(\boldsymbol{x})$关于自变量$\boldsymbol{x}$的导数，其阶数为$m\times n$阶，称其为雅可比矩阵。为了得到下降向量，需要求解线性最小二乘方程：

$$\Delta\boldsymbol{x}^*=\arg\min_{x}\frac{1}{2}\|f(\boldsymbol{x})+\boldsymbol{J}(\boldsymbol{x})\Delta\boldsymbol{x}\|_2^2 \tag{4-16}$$

根据极值条件，将式（4-16）展开并对$\Delta\boldsymbol{x}$进行求导，令导数等于零，得到如式（4-17）所示的方程组：

$$\boldsymbol{J}(\boldsymbol{x})^{\mathrm{T}}\boldsymbol{J}(\boldsymbol{x})\Delta\boldsymbol{x}=-\boldsymbol{J}(\boldsymbol{x})^{\mathrm{T}}f(\boldsymbol{x}) \tag{4-17}$$

式中，需要求解的变量为$\Delta\boldsymbol{x}$，所以该方程组是线性方程组，也可以将其称为高斯牛顿方程或正规方程。将等式左边的$\boldsymbol{J}(\boldsymbol{x})^{\mathrm{T}}\boldsymbol{J}(\boldsymbol{x})$定义为$\boldsymbol{H}$，等式右边定义为$\boldsymbol{g}$，那么式（4-17）变为

$$\boldsymbol{H}\Delta\boldsymbol{x}=\boldsymbol{g} \tag{4-18}$$

在高斯牛顿法的运算过程中，将$\boldsymbol{J}^{\mathrm{T}}\boldsymbol{J}$近似为二阶矩阵Hessian，即减少了矩阵$\boldsymbol{H}$的计算过程。综上，高斯牛顿法的步骤如下。

第一步：给定初始值$\boldsymbol{x}_0$。

第二步：求出第k次迭代过程中的雅可比矩阵$\boldsymbol{J}(\boldsymbol{x}_k)$和误差$f(\boldsymbol{x}_k)$。

第三步：求解增量方程：$\boldsymbol{H}\Delta\boldsymbol{x}_k=\boldsymbol{g}$。

第四步：若下降向量$\Delta\boldsymbol{x}_k$足够小，则停止运算。否则，令$\boldsymbol{x}_{k+1}=\boldsymbol{x}_k+\Delta\boldsymbol{x}_k$，并返回第二步继续运行，直到结束。

3）机器人上半身各关节角度的求解

在双目摄像头跟踪到目标物 A 时，建立上半身运动学模型，再进行运动学分析。该上半身运动学模型将机器人胸部中心坐标系 $\{O\}$ 作为其基坐标系，一共包含主作业臂的 5 个关节。胸部到右手臂末端执行器的运动学模型如图 4-6 所示。

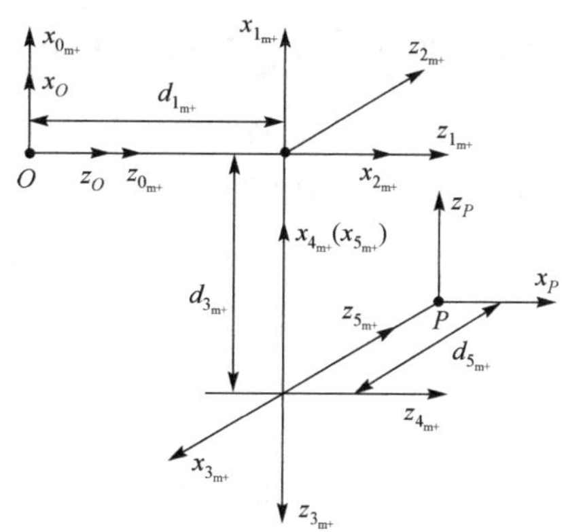

图 4-6　胸部到右手臂末端执行器的运动学模型

如图 4-6 所示，为了与图 4-3 中的 D-H 参数及坐标系进行区分，上半身模型中的连杆记为 i_{m+}，各个关节坐标系记为 $\{i_{m+}\}$。同时，坐标系的建立与图 3-8 所示的模型中主作业臂关节坐标系完全保持一致。根据该模型得到其 D-H 参数，如表 4-3 所示。

表 4-3　胸部到右手臂末端执行器的运动学 D-H 参数模型的

连杆 i_{m+}	关节角 $\theta_{i_{m+}}$	扭转角 $\alpha_{(i-1)_{m+}}$	连杆长度 $a_{(i-1)_{m+}}$	连杆偏移量 $d_{i_{m+}}$	$\theta_{i_{m+}}$ 角范围
1_{m+}	$\theta_{1_{m+}}$	0°	0	$d_{1_{m+}}=200$mm	−120° ～ 120°
2_{m+}	$\theta_{2_{m+}}+90°$	90°	0	0	−120° ～ 10°
3_{m+}	$\theta_{3_{m+}}+90°$	−90°	0	$d_{3_{m+}}=183$mm	−90° ～ 90°
4_{m+}	$\theta_{4_{m+}}-90°$	90°	0	0	−120° ～ 20°
5_{m+}	$\theta_{5_{m+}}$	90°	0	0	−90° ～ 90°

其中，$d_{1_{m+}}$ 为胸部中心到主作业臂肩部的距离；$d_{3_{m+}}$ 为主作业臂肩部到肘部的距离。根据表 4-3，可得到该模型中各个关节的齐次变换矩阵 ${}^{(i-1)_{m+}}_{i_{m+}}\boldsymbol{T}$，如式（4-19）所示。

$$
{}^{0_{m+}}_{1_{m+}}\boldsymbol{T}=\begin{bmatrix} c_{1_{m+}} & -s_{1_{m+}} & 0 & 0 \\ s_{1_{m+}} & c_{1_{m+}} & 0 & 0 \\ 0 & 0 & 1 & d_{1_{m+}} \\ 0 & 0 & 0 & 1 \end{bmatrix}\quad
{}^{1_{m+}}_{2_{m+}}\boldsymbol{T}=\begin{bmatrix} -s_{2_m} & -c_{2_m} & 0 & 0 \\ 0 & 0 & -1 & 0 \\ c_{2_m} & -s_{2_m} & 0 & 0 \\ 0 & 0 & 0 & 1 \end{bmatrix}\quad
{}^{2_{m+}}_{3_{m+}}\boldsymbol{T}=\begin{bmatrix} -s_{3_{m+}} & -c_{3_{m+}} & 0 & 0 \\ 0 & 0 & 1 & d_{3_{m+}} \\ -c_{3_{m+}} & s_{3_{m+}} & 0 & 0 \\ 0 & 0 & 0 & 1 \end{bmatrix}
$$

$$
{}^{3_{m+}}_{4_{m+}}\boldsymbol{T}=\begin{bmatrix} s_{4_{m+}} & c_{4_{m+}} & 0 & 0 \\ 0 & 0 & -1 & 0 \\ -c_{4_{m+}} & s_{4_{m+}} & 0 & 0 \\ 0 & 0 & 0 & 1 \end{bmatrix}\quad
{}^{4_{m+}}_{5_{m+}}\boldsymbol{T}=\begin{bmatrix} c_{5_m} & -s_{5_m} & 0 & 0 \\ 0 & 0 & -1 & 0 \\ s_{5_m} & c_{5_m} & 0 & 0 \\ 0 & 0 & 0 & 1 \end{bmatrix} \tag{4-19}
$$

图 4-6 所示的模型是将机器人右手臂从肘部抬起来建立的，故为了将模型中的最后一个关节变换到末端执行器中心坐标系 $\{P\}$，需要将坐标系沿着 z 轴方向平移 $d_{5_{\mathrm{m+}}}=300\mathrm{mm}$。由此，可得到主作业臂末端执行器中心在该模型基坐标系 $\{O\}$ 中的位姿 ${}_{P}^{O}\boldsymbol{T}$，如式（4-20）所示。

$$
{}_{P}^{O}\boldsymbol{T} = {}_{1_{\mathrm{m+}}}^{0_{\mathrm{m+}}}\boldsymbol{T}\,{}_{2_{\mathrm{m+}}}^{1_{\mathrm{m+}}}\boldsymbol{T}\,{}_{3_{\mathrm{m+}}}^{2_{\mathrm{m+}}}\boldsymbol{T}\,{}_{4_{\mathrm{m+}}}^{3_{\mathrm{m+}}}\boldsymbol{T}\,{}_{5_{\mathrm{m+}}}^{4_{\mathrm{m+}}}\boldsymbol{T} \times \boldsymbol{D}_{Z}(d_{5_{\mathrm{m+}}}) \tag{4-20}
$$

双目摄像头随着机器人头部俯仰、左右旋转两个关节转动 δ_1、δ_2 之后，跟踪到目标物，并可根据式（3-16）得到目标物在胸部中心坐标系 $\{O\}$ 中的位姿信息，记为 ${}_{P}^{O}\boldsymbol{T}_{\mathrm{des}}$，如式（4-21）所示。

$$
{}_{P}^{O}\boldsymbol{T}_{\mathrm{des}} = \begin{bmatrix} b_{11} & b_{21} & b_{31} & b_{41} \\ b_{12} & b_{22} & b_{32} & b_{42} \\ b_{13} & b_{23} & b_{33} & b_{43} \\ 0 & 0 & 0 & 1 \end{bmatrix} \tag{4-21}
$$

将 ${}_{P}^{O}\boldsymbol{T}_{\mathrm{des}}$ 作为机器人上半身模型末端执行器期望达到的目标位姿，本书分别采用解析法和数值法对该上半身系统进行逆运动学的求解。

（1）解析法。

逆运动学的过程是通过 ${}_{P}^{O}\boldsymbol{T}$ 与 ${}_{P}^{O}\boldsymbol{T}_{\mathrm{des}}$ 中各对应元素相等求得各个关节角度值，根据 ${}_{P}^{O}\boldsymbol{T}={}_{P}^{O}\boldsymbol{T}_{\mathrm{des}}$，找出对应元素之间存在的关系，最终求得的逆解如式（4-22）所示。

$$
\begin{aligned}
\theta_{2_{\mathrm{m+}}} &= \arctan 2\left(\left(d_{1_{\mathrm{m+}}} - b_{34} + b_{33}d_{5_{\mathrm{m+}}}\right)/d_{3_{\mathrm{m+}}}, \pm\sqrt{1-\left[\left(d_{1_{\mathrm{m+}}} - b_{34} + b_{33}d_{5_{\mathrm{m+}}}\right)/d_{3_{\mathrm{m+}}}\right]^2}\right) \\
\theta_{1_{\mathrm{m+}}} &= \arctan 2\left(\left(b_{24} - d_{5_{\mathrm{m+}}}b_{23}\right)/\left(-d_{3_{\mathrm{m+}}}c_{2_{\mathrm{m+}}}\right), \left(b_{14} - d_{5_{\mathrm{m+}}}b_{13}\right)/\left(-d_{3_{\mathrm{m+}}}c_{2_{\mathrm{m+}}}\right)\right) \\
\theta_{4_{\mathrm{m+}}} &= \arctan 2\left(b_{33}s_{2_{\mathrm{m+}}} + b_{13}c_{1_{\mathrm{m+}}}c_{2_{\mathrm{m+}}} + b_{23}c_{2_{\mathrm{m+}}}s_{1_{\mathrm{m+}}}, \pm\sqrt{1-\left(b_{33}s_{2_{\mathrm{m+}}} + b_{13}c_{1_{\mathrm{m+}}}c_{2_{\mathrm{m+}}} + b_{23}c_{2_{\mathrm{m+}}}s_{1_{\mathrm{m+}}}\right)^2}\right) \\
\theta_{3_{\mathrm{m+}}} &= \arctan 2\left(\left(c_{2_{\mathrm{m+}}}b_{34} - c_{2_{\mathrm{m+}}}d_{1_{\mathrm{m+}}} - c_{1_{\mathrm{m+}}}b_{14}s_{2_{\mathrm{m+}}} - b_{24}s_{1_{\mathrm{m+}}}s_{2_{\mathrm{m+}}}\right)/\left(c_{4_{\mathrm{m+}}}d_{5_{\mathrm{m+}}}\right), \left(b_{14}s_{1_{\mathrm{m+}}} - c_{1_{\mathrm{m+}}}b_{24}\right)/\left(c_{4_{\mathrm{m+}}}d_{5_{\mathrm{m+}}}\right)\right) \\
\theta_{5_{\mathrm{m+}}} &= \arctan 2\left(\left(-b_{32}s_{2_{\mathrm{m+}}} - b_{12}c_{1_{\mathrm{m+}}}c_{2_{\mathrm{m+}}} - b_{22}c_{2_{\mathrm{m+}}}s_{1_{\mathrm{m+}}}\right)/c_{4_{\mathrm{m+}}}, \left(b_{31}s_{2_{\mathrm{m+}}} + b_{11}c_{1_{\mathrm{m+}}}c_{2_{\mathrm{m+}}} + b_{21}c_{2_{\mathrm{m+}}}s_{1_{\mathrm{m+}}}\right)/c_{4_{\mathrm{m+}}}\right)
\end{aligned} \tag{4-22}
$$

在此求解过程中，求出角度值的单位是弧度（rad）。同时，由于三角函数具有周期性，所以会有多组解的情况，需要在所得的几组解中找出符合各关节限度内的运动量作为最终解。

（2）数值法。

根据式（4-20）、式（4-21）中 ${}_{P}^{O}\boldsymbol{T}$ 与 ${}_{P}^{O}\boldsymbol{T}_{\mathrm{des}}$ 中各对应元素相等，选取矩阵中含有连杆参数的元素，建立非线性方程组。

$$
\boldsymbol{F}(\boldsymbol{\theta}_{\mathrm{m+}})=0，\ \boldsymbol{F}(\boldsymbol{\theta}_{\mathrm{m+}})=(f_1,f_2,\cdots,f_{12})^{\mathrm{T}}，\ \boldsymbol{\theta}_{\mathrm{m+}}=(\theta_{1_{\mathrm{m+}}},\theta_{2_{\mathrm{m+}}},\cdots,\theta_{5_{\mathrm{m+}}})^{\mathrm{T}} \tag{4-23}
$$

数值法求解过程中，每一次迭代都会得到一个不同的变换矩阵 ${}_{P}^{O}\boldsymbol{T}_{\boldsymbol{\theta}_{\mathrm{m+}}}(\theta_{1_{\mathrm{m+}}}^{i},\theta_{2_{\mathrm{m+}}}^{i},\theta_{3_{\mathrm{m+}}}^{i},\theta_{4_{\mathrm{m+}}}^{i},\theta_{5_{\mathrm{m+}}}^{i})$，$i$ 为迭代次数，$i=0,1,2,\cdots$。将 ${}_{P}^{O}\boldsymbol{T}_{\boldsymbol{\theta}_{\mathrm{m+}}}$ 与 ${}_{P}^{O}\boldsymbol{T}_{\mathrm{des}}$ 两个变换矩阵前 3 行的 12 个对应元素相减得矩阵：

$$\boldsymbol{F}(\boldsymbol{\theta}_{\mathrm{m+}}) = {}^{O}_{P}\boldsymbol{T}_{\boldsymbol{\theta}_{\mathrm{m-}}} - {}^{O}_{P}\boldsymbol{T}_{\mathrm{des}} = 0 \tag{4-24}$$

即

$$\begin{cases} f_1(\boldsymbol{\theta}_{\mathrm{m+}}) = {}^{O}_{P}\boldsymbol{T}_{\boldsymbol{\theta}_{\mathrm{m+}}}(1,1) - {}^{O}_{P}\boldsymbol{T}_{\mathrm{des}}(1,1) \\ f_2(\boldsymbol{\theta}_{\mathrm{m+}}) = {}^{O}_{P}\boldsymbol{T}_{\boldsymbol{\theta}_{\mathrm{m+}}}(1,2) - {}^{O}_{P}\boldsymbol{T}_{\mathrm{des}}(1,2) \\ f_3(\boldsymbol{\theta}_{\mathrm{m+}}) = {}^{O}_{P}\boldsymbol{T}_{\boldsymbol{\theta}_{\mathrm{m+}}}(1,3) - {}^{O}_{P}\boldsymbol{T}_{\mathrm{des}}(1,3) \\ f_4(\boldsymbol{\theta}_{\mathrm{m+}}) = {}^{O}_{P}\boldsymbol{T}_{\boldsymbol{\theta}_{\mathrm{m+}}}(1,4) - {}^{O}_{P}\boldsymbol{T}_{\mathrm{des}}(1,4) \\ f_5(\boldsymbol{\theta}_{\mathrm{m+}}) = {}^{O}_{P}\boldsymbol{T}_{\boldsymbol{\theta}_{\mathrm{m+}}}(2,1) - {}^{O}_{P}\boldsymbol{T}_{\mathrm{des}}(2,1) \\ f_6(\boldsymbol{\theta}_{\mathrm{m+}}) = {}^{O}_{P}\boldsymbol{T}_{\boldsymbol{\theta}_{\mathrm{m+}}}(2,2) - {}^{O}_{P}\boldsymbol{T}_{\mathrm{des}}(2,2) \\ f_7(\boldsymbol{\theta}_{\mathrm{m+}}) = {}^{O}_{P}\boldsymbol{T}_{\boldsymbol{\theta}_{\mathrm{m+}}}(2,3) - {}^{O}_{P}\boldsymbol{T}_{\mathrm{des}}(2,3) \\ f_8(\boldsymbol{\theta}_{\mathrm{m+}}) = {}^{O}_{P}\boldsymbol{T}_{\boldsymbol{\theta}_{\mathrm{m+}}}(2,4) - {}^{O}_{P}\boldsymbol{T}_{\mathrm{des}}(2,4) \\ f_9(\boldsymbol{\theta}_{\mathrm{m+}}) = {}^{O}_{P}\boldsymbol{T}_{\boldsymbol{\theta}_{\mathrm{m+}}}(3,1) - {}^{O}_{P}\boldsymbol{T}_{\mathrm{des}}(3,1) \\ f_{10}(\boldsymbol{\theta}_{\mathrm{m+}}) = {}^{O}_{P}\boldsymbol{T}_{\boldsymbol{\theta}_{\mathrm{m+}}}(3,2) - {}^{O}_{P}\boldsymbol{T}_{\mathrm{des}}(3,2) \\ f_{11}(\boldsymbol{\theta}_{\mathrm{m+}}) = {}^{O}_{P}\boldsymbol{T}_{\boldsymbol{\theta}_{\mathrm{m+}}}(3,3) - {}^{O}_{P}\boldsymbol{T}_{\mathrm{des}}(3,3) \\ f_{12}(\boldsymbol{\theta}_{\mathrm{m+}}) = {}^{O}_{P}\boldsymbol{T}_{\boldsymbol{\theta}_{\mathrm{m+}}}(3,4) - {}^{O}_{P}\boldsymbol{T}_{\mathrm{des}}(3,4) \end{cases} \tag{4-25}$$

式中，${}^{O}_{P}\boldsymbol{T}_{\boldsymbol{\theta}_{\mathrm{m+}}}(m,n)$、${}^{O}_{P}\boldsymbol{T}_{\mathrm{des}}(m,n)$ 分别为对应的变换矩阵 ${}^{O}_{P}\boldsymbol{T}_{\boldsymbol{\theta}_{\mathrm{m+}}}$、${}^{O}_{P}\boldsymbol{T}_{\mathrm{des}}$ 第 m 行、第 n 列的元素。

根据式（4-25）可以确定方程组的雅可比矩阵如式（4-26）所示。

$$\boldsymbol{J}_i(\boldsymbol{\theta}^i_{\mathrm{m+}}) = \begin{bmatrix} \dfrac{\partial f_1}{\partial \theta^i_{1_{\mathrm{m+}}}} & \dfrac{\partial f_1}{\partial \theta^i_{2_{\mathrm{m+}}}} & \cdots & \dfrac{\partial f_1}{\partial \theta^i_{5_{\mathrm{m+}}}} \\ \dfrac{\partial f_2}{\partial \theta^i_{1_{\mathrm{m+}}}} & \dfrac{\partial f_2}{\partial \theta^i_{2_{\mathrm{m+}}}} & \cdots & \dfrac{\partial f_2}{\partial \theta^i_{5_{\mathrm{m+}}}} \\ \vdots & \vdots & & \vdots \\ \dfrac{\partial f_{12}}{\partial \theta^i_{1_{\mathrm{m+}}}} & \dfrac{\partial f_{12}}{\partial \theta^i_{2_{\mathrm{m+}}}} & \cdots & \dfrac{\partial f_{12}}{\partial \theta^i_{5_{\mathrm{m+}}}} \end{bmatrix} \tag{4-26}$$

求解出该方程组的牛顿迭代公式，如式（4-27）所示。

$$\boldsymbol{\theta}^{i+1}_{\mathrm{m+}} = \boldsymbol{\theta}^{i}_{\mathrm{m+}} - \boldsymbol{J}^{-1}\boldsymbol{F}(\boldsymbol{\theta}^{i}_{\mathrm{m+}}) \tag{4-27}$$

式中，雅可比矩阵 $\boldsymbol{J}$ 为 12×5 阶的矩阵，只能求出其伪逆，式（4-27）变为

$$\boldsymbol{\theta}^{i+1}_{\mathrm{m+}} = \boldsymbol{\theta}^{i}_{\mathrm{m+}} - (\boldsymbol{J}_i^{\mathrm{T}}\boldsymbol{J}_i)^{-1}\boldsymbol{J}_i^{\mathrm{T}}\boldsymbol{F}(\boldsymbol{\theta}^{i}_{\mathrm{m+}}) \tag{4-28}$$

其中，$\boldsymbol{J}^{\mathrm{T}}$ 表示雅可比矩阵 $\boldsymbol{J}$ 的转置。因此，可以利用式（4-28）求解作业臂逆解。

本书应用牛顿迭代法的另外一个优点便是各个关节角迭代初值的选取会更加合理。尽管整个系统中存在微小误差，但是机器人上半身系统求取的逆解，必然会是在前文中所给定的那一组初始关节角度值的附近，即式（4-5a）或式（4-6b）附近。故将其作为迭代的初值，会更快速地迭代出符合关节限度的角度值。

需要注意的是，由于本书从末端执行器到胸部中心、从胸部中心到末端执行器两种模型中所选取的参考基坐标系不同，对应关节运动值的正负号是相反的。另外，在抓取目标物时，影响因素最大的是位置精度，故此处只考虑位置误差，迭代算法流程如图 4-7 所示。

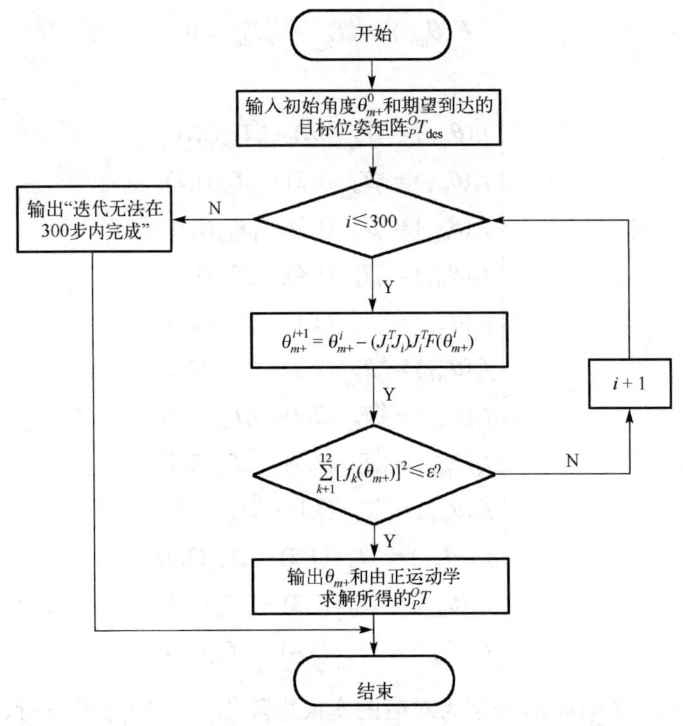

图 4-7　迭代算法流程

其中，ε 表示完成迭代的精度值。迭代完成后，会求出一组符合各个关节限度的关节角度，将其下发至底层，便可以驱动作业臂成功抓取到目标物。

至此，主作业系统所有关节的运动值均已得到，为了验证该算法的正确性，可将 12 个关节运动值代入式（3-18）、式（3-19）中，进行正运动学的验证。

综合以上初始、过渡、执行阶段，得到主作业系统逆运动学分析的整体流程，如图 4-8 所示。

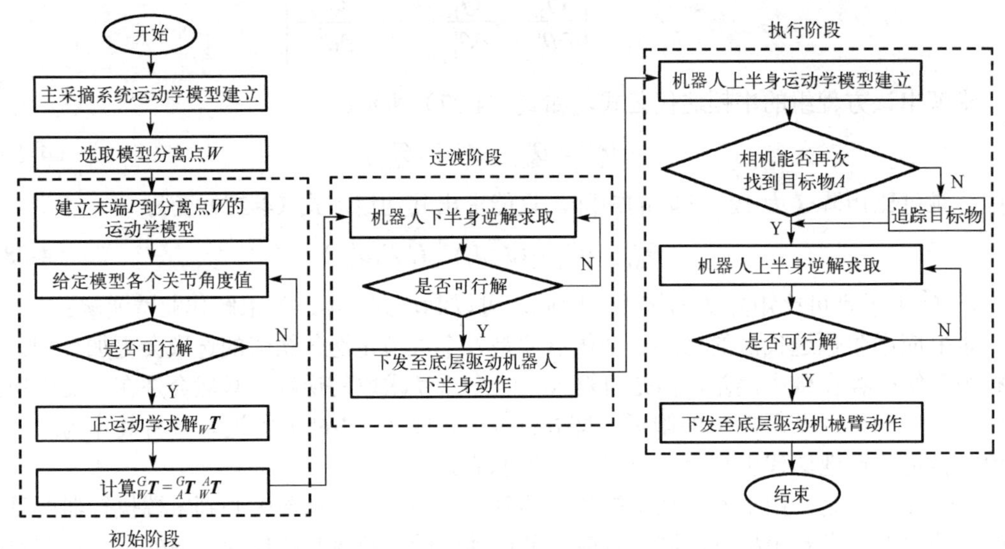

图 4-8　主作业系统逆运动学分析的整体流程

4.2.2　辅助作业系统逆运动学

本书采用的机器人平台，将辅助作业臂作为辅助作业系统，为主作业系统清理掉遮挡目标的障碍物，方便主作业臂的抓取作业。故通过双目视觉获取到障碍物的位姿后，通过对辅助作业系统的逆运动学分析求解出其各个关节的运动量。将需要被清理的障碍物记为 B；双目摄像头获取到障碍物的位姿记为 ${}_{B}^{C}\boldsymbol{T}$；辅助作业系统的基坐标系也选定为胸部中心坐标系 $\{O\}$；点 N 代表辅助作业臂手腕，并将坐标系 $\{N\}$ 定义为手腕坐标系，与图 3-9 所示的模型中的 $\{6_{\mathrm{a}}\}$ 坐标系完全保持一致。

当已知头部俯仰、左右旋转两个关节的运动量时，根据式（3-16），可得到障碍物 B 相对于基坐标系 $\{O\}$ 的位姿 ${}_{B}^{O}\boldsymbol{T}$ 为

$$ {}_{B}^{O}\boldsymbol{T} = {}_{C}^{O}\boldsymbol{T}\,{}_{B}^{C}\boldsymbol{T} \tag{4-29} $$

拥有 6 个旋转关节的机器人系统在求取逆解时，需要满足 Pieper 准则，即相邻 3 个关节的轴线相交于一点或 3 个相邻关节轴相互平行。包含 6 个旋转关节的辅助作业臂，其解析解计算过程较为复杂。

为了让辅助作业臂末端执行器达到目标位姿，需要满足以下条件：

$$ {}_{N}^{O}\boldsymbol{T} \times \boldsymbol{D}_{Y}(-d) = {}_{B}^{O}\boldsymbol{T} \tag{4-30} $$

设末端执行器目标位姿是已知的，并记为

$$ {}_{B}^{O}\boldsymbol{T}({}_{6_{\mathrm{a}}}^{5_{\mathrm{a}}}\boldsymbol{T} \times \boldsymbol{D}_{Y}(-d))^{-1} = \begin{bmatrix} x_{11} & x_{12} & x_{13} & x_{14} \\ x_{21} & x_{22} & x_{23} & x_{24} \\ x_{31} & x_{32} & x_{33} & x_{34} \\ 0 & 0 & 0 & 1 \end{bmatrix} \tag{4-31} $$

式中，根据正运动学得到矩阵 ${}_{B}^{O}\boldsymbol{T}$ 中各个元素的对应关系，可得到：

$$ {d_{5_{\mathrm{a}}}}^{2} + 2d_{3_{\mathrm{a}}}d_{5_{\mathrm{a}}}c_{4_{\mathrm{a}}} + {d_{3_{\mathrm{a}}}}^{2} = (x_{14}+dx_{12})^2 + (x_{24}+dx_{22})^2 + (x_{34}+dx_{32}+d_{1_{\mathrm{a}}})^2 \tag{4-32} $$

并得到辅助臂系统中第 6 个关节的关系式，如式（4-33）所示。

$$ \begin{aligned} {d_{3_{\mathrm{a}}}}^{2} = &(x_{14} + x_{12}(d + d_{5_{\mathrm{a}}}c_{6_{\mathrm{a}}}) + x_{11}d_{5_{\mathrm{a}}}s_{6_{\mathrm{a}}})^2 + \\ &(x_{24} + x_{22}(d + d_{5_{\mathrm{a}}}c_{6_{\mathrm{a}}}) + x_{21}d_{5_{\mathrm{a}}}s_{6_{\mathrm{a}}})^2 + \\ &(x_{34} + x_{32}(d + d_{5_{\mathrm{a}}}c_{6_{\mathrm{a}}}) + x_{31}d_{5_{\mathrm{a}}}s_{6_{\mathrm{a}}} + d_{1_{\mathrm{a}}})^2 \end{aligned} \tag{4-33} $$

本文应用二分法对式（4-33）中的关节 6 进行求解，由于篇幅原因，本文将不对其进行详细介绍。同理，根据矩阵中其他元素的对应关系，并结合式（4-32）得到辅助臂前 5 个关节 $\theta_{1_{\mathrm{a}}}$、$\theta_{2_{\mathrm{a}}}$、$\theta_{3_{\mathrm{a}}}$、$\theta_{4_{\mathrm{a}}}$ 和 $\theta_{5_{\mathrm{a}}}$ 的解析解，如式（4-34）所示。

$$ \begin{aligned} &\theta_{4_{\mathrm{a}}} = a\tan 2(\pm\sqrt{1-p_4^2}, p_4), \\ &p_4 = ((x_{14}+dx_{12})^2 + (x_{24}+dx_{22})^2 + (x_{34}+dx_{32}+d_{1_{\mathrm{a}}})^2 - {d_{5_{\mathrm{a}}}}^{2} - {d_{3_{\mathrm{a}}}}^{2}) / (2d_{3_{\mathrm{a}}}d_{5_{\mathrm{a}}}) \end{aligned} $$

$$
\begin{aligned}
&\theta_{2_a} = a\tan 2(p_2, \pm\sqrt{1-p_2^2}), \quad p_2 = -(x_{34} + x_{32}(d + d_{5_a}c_{6_a}) + x_{31}d_{5_a}s_{6_a} + d_{1_a})/d_{3_a} \\
&\theta_{3_a} = a\tan 2(p_3, \pm\sqrt{1-p_3^2}), \quad p_3 = (x_{34} + dx_{32} + d_{1_a} + d_{5_a}c_{4_a}s_{2_a} + d_{3_a}s_{2_a})/(-c_{2_a}s_{4_a}d_{5_a}) \\
&\theta_{5_a} = a\tan 2(s_{2_a}s_{4_a} - c_{2_a}c_{4_a}s_{3_a}, c_{2_a}c_{3_a}) - a\tan 2((c_{6_a}(c_{4_a}s_{2_a} + c_{2_a}s_{3_a}s_{4_a}) - x_{32})/s_{6_a}, \\
&\qquad \pm\sqrt{(c_{2_a}c_{3_a})^2 + (s_{2_a}s_{4_a} - c_{2_a}c_{4_a}s_{3_a})^2 - ((c_{6_a}(c_{4_a}s_{2_a} + c_{2_a}s_{3_a}s_{4_a}) - x_{32})/s_{6_a})^2}) \\
&\theta_{1_a} = a\tan 2((x_{24} + x_{22}(d + d_{5_a}c_{6_a}) + x_{21}d_{5_a}s_{6_a})/(d_{3_a}c_{2_a}), \\
&\qquad (x_{14} + x_{12}(d + d_{5_a}c_{6_a}) + x_{11}d_{5_a}s_{6_a})/(-d_{3_a}c_{2_a}))
\end{aligned} \tag{4-34}
$$

综上，就可以求出辅助作业臂的逆解，并可将求出的解代入正运动学模型中，进行正运动学的验证，以此来验证该算法的正确性。同时，选取其中一组在机器人实际关节限度内的解，并将其通过控制系统下发至底层，驱动机器人辅助作业臂末端执行器到达期望的目标点 ${}_B^O\boldsymbol{T}$ 。

4.2.3 3-RPS 并联机构逆运动学

本书设并联机构动平台通过驱动串联分支使得动平台绕 X 轴转 β 角，绕 Y 轴转 α 角，沿 Z 轴方向平移量为 z ，需要将其换算到驱动串联分支运动的长度。实质上，该过程为并联机构从其关节空间转换到驱动器空间的过程。本书将此过程称为并联机构的逆运动学求解过程。而该动平台的旋转角 β 、 α ，以及其平移距离 z ，分别对应机器人主作业系统和感知系统中的 θ_6 、 θ_7 和 d_5 。

根据图 3-10，在并联机构的初始状态时，动平台坐标系 $O_2 - X_2Y_2Z_2$ 在定平台坐标系 $O_1 - X_1Y_1Z_1$ 中的初始位姿矩阵 $\boldsymbol{T}_{\text{init}}$ ，如式（4-35）所示。

$$
\boldsymbol{T}_{\text{init}} = \begin{bmatrix} 1 & 0 & 0 & 0 \\ 0 & 1 & 0 & 0 \\ 0 & 0 & 1 & -l_0 \\ 0 & 0 & 0 & 1 \end{bmatrix} \tag{4-35}
$$

根据以上旋转关系，当 β 角、 α 角和 $d_5 = z$ 为已知值时，则可得到变换后的动平台坐标系 $O_2' - X_2'Y_2'Z_2'$ 相对于定平台坐标系 $O_1 - X_1Y_1Z_1$ 的变换矩阵 $\boldsymbol{T}$:

$$
\boldsymbol{T} = \boldsymbol{T}_{\text{init}} \times \boldsymbol{D}_Z(h_0)\boldsymbol{R}_Y(\alpha)\boldsymbol{R}_X(\beta) = \begin{bmatrix} c\beta & s\alpha s\beta & c\alpha s\beta & 0 \\ 0 & c\alpha & -s\alpha & 0 \\ -s\beta & s\alpha c\beta & c\alpha c\beta & -l_0 - d_5 \\ 0 & 0 & 0 & 1 \end{bmatrix} \tag{4-36}
$$

当动平台只转动时，上、下平台之间的中心距离是不发生改变的，只有动平台有升降运动量 $|d_5|$ 时，两者之间的中心距离才会发生改变，且其值为初始距离与动平台升降距离之和 $|l_0 + d_5|$ 。

其中， d_5 值可正可负。根据图 3-10，当 d_5 为负时，表示动平台沿 Z_1 轴正方向下降；当 d_5 为正时，表示动平台沿 Z_1 轴负方向上升。

对于上述变换矩阵 $\boldsymbol{T}$，将其姿态记为 3×3 阶的矩阵 $\boldsymbol{T}_{\mathrm{R}}$，将其位置记为 3×1 阶的矩阵 $\boldsymbol{P}$，如式（4-37）所示。

$$\boldsymbol{T}_{\mathrm{R}}=\begin{bmatrix} c\beta & s\alpha s\beta & c\alpha s\beta \\ 0 & c\alpha & -s\alpha \\ -s\beta & s\alpha c\beta & c\alpha c\beta \end{bmatrix};\quad \boldsymbol{P}=\begin{bmatrix} 0 \\ 0 \\ -l_0-d_5 \end{bmatrix} \tag{4-37}$$

将动平台上正三角形顶点 $\boldsymbol{A}_2'$、$\boldsymbol{B}_2'$、$\boldsymbol{C}_2'$，在定坐标系 $O_1-X_1Y_1Z_1$ 中的位置坐标分别记为

$$\begin{aligned} \boldsymbol{A}_2'&=\left(X_{A_2'},Y_{A_2'},Z_{A_2'}\right) \\ \boldsymbol{B}_2'&=\left(X_{B_2'},Y_{B_2'},Z_{B_2'}\right) \\ \boldsymbol{C}_2'&=\left(X_{C_2'},Y_{C_2'},Z_{C_2'}\right) \end{aligned} \tag{4-38}$$

因此，根据式（3-22）、式（4-38），可得到动平台变换之后 $\boldsymbol{A}_2'$、$\boldsymbol{B}_2'$、$\boldsymbol{C}_2'$ 的位置坐标与初始状态时正三角形顶点 $\boldsymbol{A}_2$、$\boldsymbol{B}_2$、$\boldsymbol{C}_2$ 的位置之间的坐标变换关系，如式（4-39）所示。

$$\begin{aligned} \left(\boldsymbol{A}_2'\right)^{\mathrm{T}}&=\boldsymbol{T}_{\mathrm{R}}\times\boldsymbol{A}_2^{\mathrm{T}}+\boldsymbol{P} \\ \left(\boldsymbol{B}_2'\right)^{\mathrm{T}}&=\boldsymbol{T}_{\mathrm{R}}\times\boldsymbol{B}_2^{\mathrm{T}}+\boldsymbol{P} \\ \left(\boldsymbol{C}_2'\right)^{\mathrm{T}}&=\boldsymbol{T}_{\mathrm{R}}\times\boldsymbol{C}_2^{\mathrm{T}}+\boldsymbol{P} \end{aligned} \tag{4-39}$$

即

$$\begin{bmatrix} X_{A_2'} \\ Y_{A_2'} \\ Z_{A_2'} \end{bmatrix}=\boldsymbol{T}_{\mathrm{R}}\times\begin{bmatrix} R \\ 0 \\ 0 \end{bmatrix}+\boldsymbol{P};\quad \begin{bmatrix} X_{B_2'} \\ Y_{B_2'} \\ Z_{B_2'} \end{bmatrix}=\boldsymbol{T}_{\mathrm{R}}\times\begin{bmatrix} -\dfrac{R}{2} \\ -\dfrac{\sqrt{3}R}{2} \\ 0 \end{bmatrix}+\boldsymbol{P};\quad \begin{bmatrix} X_{C_2'} \\ Y_{C_2'} \\ Z_{C_2'} \end{bmatrix}=\boldsymbol{T}_{\mathrm{R}}\times\begin{bmatrix} -\dfrac{R}{2} \\ \dfrac{\sqrt{3}R}{2} \\ 0 \end{bmatrix}+\boldsymbol{P} \tag{4-40}$$

由此便可得到驱动连杆的伸缩量 l_1、l_2 和 l_3，如式（4-41）所示。

$$\begin{aligned} l_1&=\left|\boldsymbol{A}_2\boldsymbol{A}_2'\right|-l_0 \\ l_2&=\left|\boldsymbol{B}_2\boldsymbol{B}_2'\right|-l_0 \\ l_3&=\left|\boldsymbol{C}_2\boldsymbol{C}_2'\right|-l_0 \end{aligned} \tag{4-41}$$

式中，$\left|\boldsymbol{A}_2\boldsymbol{A}_2'\right|$、$\left|\boldsymbol{B}_2\boldsymbol{B}_2'\right|$、$\left|\boldsymbol{C}_2\boldsymbol{C}_2'\right|$ 分别表示上、下平台上等边三角形顶点之间的距离；l_0 为上、下平台之间的初始距离。

将 β、α 和 z 分别对应到关节空间 θ_6、θ_7 和 d_5 时，可得到驱动连杆的伸缩量 l_1、l_2、l_3，如式（4-42）所示。

$$\begin{aligned} l_1&=\sqrt{(c_6R-R)^2+(-d_5-l_0-s_6R)^2}-l_0 \\ l_2&=\sqrt{(0.5R-0.5Rc_6-0.5\sqrt{3}Rs_6s_7)^2+(0.5\sqrt{3}R-0.5\sqrt{3}Rc_7)^2+(-d_5-l+0.5Rs_6-0.5\sqrt{3}Rc_6s_7)^2}-l_0 \\ l_3&=\sqrt{(0.5R+0.5\sqrt{3}Rs_6s_7-0.5Rc_6)^2+(0.5\sqrt{3}Rc_7-0.5\sqrt{3}R)^2+(-d_5-l+0.5Rs_6+0.5\sqrt{3}Rc_6s_7)^2}-l_0 \end{aligned} \tag{4-42}$$

综上，即可将机器人腰部的运动量从其关节空间转换到了并联机构的驱动器空间。

4.3 机器人逆运动学综合实践

（1）熟悉机器人逆运动学。

（2）参数级机器人逆运动学虚拟仿真实验。

选择“实验”→“机器人控制”命令，进入控制面板，如图 4-9 所示。

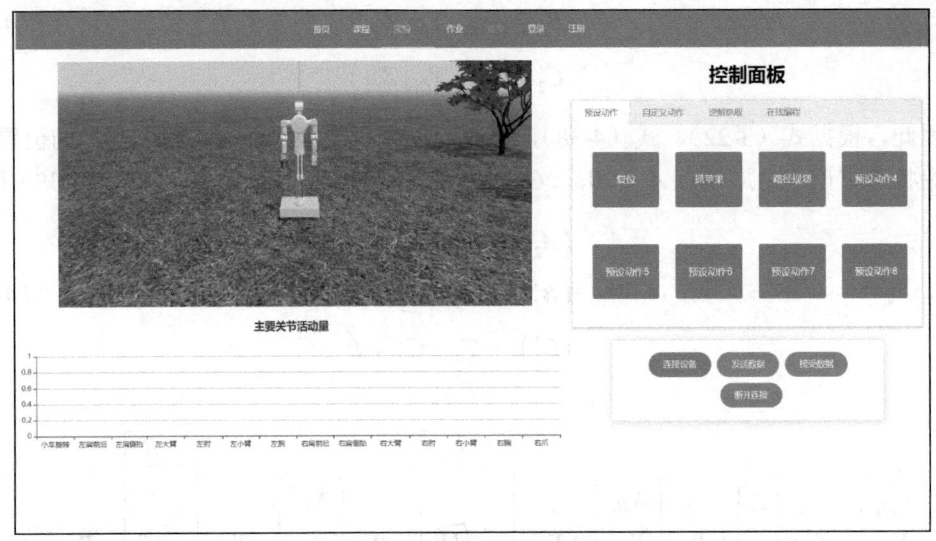

图 4-9　参数级机器人逆运动学求解

在控制面板中根据设计好的逆运动学参数，在“预设动作”中选择“抓苹果”，查看整个抓取目标物的过程，如图 4-10 所示。

图 4-10　逆运动学参数

（3）编程级机器人逆运动学虚拟仿真实验。

单击“在线编程”选项卡，进入“在线编程”界面后，根据设计好的算法，编写 C、Java 或 JavaScript 语言程序，单击“运行”按钮，查看结果，如图 4-11 所示。

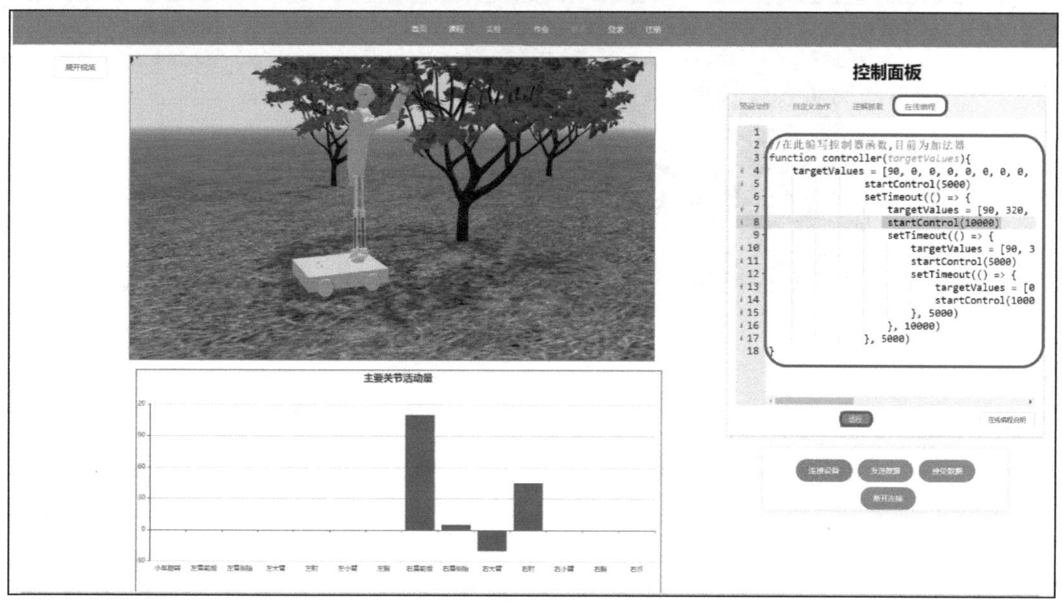

图 4-11　编程级逆运动学

（4）参数级机器人逆运动学实物实验。

选择“实验”→“机器人控制”命令，进入控制面板，获取实物实验界面，如图 4-12 所示。

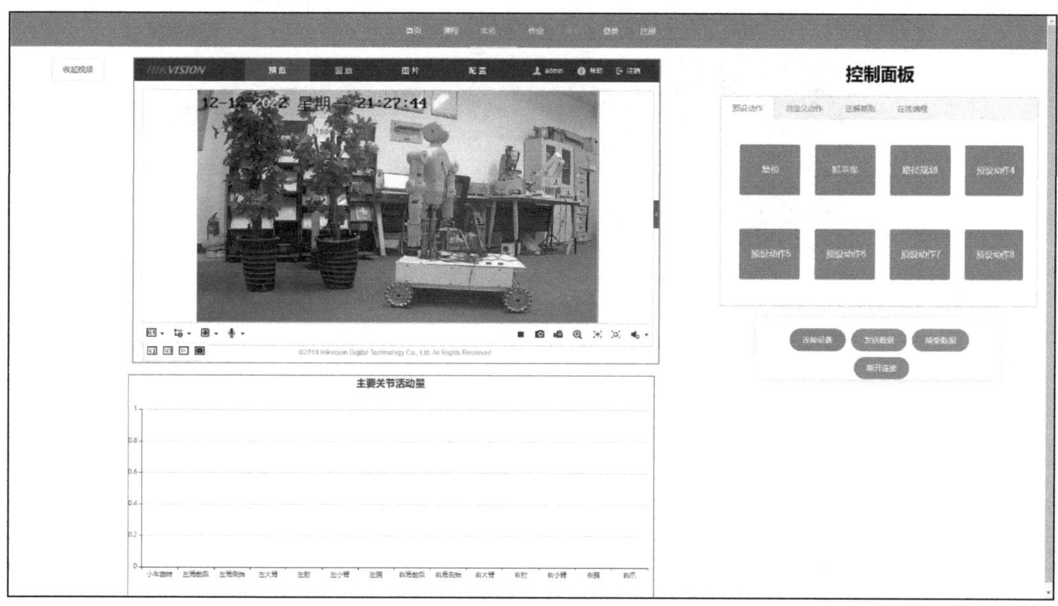

图 4-12　参数级实物逆运动学实验

在控制面板中根据设计好的参数，选择逆运动学，输入参数，单击“确认参数”按钮，如图 4-13 所示。

图 4-13　参数级实物逆运动学操作

（5）编程级机器人逆运动学实物实验。

编制设计好的逆运动学算法流程图，单击“在线编程”选项卡，如图 4-14 所示。

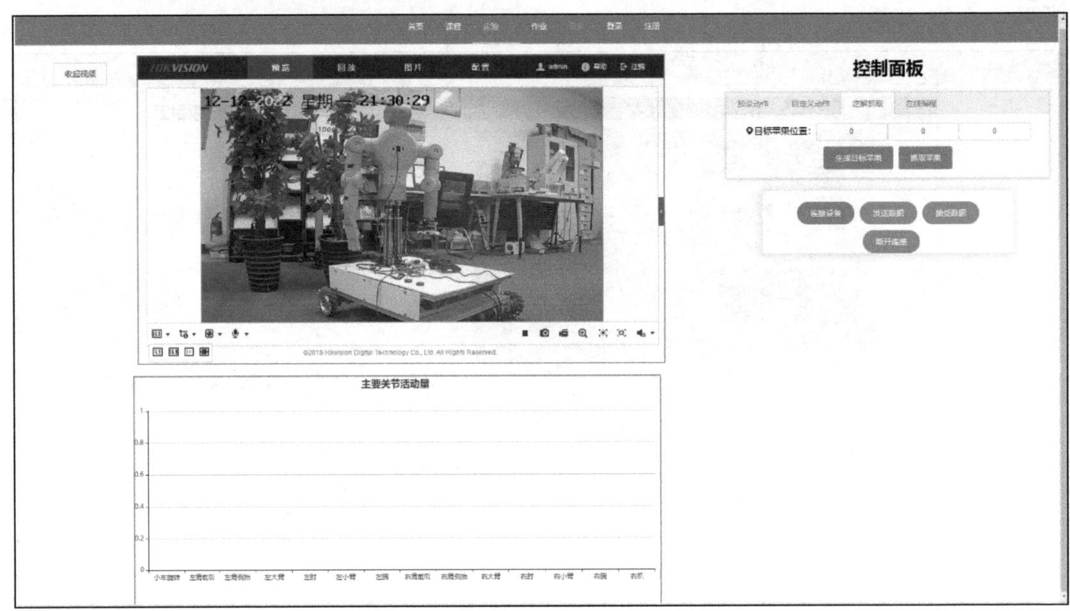

图 4-14　编程级实物逆运动学实验

进入“在线编程”界面后，编写 C、Java 或 JavaScript 语言程序，单击“连接设备”“发送数据”按钮，再单击“运行”按钮，如图 4-15 所示。

图 4-15　编程级实物逆运动学编程实验

4.4　本 章 小 结

在逆运动学的求解过程中，当机器人系统中的自由度较多时，随着自由度个数的增加，运动学方程中所包含的三角函数多项式呈几何级增加，且运动学方程具有高阶非线性和强耦合性的特征，使其逆运动学求解过程十分复杂。本章针对 12 自由度的主作业系统和不满足 Pieper 准则的 6 自由度的辅助作业系统分别提出了相应的逆运动学求解方法并进行了研究分析，求解出了当末端执行器运动到期望的目标位姿时的各个旋转关节或移动关节所需的运动量。另外，将 3-RPS 并联机构的运动在关节空间和驱动器空间的转换进行了分析。

习　题　4

4.1　题 4.1 图所示为 2 自由度机械手，两连杆长度均为 0.5m，试建立各杆件坐标系，求出齐次变换矩阵 $\boldsymbol{A}_1$、$\boldsymbol{A}_2$ 及该机械手的运动学逆解，并完成实践验证。

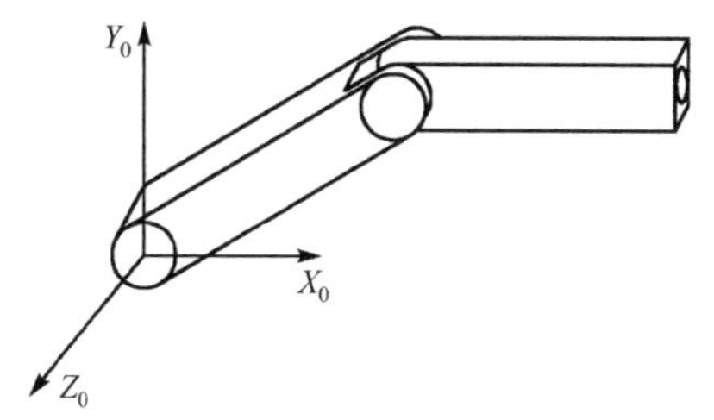

题 4.1 图

4.2 题 4.2 图所示为 3 自由度机械手，试建立各连杆的 D-H 坐标系，求出齐次变换矩阵 $\boldsymbol{A}_1$、$\boldsymbol{A}_2$、$\boldsymbol{A}_3$，并完成实践验证。

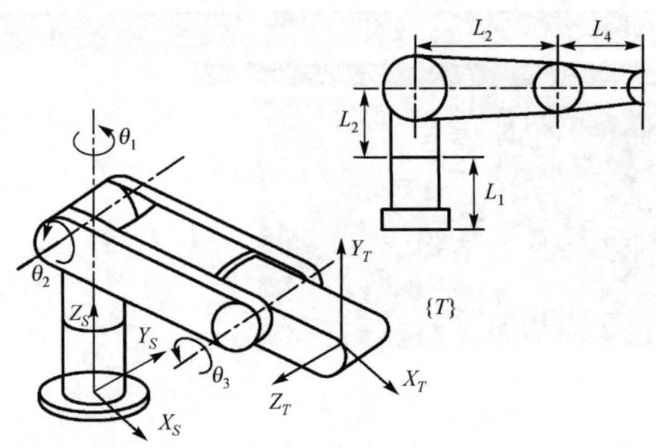

题 4.2 图

4.3 设计并实践 3-RPS 并联型机器人的逆运动学算法。

4.4 解释逆运动学主要解决机器人的哪些问题。

思政内容

第 5 章　机器人视觉感知与 SLAM

5.1　概　　述

对于仿人形移动机器人来说，要想完成作业任务，首先要做到认知环境，通过传感器来实时、有效、可靠地获取到外界场景信息，进而构建合适、精准的定位系统，最后采用适宜的导航策略进行运动规划。

本章重点研究仿人形移动机器人，并建立一个精准可靠的室内全局环境，设计一个精度高、实时性强的 RGB_D SLAM 系统。首先研究常见的相机成像模型及相机坐标系下的各种位姿转换关系矩阵，为后续通过视觉系统恢复三维场景信息提供理论支撑。然后根据 RGB_D SLAM 框架常用的 5 个部分[21]：前端视觉里程计、运动估计、后端优化、回环检测及环境构建，依次针对每个子部分进行多种方法对比，选取较为合适的算法，实现 RGB_D SLAM 整体框架。RGB_D SLAM 框架流程图如图 5-1 所示。

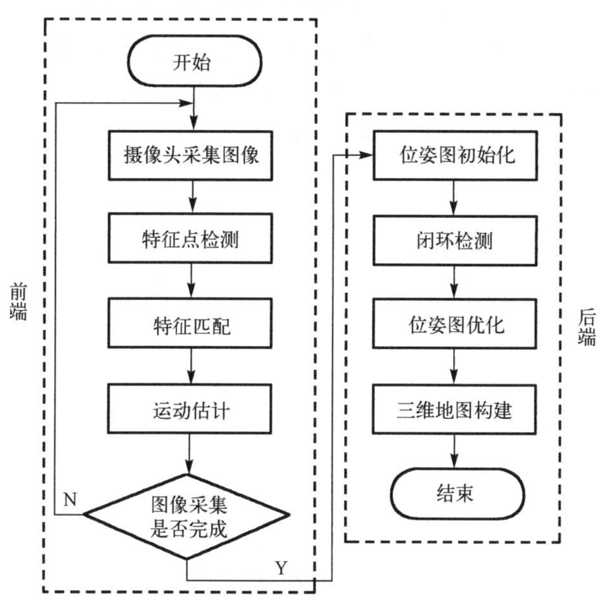

图 5-1　RGB_D SLAM 框架流程图

5.2 机器人视觉感知系统理论基础

5.2.1 相机成像模型

目前最常见的一种相机成像模型是针孔模型[22]，如图 5-2 所示。

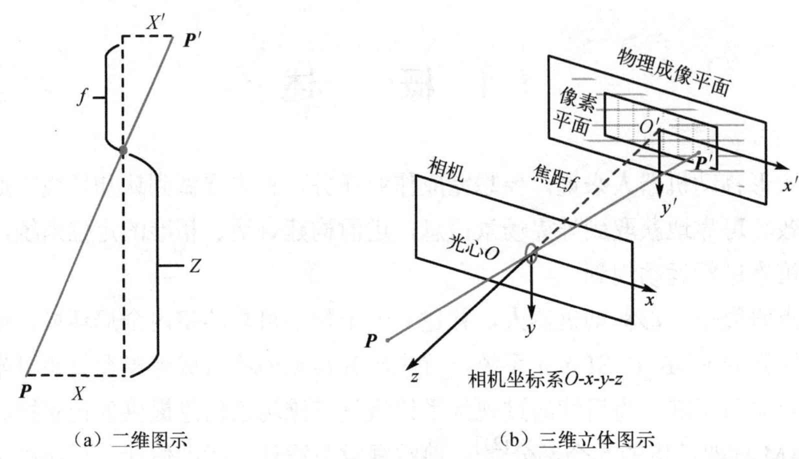

（a）二维图示　　（b）三维立体图示

图 5-2 针孔模型

图 5-2 中，O-xyz 是相机坐标系，该坐标系的 z 轴垂直于相机平面，x 轴方向向右，y 轴方向向下，O 为针孔模型中的孔，也是摄像机的光心。在世界空间内，存在点 $\boldsymbol{P}$，其坐标为 $(X,Y,Z)^{\mathrm{T}}$，其在摄像机中经过孔 O 投影之后物理成像点为 $\boldsymbol{P}'$，$\boldsymbol{P}'$ 的坐标为 $(X',Y',Z')^{\mathrm{T}}$，假设物理焦距为 f，依据相似三角形的原理，可以得到式（5-1）。

$$\frac{Z}{f}=-\frac{X}{X'}=-\frac{Y}{Y'} \tag{5-1}$$

式中，负号代表在针孔模型下，成倒立反向的像。为了简化模型，通常将所成的像等大反向对称到相机正前方，那么可以得到式（5-2）。

$$\frac{Z}{f}=\frac{X}{X'}=\frac{Y}{Y'} \tag{5-2}$$

将其进行整理得到式（5-3）。

$$\begin{aligned} X' &= f\frac{X}{Z} \\ Y' &= f\frac{Y}{Z} \end{aligned} \tag{5-3}$$

式（5-3）描述了三维空间到二维平面的映射关系，为针孔模型的数学表达形式。

5.2.2　坐标系之间的转换关系

1．像素坐标系

在计算机视觉中，通常假定一个像素平面 o-u-v 来方便描述传感器将光线转换为图像像素，该平面如图 5-3 所示。平面上的坐标被称为像素坐标 (u,v)，像素平面上存在 $M \times N$ 个像素点，存放在同等大小的矩阵中，像素点上分别用一个数来表示像素的灰度值。每个像素点上的数值为图像像素的灰度值。像素平面的原点 O_0 在成像平面上的最左上角，u 轴方向水平向右，v 轴方向竖直向下。

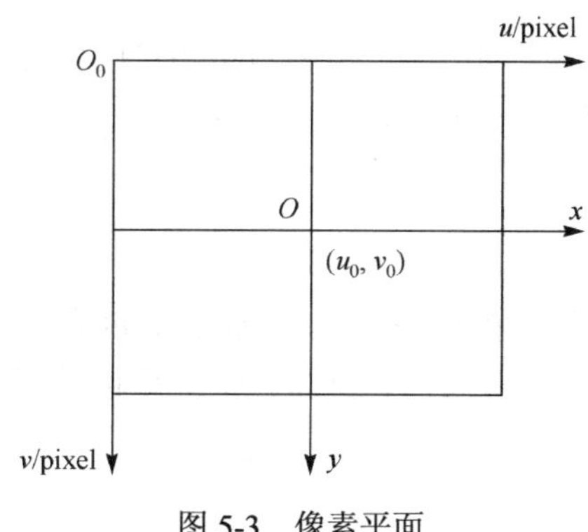

图 5-3　像素平面

2．像平面坐标系（图像坐标系）

为了将图像显示出来，还需要一个像平面坐标系，其坐标的定义方式为：x 轴方向与 u 轴平行，数值上相差 α 倍；y 轴方向与 v 轴方向平行，数值上相差 β 倍；原点 O 为成像平面与相机光轴相交的点，相对于像素坐标系平移了 $(u_0,v_0)^{\mathrm{T}}$。假设存在某点 $\boldsymbol{P}'$ 在像平面上的坐标为 $(X',Y')^{\mathrm{T}}$，该点在像素坐标系下对应的坐标为 $(u_x,v_y)^{\mathrm{T}}$，那么根据像平面坐标定义可以得到转换关系，如式（5-4）所示。

$$
\begin{aligned}
u_x &= \alpha X' + u_0 \\
v_y &= \beta Y' + v_0
\end{aligned}
\tag{5-4}
$$

将式（5-3）代入式（5-4）中，可以得到式（5-5）。

$$
\begin{cases}
u = f_x \dfrac{X}{Z} + u_0 \\
v = f_y \dfrac{Y}{Z} + v_0
\end{cases}
\tag{5-5}
$$

式中，$f_x = \alpha f$，α 为 u 轴上缩放系数；$f_y = \beta f$，β 为 v 轴上缩放系数；$u = u_x$；$v = v_y$。

将式（5-5）转换为齐次坐标形式，得到式（5-6）。

$$\begin{bmatrix} u \\ v \\ 1 \end{bmatrix} = \frac{1}{Z} \begin{bmatrix} f_x & 0 & u_0 \\ 0 & f_y & v_0 \\ 0 & 0 & 1 \end{bmatrix} \begin{bmatrix} X \\ Y \\ Z \end{bmatrix} \Leftrightarrow \frac{1}{Z} \boldsymbol{KP} \tag{5-6}$$

化简式（5-6），得到式（5-7）。

$$Z \begin{bmatrix} u \\ v \\ 1 \end{bmatrix} = \begin{bmatrix} f_x & 0 & u_0 \\ 0 & f_y & v_0 \\ 0 & 0 & 1 \end{bmatrix} \begin{bmatrix} X \\ Y \\ Z \end{bmatrix} \Leftrightarrow \boldsymbol{KP} \tag{5-7}$$

式中，$\boldsymbol{K}$ 为相机的内参数矩阵，该参数是由生产厂家确定的。

3．相机坐标系

相机坐标系主要用来描述空间中某一点相对于相机的位姿。它的定义如下：以相机的光心点为原点，建立一个三维直角坐标系 $O_c - X_cY_cZ_c$，其 Z_c 轴垂直于像平面坐标系，X_c 轴方向与像平面坐标系 x 轴方向平行，Y_c 轴方向与像平面坐标系 y 轴方向平行。

4．世界坐标系

在客观世界中，也存在着一个用来描述物体位姿的世界坐标系 $O_w - X_wY_wZ_w$。实际上，我们通常在表示空间中某一点的位置时，都是在世界坐标系下描述的。假设空间中存在点 $\boldsymbol{P}_w$，它在世界坐标系下的坐标表示为 $(x_w, y_w, z_w)^T$，将当前坐标变换到相机坐标系下为 $(x_c, y_c, z_c)^T$，二者之间的关系可以表示为式（5-8）。

$$\begin{bmatrix} x_c \\ y_c \\ z_c \end{bmatrix} = \boldsymbol{R} \begin{bmatrix} x_w \\ y_w \\ z_w \end{bmatrix} + \boldsymbol{t} \tag{5-8}$$

式中，$\boldsymbol{R}$ 为相机位姿的旋转矩阵；$\boldsymbol{t}$ 为相机的平移向量。

将式（5-8）转换成齐次变换矩阵，如式（5-9）所示。

$$\begin{bmatrix} x_c \\ y_c \\ z_c \\ 1 \end{bmatrix} = \begin{bmatrix} \boldsymbol{R} & \boldsymbol{t} \\ \boldsymbol{0}^T & 1 \end{bmatrix} \begin{bmatrix} x_w \\ y_w \\ z_w \\ 1 \end{bmatrix} \tag{5-9}$$

将式（5-9）代入式（5-7）中，可以得到像素坐标与世界坐标两者之间的对应关系，如式（5-10）所示。

$$Z\boldsymbol{P}_{uv} = Z \begin{bmatrix} u \\ v \\ 1 \end{bmatrix} = \boldsymbol{K}(\boldsymbol{R}\boldsymbol{P}_w + \boldsymbol{t}) = \boldsymbol{K}^T \boldsymbol{P}_w \tag{5-10}$$

式中，$\boldsymbol{R}$、$\boldsymbol{t}$ 为相机的外参数矩阵；$\boldsymbol{K}$ 为相机的内参数矩阵。

内参数矩阵可以通过相机说明书或者标定获取，它表示了相机的成像关系。而外参数矩阵表示相机的运动轨迹，需要通过计算进行估计，这也是 SLAM 系统中需要解决的核心问题。

上述 4 种坐标系的转换关系如图 5-4 所示。

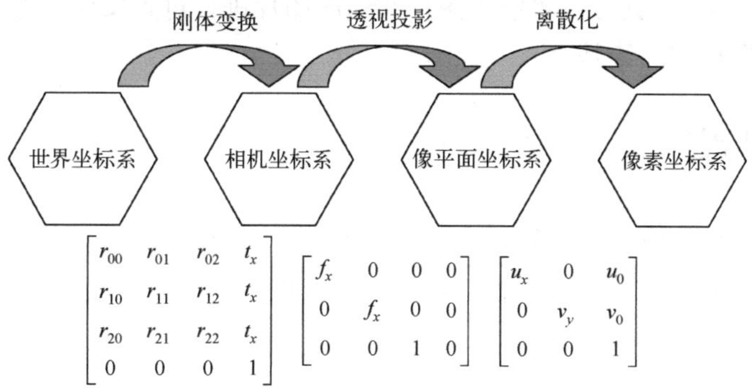

图 5-4　坐标系之间的转换关系

5.3　机器人视觉感知系统综合设计

5.3.1　摄像头选择

本书选用了英特尔公司研发的 RGB_D 摄像头——Realsense D435。该摄像头具有实时性高、精度高、成像性能好、体积小、采用 USB 供电形式等特点，搭载了 4 个主要模块。

图 2-4 中，从左到右依次是左红外相机、红外点阵投射器、右红外相机、RGB 相机。Realsense D435 摄像头采用结构光原理，具有十分完整的光学深度解决方案，能够较好地满足本书中实验的要求。Realsense D435 摄像头的参数如表 5-1 所示。

表 5-1　Realsense D435 摄像头的参数

指标	性能
使用环境	室内/室外均可
深度流输出分辨率/px	最大达 1280×720
深度流输出速率/fps	最大达 90
深度流输出距离/m	0.2～10
RGB 输出分辨率/px	最大达 1920×1080
RGB 输出速率/FPS	最大达 30

通过红外相机得到空间中点 $\boldsymbol{P}$ 的坐标为 $[x_{\mathrm{ir}}, y_{\mathrm{ir}}, z_{\mathrm{ir}}]^{\mathrm{T}}$，结合坐标之间的转换关系，能够求出该点在 RGB 相机坐标系下的坐标，转换关系为式（5-11）。

$$Z\begin{bmatrix} x_{\mathrm{rgb}} \\ y_{\mathrm{rgb}} \\ z_{\mathrm{rgb}} \end{bmatrix} = \boldsymbol{R}_{\mathrm{ir}}^{\mathrm{rgb}} \begin{bmatrix} x_{\mathrm{ir}} \\ y_{\mathrm{ir}} \\ z_{\mathrm{ir}} \end{bmatrix} + \boldsymbol{t}_{\mathrm{ir}}^{\mathrm{rgb}} \tag{5-11}$$

式中，$\boldsymbol{R}_{\text{ir}}^{\text{rgb}}$ 为红外相机到 RGB 相机的位姿旋转矩阵；$\boldsymbol{t}_{\text{ir}}^{\text{rgb}}$ 为平移向量；Z 为像素点对应的深度值。通过式（5-11）就可以将彩色图片和深度图片进行对齐操作，为后面的物体识别、求取空间相对位姿提供理论基础。

5.3.2 摄像头标定

通常情况下，由于摄像头透镜存在加工误差，会引起畸变。其中影响较大的是径向畸变和切向畸变。径向畸变通常用泰勒级数展开式来进行校正。

$$\begin{cases} x_{\text{corrected}} = x(1+k_1r^2+k_2r^4+k_3r^6\cdots) \\ y_{\text{corrected}} = y(1+k_1r^2+k_2r^4+k_3r^6\cdots) \end{cases} \tag{5-12}$$

式中，(x, y) 为畸变点在图像中原始的位置；r 为畸变点到成像平面中心的距离；$(x_{\text{corrected}}, y_{\text{corrected}})$ 为校正后的位置；k_1, k_2, k_3 为泰勒级数的系数。

切向畸变可以通过式（5-13）进行校正。

$$\begin{cases} x_{\text{corrected}} = x+[2p_1xy+p_2(r^2+2x^2)] \\ y_{\text{corrected}} = y+[2p_2xy+p_1(r^2+2y^2)] \end{cases} \tag{5-13}$$

式中，(x, y) 为畸变点在图像中原始的位置；r 为畸变点到成像平面中心的距离；$(x_{\text{corrected}}, y_{\text{corrected}})$ 为校正后的位置。

本书主要利用径向畸变的前两个低阶项和切向畸变进行校正。结合式（5-12）与式（5-13），最终得到相机的畸变模型，如式（5-14）所示。

$$\begin{cases} x_{\text{corrected}} = x(1+k_1r^2+k_2r^4)+[2p_1xy+p_2(r^2+2x^2)] \\ y_{\text{corrected}} = y(1+k_1r^2+k_2r^4)+[2p_2xy+p_1(r^2+2y^2)] \end{cases} \tag{5-14}$$

在对摄像头进行标定后，就可得到相机的内、外参数及畸变参数，进而可以准确获取待测量点的图像信息。红外相机相对稳定，故本书只对 RGB 相机进行校正，得到的具体参数如表 5-2 所示。

得到相机的内外参数，及畸变参数（K1、K2 为 x、y 两个方向的径向畸变参数，p1、p2 为切向畸变参数），进而可以准确获取待测量点的图像信息。

表 5-2　RGB 相机校正参数

参数	数值
f_x，mm	563.3862
f_y，mm	559.1434
u_o，px	329.6513
v_o，px	231.1877
k_1，a.u.	0.02592
k_2，a.u.	−0.09263
p_1，a.u.	0.00174
p_2，a.u.	0.00612

5.3.3　视觉里程计设计

在 RGB_D SLAM 系统中，前端也被称为视觉里程计[23]，主要解决如何利用图像信息初步地估计相机运动轨迹的问题。首先根据采集到的图像，提取图像中的特征点信息；然后对特征点进行精确匹配;最后根据匹配对之间的数学关系粗略地估计出相机的运动轨迹。前端操作为后端的优化提供具有良好性能的基础数据。在前端中，图像特征点的检测效果及匹配性能尤为重要，将会直接影响整个 SLAM 系统的质量。RGB_D SLAM 前端操作如图 5-5 所示。

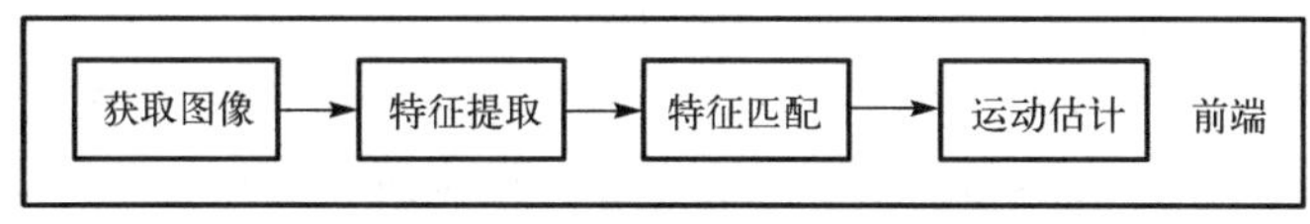

图 5-5　RGB_D SLAM 前端操作

5.3.4　特征点检测算法选择

利用显著性的区域特征来描述物体，能够有效地进行目标识别。利用计算机来分析目标物时，需要关注目标与目标之间的差异性，以及目标本身的独特性。在计算机视觉领域中，基于特征点的目标检测方法一直都是热门的研究方向。

特征点是图像中很特别的地方，它能够在相机运动过程中保持相对稳定，不受外界因素的影响。尤其是在多图像帧中，对于平移、旋转、比例等仿射变换，特征点能够保持相对一致性。特征点具有可重复性（Repeat-ability）、可区别性（Distinctiveness）、本地性（Locality）、高效性（Efficiency）等特性，它由关键点（Key-point）和描述子（Description）两部分构成。目前，最为经典和广泛使用的 3 种算法是 SIFT 算法、SURF 算法和 ORB 算法。

1. SIFT 算法

SIFT[24]（Scale Invariant Feature Transform）算法是一种最常用的关键点检测和描述的算法。SIFT 算法是由 Lowe 提出的。SIFT 特征提取的方法是建立在图像局部信息的基础上的，具有如下优点。

（1）具有平移不变性、旋转不变性、尺度不变性、视角不变性及亮度不变性，对目标特征信息的表达有很大优势。

（2）SIFT 特征点能够稳健地调整参数，在进行特征描述时，根据场景的不同，可以较好地调整特征点的数量。

SIFT 算法提取图像局部特征点的步骤可以分为以下 4 步。

第一步：疑似关键点检测。SIFT 建立了相对图像的尺度空间，利用拉普拉斯下的高斯差分（DoG）算子计算图像中的关键点，能够很好地描述关键点的尺度及方向。

第二步：去除伪关键点。计算特征点的曲率，当检测点主曲率对应的M值满足阈值要求时，即为特征点。

第三步：关键点的梯度及方向分配。

第四步：特征向量生成。每个 SIFT 特征都会生成 128 维度的特征向量，这些特征均具有旋转不变性、尺度不变性。

SIFT 特征点包含关键点的尺度及方向，故需要构建图像的尺度空间，其尺度空间$D(x,y,\sigma)$满足式（5-15）。

$$D(x,y,\sigma)=f(x,y)\times G(x,y,\sigma)$$
$$G(x,y,\sigma)=\frac{1}{2\pi\sigma^2}\mathrm{e}^{-(x^2+y^2)/2\sigma^2} \tag{5-15}$$

式中，σ为方差因子，也称为尺度因子；x、y分别为图像中像素的横、纵坐标。

在计算特征点时，利用不同尺度下的高斯差分核来进行关键点的选取，其计算方法如式（5-16）所示。

$$D(x,y,k,\sigma)=L(x,y,k\sigma)-L(x,y,\sigma) \tag{5-16}$$

式中，σ为方差因子，也称为尺度因子；k为尺度放大系数；L为拉普拉斯算子。

选取实验室中某一场景，进行 SIFT 特征点检测，得到的结果如图 5-6 所示。

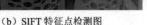

（a）场景原图

（b）SIFT 特征点检测图

图 5-6　SIFT 特征点检测（扫码见彩图）

2. SURF 算法

SURF[25]（Speeded Up Robust Features）特征点描述子是由 Bay 等人提出的。该算法对 SIFT 算法进行了极大的改进。当 SIFT 算法不通过图像处理器或者相关硬件加速时，会存在处理不及时的问题，而 SURF 算法较好地解决了这个问题。SURF 算法有如下几点优势。

（1）SURF 算法稳健性强、检测速度较快。

（2）SURF 算法兼顾了 SIFT 算法的旋转不变性、尺度不变性。

（3）对于光照、仿射、透射等变化具有较强的稳健性。

SURF 算法的关键点是通过计算 Hessian 矩阵并找到尺度空间的极值点来确定的。Hessian 矩阵如式（5-17）所示。

$$\boldsymbol{H}(x,\sigma)=\begin{bmatrix} L_{xx}(x,\sigma) & L_{xy}(x,\sigma) \\ L_{xy}(x,\sigma) & L_{yy}(x,\sigma) \end{bmatrix} \tag{5-17}$$

式中，$L_{xx}(x,\sigma)$ 为高斯函数二阶偏导数，计算方式为 $\dfrac{\partial^2 G(x,y,\sigma)}{\partial x^2}$。其余导数均类似。

SURF 特征点检测如图 5-7 所示。

（a）场景原图

（b）SURF 特征点检测图

图 5-7　SURF 特征点检测（扫码见彩图）

3. ORB 算法

ORB[26]是一种基于 FAST 角点的特征点改进型检测与描述技术，该描述技术是由 Rublee 提出的。ORB 特征描述主要有如下几个优点。

（1）具有尺度不变性和旋转不变性。

（2）对于噪声、透视仿射等具有较强的稳健性。

（3）运行速度快。

ORB 特征点检测主要分为以下两个步骤。

第一步：方向 FAST 特征点检测。

FAST 角点检测是 ORB 特征点检测的核心。FAST 角点检测的基础是机器学习。FAST 关键点具有方向性，检测是依次判断感兴趣点周围的 16 个像素点，判断感兴趣点，如果处于过亮或者过暗的状态，那么就可以假设该点为角点。FAST 角点示意图如图 5-8 所示。

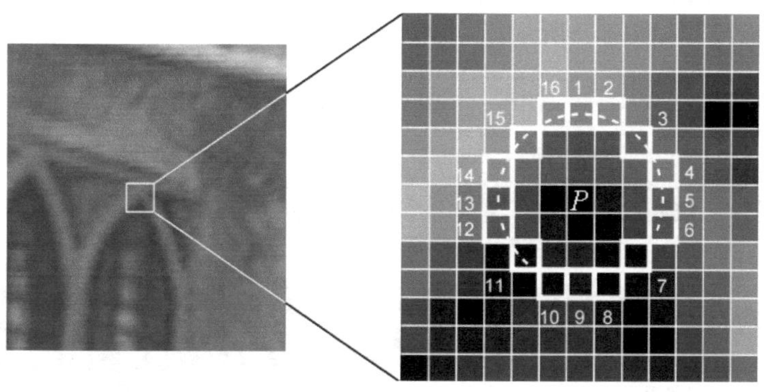

图 5-8　FAST 角点示意图

FAST 关键点的计算过程较为简单，检测效果较为突出。其具体的检测步骤如下。

（1）在图像中选取感兴趣的像素点 P，假设其亮度值为 I_P。

（2）设置亮度阈值 T。

（3）以点 P 为中心点，选半径为 3 像素的圆，并在圆上寻找到 16 个待比较的像素点。

（4）在圆上连续选取 N 个点，将每个点的亮度 I_i 与阈值进行比较，若这 N 个点的亮度均大于 I_P+T 或者均小于 I_P-T 时，则点 P 为角点。通常取 N 为 12 或者 9。

（5）遍历图像，循环重复上述 4 个步骤，对每个像素点进行判断选取。

FAST 角点通过建立图像金字塔来实现多尺度特性，然后引入灰度质心法来确定特征点的方向。特征点的中心强度可由式（5-18）确定。

$$C=\left(\frac{m_{10}}{m_{00}}-\frac{m_{01}}{m_{00}}\right) \tag{5-18}$$

式中，m_{pq} 为特征点邻域的 $p+q$ 阶距，其定义为 $m_{pq}=\sum\limits_{x,y}x^p y^q f(x,y)$。

特征点主方向的定义如式（5-19）所示。

$$\theta=\arctan(m_{10}/m_{01}) \tag{5-19}$$

第二步：BRIEF 特征描述。

BRIEF 描述子主要通过随机选取感兴趣点周围区域的若干点来组成感兴趣区域。将感兴趣区域的灰度进行二值化操作，并解析成二进制编码串，这个二进制编码串就是特征点的描述子。这个二值串是由特征点周围的 2^n 个点构成的。将这些点可以构成如式（5-20）所示的矩阵。

$$\boldsymbol{S}=\begin{bmatrix} x_1 & x_2 & \cdots & x_n \\ y_1 & y_2 & \cdots & y_n \end{bmatrix} \tag{5-20}$$

图像的主方向 θ 是由关键点周围的邻域构成的，结合相对应的旋转矩阵 $\boldsymbol{R}_\theta$，将 $\boldsymbol{S}$ 进行线性变换，得到线性表达矩阵 $\boldsymbol{S}_\theta$，如式（5-21）所示。

$$\boldsymbol{S}_\theta=\boldsymbol{R}_\theta\boldsymbol{S}=\begin{bmatrix} \cos\theta & \sin\theta \\ -\sin\theta & \cos\theta \end{bmatrix}\boldsymbol{S} \tag{5-21}$$

在计算 $\boldsymbol{S}_\theta$ 时，首先进行方向角度量化处理，分割成 12 个子块，然后计算每个小块的 $\boldsymbol{S}_\theta$，最后通过构建映射表来计算 BRIEF 描述子。

ORB 特征点检测如图 5-9 所示。

（a）场景原图

（b）ORB 特征点检测图

图 5-9　ORB 特征点检测（扫码见彩图）

5.3.5　相机的运动估计

在 5.3.4 节中，可以获取相邻两帧图像之间的特征点，并结合匹配算法获得两帧图像之间的匹配对，接着可以根据匹配关系来计算相机在相邻两帧图像之间的相对运动关系。在运动学中，用旋转矩阵 $\boldsymbol{R}$ 和平移向量 $\boldsymbol{t}$ 来描述两点之间的运动关系。在 RGB_D SLAM 中，矩阵 $\boldsymbol{R}$ 用来描述相机的旋转变化，是一个 3×3 维的矩阵；向量 $\boldsymbol{t}$ 用来描述相机的平移，是一个 3×1 维的向量。在 t 时刻相机的位姿坐标记为 $\boldsymbol{P}_t$，$t+1$ 时刻相机的位姿坐标记为 $\boldsymbol{P}_{t+1}$，根据运动学中的坐标转换关系可以得到式（5-22）。

$$\boldsymbol{P}_{t+1}=\boldsymbol{R}\boldsymbol{P}_t+\boldsymbol{t} \tag{5-22}$$

根据特征点匹配进行相机运动估计的方法有 3 种，分别为 2D-2D、3D-3D、3D-2D。

2D-2D 方法常在单目相机的 SLAM 系统中使用，也被称为对极几何法[27]。它是在已经完成特征点匹配的基础上，根据匹配完成的两张图片中匹配点对应的像素位置，求取基础矩阵 $\boldsymbol{F}$ 和本质矩阵 $\boldsymbol{E}$，然后利用对级约束条件对这两个矩阵进行分解，求出 $\boldsymbol{R}$ 和 $\boldsymbol{t}$。但是求解矩阵时需要至少 5 个点，而且存在初始化、纯旋转和尺度的问题。

3D-2D 方法常在 RGB_D 相机或双目相机的 SLAM 系统中使用，也被称为 PnP 法[28]（Perspective-n-Point）。在某点的 3D 坐标和其对应的投影位置已知时，可以利用三点估计法（P3P）、直接线性变换法（DLT）、EPnP 法（Efficient PnP）、BA 法等进行求解。3D-2D 法的求解方法多，在匹配对较少的情况下，还能保证获得较好的运动估计信息。但是也存在一些问题，如当 3D 信息或者 2D 匹配点受到噪声影响或者存在误匹配的情况时，对位姿估计影响较大。

3D-3D 方法常在 RGB_D 相机或双目相机的 SLAM 系统中使用。在已经拥有一组匹配好的 3D 点时，不考虑相机的位姿，直接利用两个点集之间的匹配关系，求取旋转矩阵 $\boldsymbol{R}$ 和平移向量 $\boldsymbol{t}$。该问题一般都采用迭代最近点（Iterative Closest Point，ICP）算法求解[29]。利用 3D-3D 方法求解运行估计，能使求解过程简单化。

本书选用的是 Realsense D435 深度摄像头，在对相机校正后已经可以得到准确的深度信息，故本书选取 ICP 算法来对相机的运动进行估计。利用 ICP 算法求解的方式分为两种：一是利用线性代数的方式进行求解（以 SVD 算法为代表）；二是利用非线性优化的方式进行求解[类似于 BA（Bundle Adjustment）]。本书选取 SVD 求解方式，其具体过程如下。

假设两帧相邻图像中的匹配对点集分别为 $\boldsymbol{P}=\{\boldsymbol{p}_1,\boldsymbol{p}_2,\cdots,\boldsymbol{p}_n\}$ 和 $\boldsymbol{Q}=\{\boldsymbol{q}_1,\boldsymbol{q}_2,\cdots,\boldsymbol{q}_n\}$，点集 $\boldsymbol{P}$ 中的每个点都与 $\boldsymbol{Q}$ 中的点相对应匹配，且二者之间只相差一个旋转矩阵 $\boldsymbol{R}$ 和平移向量 $\boldsymbol{t}$，那么对于任意点集 $\boldsymbol{P}$ 和 $\boldsymbol{Q}$ 中的点，都存在关系，如式（5-23）所示。

$$\forall i, \boldsymbol{p}_i=\boldsymbol{R}\boldsymbol{q}_i+\boldsymbol{t} \tag{5-23}$$

首先定义每一组的误差项，用来表示匹配对之间存在的误差，如式（5-24）所示。

$$\boldsymbol{e}_i=\boldsymbol{p}_i-(\boldsymbol{R}\boldsymbol{q}_i+\boldsymbol{t}) \tag{5-24}$$

其次构建一个最小二乘模型，通过迭代函数使得整体的平方误差达到最小值，进而求得 $\boldsymbol{R}$、$\boldsymbol{t}$ 极小值。最小二乘方差如式（5-25）所示。

$$\min_{\boldsymbol{R},\boldsymbol{t}} E=\frac{1}{2}\sum_{i=1}^{n}\|\boldsymbol{p}_i-(\boldsymbol{R}\boldsymbol{q}_i+\boldsymbol{t})\|_2^2 \tag{5-25}$$

求解上述最小二乘模型，通常利用线性代数求解，步骤如下。

步骤 1：定义两个点集的质心。

$$\boldsymbol{p}=\frac{1}{n}\sum_{i=1}^{n}(\boldsymbol{p}_i),\quad \boldsymbol{q}=\frac{1}{n}\sum_{i}^{n}(\boldsymbol{q}_i) \tag{5-26}$$

步骤 2：在误差函数中做如下处理。

$$\begin{aligned}\min_{\boldsymbol{R},\boldsymbol{t}} E&=\frac{1}{2}\sum_{i=1}^{n}\|\boldsymbol{p}_i-(\boldsymbol{R}\boldsymbol{q}_i+\boldsymbol{t})\|_2^2\\&=\frac{1}{2}\sum_{i=1}^{n}\|\boldsymbol{p}_i-\boldsymbol{R}\boldsymbol{q}_i-\boldsymbol{t}-\boldsymbol{p}+\boldsymbol{R}\boldsymbol{q}+\boldsymbol{p}-\boldsymbol{R}\boldsymbol{q}\|_2^2\\&=\frac{1}{2}\sum_{i=1}^{n}\|(\boldsymbol{p}_i-\boldsymbol{p}-\boldsymbol{R}(\boldsymbol{q}_i-\boldsymbol{q}))+(\boldsymbol{p}-\boldsymbol{R}\boldsymbol{q}-\boldsymbol{t})\|_2^2\\&=\frac{1}{2}\sum_{i=1}^{n}(\|\boldsymbol{p}_i-\boldsymbol{p}-\boldsymbol{R}(\boldsymbol{q}_i-\boldsymbol{q})\|^2+\|\boldsymbol{p}-\boldsymbol{R}\boldsymbol{q}-\boldsymbol{t}\|_2^2+\\&\quad 2(\boldsymbol{p}_i-\boldsymbol{p}-\boldsymbol{R}(\boldsymbol{q}_i-\boldsymbol{q}))^{\mathrm{T}}(\boldsymbol{p}-\boldsymbol{R}\boldsymbol{q}-\boldsymbol{t}))\end{aligned} \tag{5-27}$$

在交叉项部分，$(\boldsymbol{p}_i-\boldsymbol{p}-\boldsymbol{R}(\boldsymbol{q}_i-\boldsymbol{q}))$ 求和之后等于 0，因此目标优化函数可以化简为

$$\min_{\boldsymbol{R},\boldsymbol{t}} E=\frac{1}{2}\sum_{i=1}^{n}(\|\boldsymbol{p}_i-\boldsymbol{p}-\boldsymbol{R}(\boldsymbol{q}_i-\boldsymbol{q})\|_2^2+\|\boldsymbol{p}-\boldsymbol{R}\boldsymbol{q}-\boldsymbol{t}\|_2^2) \tag{5-28}$$

式中，$\|\boldsymbol{p}_i-\boldsymbol{p}-\boldsymbol{R}(\boldsymbol{q}_i-\boldsymbol{q})\|_2^2$ 中只包含旋转矩阵 $\boldsymbol{R}$，$\|\boldsymbol{p}-\boldsymbol{R}\boldsymbol{q}-\boldsymbol{t}\|_2^2$ 中包含 $\boldsymbol{R}$ 和 $\boldsymbol{t}$，但是其只与质心相关。因此只要获得 $\boldsymbol{R}$，就可以令 $\|\boldsymbol{p}-\boldsymbol{R}\boldsymbol{q}-\boldsymbol{t}\|_2^2$ 等于 0，即可求出 $\boldsymbol{t}$。

步骤 3：计算两个点集的去质心坐标，令

$$\boldsymbol{M}=\boldsymbol{p}_i-\boldsymbol{p},\quad \boldsymbol{N}=\boldsymbol{q}_i-\boldsymbol{q} \tag{5-29}$$

则优化目标函数可写为

$$\begin{aligned}&\boldsymbol{R}^*=\arg\min_{\boldsymbol{R}}\frac{1}{2}\sum_{i=1}^{n}\|\boldsymbol{M}-\boldsymbol{R}\boldsymbol{N}\|_2^2\\&\boldsymbol{t}^*=\boldsymbol{p}-\boldsymbol{R}\boldsymbol{q}\end{aligned} \tag{5-30}$$

式（5-30）展开后，得到关于 $\boldsymbol{R}$ 的误差项：

$$\frac{1}{2}\sum_{i=1}^{n}\|\boldsymbol{M}-\boldsymbol{R}\boldsymbol{N}\|_2^2=\frac{1}{2}\sum_{i=1}^{n}(\boldsymbol{M}^{\mathrm{T}}\boldsymbol{M}+\boldsymbol{N}^{\mathrm{T}}\boldsymbol{R}^{\mathrm{T}}\boldsymbol{R}\boldsymbol{N}-2\boldsymbol{M}^{\mathrm{T}}\boldsymbol{R}\boldsymbol{N}) \tag{5-31}$$

式中，括号中的第一项中不存在 $\boldsymbol{R}$ 项。括号中的第二项中 $\boldsymbol{R}^{\mathrm{T}}\boldsymbol{R}=\boldsymbol{I}$，与 $\boldsymbol{R}$ 也无关。实际上，目标优化函数就可以简化为式（5-32）。

$$\sum_{i=1}^{n}-\boldsymbol{M}^{\mathrm{T}}\boldsymbol{R}\boldsymbol{N}=\sum_{i=1}^{n}-\mathrm{tr}(\boldsymbol{R}\boldsymbol{N}\boldsymbol{M}^{\mathrm{T}})=-\mathrm{tr}\left(\boldsymbol{R}\sum_{i=1}^{n}\boldsymbol{N}\boldsymbol{M}^{\mathrm{T}}\right) \tag{5-32}$$

式中，tr 表示矩阵的迹。利用 SVD 求解式（5-32），定义矩阵 $\boldsymbol{W}$：

$$\boldsymbol{W}=\sum_{i=1}^{n}\boldsymbol{M}\boldsymbol{N}^{\mathrm{T}} \tag{5-33}$$

然后对 $\boldsymbol{W}$ 进行 SVD 分解可以得到：

$$\boldsymbol{W}=\boldsymbol{U}\boldsymbol{\Sigma}\boldsymbol{V}^{\mathrm{T}} \tag{5-34}$$

式中，$\boldsymbol{\Sigma}$ 是一个由奇异值组成的对角矩阵；$\boldsymbol{U}$、$\boldsymbol{V}$ 是正交对角矩阵。当 $\boldsymbol{W}$ 为满秩矩阵时，可求得：

$$\boldsymbol{R}=\boldsymbol{U}\boldsymbol{V}^{\mathrm{T}} \tag{5-35}$$

解出 $\boldsymbol{R}$ 后，将其代入式（5-28）中，可求解得到 $\boldsymbol{t}$。

5.3.6　闭环检测及关键帧选取策略

1．关键帧选取

随着运动时间和距离的增加，相机会获取大量的图像帧。如果将所有获取到的图像帧进行特征点提取和匹配，一方面会急剧增加后续位姿图模型的大小，增加后端优化的难度；另一方面会急剧增加整个 SLAM 系统的计算成本，使得 SLAM 系统变得十分冗余。因此，需要对得到的图像帧进行处理。

关键帧指的是相机旋转或平移到某一个视角时，采集到的图像与上一帧存在较为明显不同的图像。关键帧的选取一直都是后端优化中很重要的一部分。通过选取关键帧可以保障在不丢失重要特征信息的前提下有效减少图像的帧数。本书中，Realsense D435 摄像头获取图像的频率是 30fps，图像采集较快，因此需要选取合理的图像帧作为关键帧。关键帧的数量既不能过多，也不能过少。数量过多的后果上述已经提到，而过少的数量，会使得相邻两帧图像之间的运动过大，使得特征点匹配的过程非常困难，容易出现丢帧或者图像的误匹配。

目前，较为常用的选取关键帧的方法有 3 种：根据时间选取关键帧、根据空间选取关键帧和根据图像之间的相似性选取关键帧。本书采用第三种方法，即基于图像的相似性来制定一个关键帧选取策略。

假设帧图像 A 与帧图像 B 能够进行匹配，A 为已知关键帧，且旋转矩阵 $\boldsymbol{R}$ 和平移向量 $\boldsymbol{t}$ 已知，设置一个标准阈值 D 和度量关系 E，如式（5-36）所示。

$$E=\xi_1\|\Delta\boldsymbol{t}\|_2+\xi_2\|\Delta\boldsymbol{n}\|_2 \tag{5-36}$$

式中，E 为度量关系，表示帧图像 B 与帧图像 A 的运动联系；$\Delta\boldsymbol{t}$ 为平移向量，表示形式为 $[x,y,z]^{\mathrm{T}}$；$\Delta\boldsymbol{n}$ 为旋转向量，表示形式为四元数 $[q_0,q_1,q_2,q_3]$；ξ_1、ξ_2 为平移和旋转的权重参数。

在实际实验中，发现 Realsense D435 摄像头对旋转的敏感程度大于对平移的敏感程度。例如，当机器人处于匀速直线运动状态时，图像的变化量很小，而当机器人处于匀速旋转状态时，视角变化明显加大。所以应该分配给 ξ_2 更大的数值。根据多次试验验证和参考相关文献，最终确定 $\xi_1 = 0.4$，$\xi_2 = 1.0$，$D = 0.3$，即当计算得到的 E 值超过 D 时，我们认为帧图像 B 是关键帧，将其保存在关键帧库中，用于后续的回环检测和全局优化；否则抛弃帧图像 B，继续获取新的图像帧重复计算。

2．闭环检测

闭环检测又被称为回环检测，在 SLAM 系统中是重要的一个环节，主要解决全局一致性的问题[30]，闭环检测效果如图 5-10 所示。在机器人运动过程中，存在各种计算误差，而每一帧图像对应的相机位姿信息都是基于上一帧图像的，这样就会存在累积误差，最终产生定位漂移问题，使得估计出来的相机运动轨迹不准确。闭环检测就是一种消除误差的方法。闭环检测的主要内容是：首先结合两帧图像的相似性来确定机器人是否处于历史位置；接着建立起当前图像帧和历史图像帧之间的联系，如果回到了历史位置，则利用历史图像帧进行新的运动估计。在 SLAM 系统中，历史数据总是比当前数据更为精确，基于这种先验知识，可以将累积误差分散到各个小的闭环回路中，通过利用历史数据降低整个系统的误差。

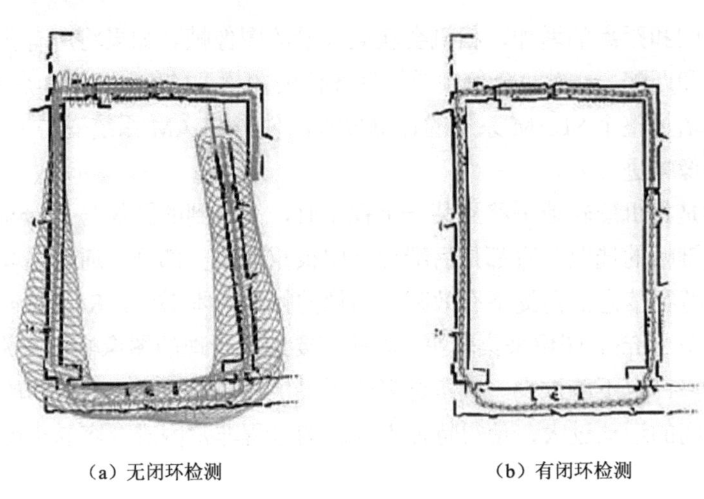

（a）无闭环检测　　　　（b）有闭环检测

图 5-10　闭环检测效果（通过闭环检测寻找到了历史位置）

目前有三种判断方法来构建闭环检测：基于环境之间的匹配、基于图像之间的匹配、基于环境与图像之间的匹配。由于构建的环境本身就存在累积误差，所以采用基于环境的方法势必会引起闭环检测的不准确，通常使用最多的就是基于图像之间的匹配。利用图像之间的相似性，采用评分机制来表现相似程度，当分值达到一定数值时，可认为两帧图像近似相同。本书就利用基于图像相似程度的词袋模型进行闭环检测。

3. 词袋模型

词袋模型（Bag of Words，BoW）最初用一组无序的单词来描述文档或者表达一段文字。词袋模型使用一组描述向量来描述文本。描述向量只统计每个单词出现的频率信息，而不存储序列信息，它按照向量的形式表现出来。

1）基于图像的词袋模型构建

在词典构造的过程中，通常采用聚类的方式生成词典，常用的方式是 K-means 算法[31]。K-means 算法是指通过迭代方式，根据数据样本不同的特征，将数据样本进行分类，不断地将样本分为若干小堆，直到达到迭代次数为止。但是 K-means 算法存在随机选取中心导致聚类结果不同的缺点，故本书采用更优的 K-means++算法。构建词袋模型流程图如图 5-11 所示。在词袋模型中，常用 K 叉树来表达词典内容。

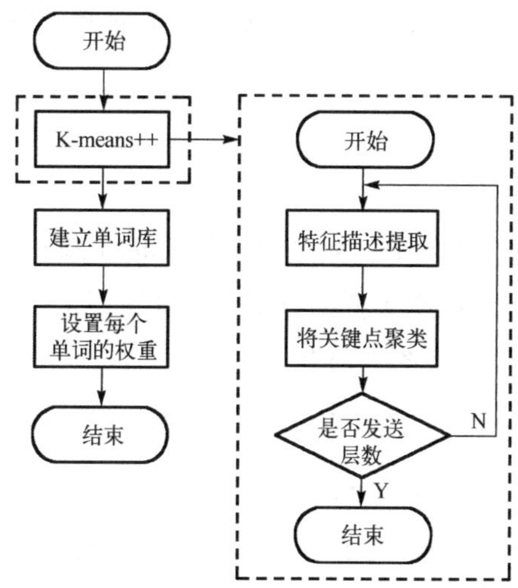

图 5-11　构建词袋模型流程图

所谓 K 叉树，就是树上的每个根节点都可以分叉为 K 个子节点。根节点上的第一层是利用 K-means++算法进行聚类得到的 K 类，然后每一类继续进行聚类分类直到下一层，以此类推，K 叉树示意图如图 5-12 所示。

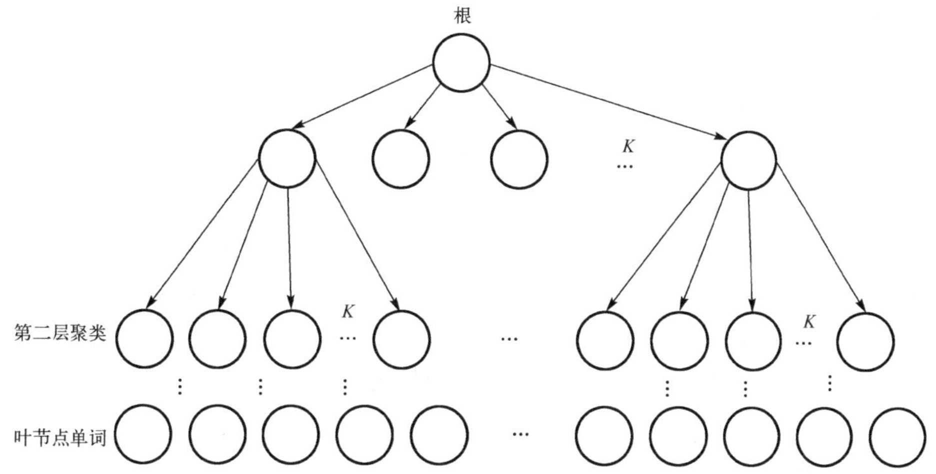

图 5-12　K 叉树示意图

2）相似度计算

在得到描述图像的词典之后，需要考虑一个问题，每个单词对每帧图像的重要性都不同，所以需要进一步区分每个单词的重要性。给每个单词都赋予不同的权重，根据权值来衡量每个单词的代表能力。在文本检测中，最常用的统计方式是 TF-IDF，用它来衡量一个单词对文本的重要程度。

TF 的定义如式（5-37）所示。

$$\mathrm{TF}_i = \frac{n_i}{n} \tag{5-37}$$

式中，n 为在单帧图像中，所有单词出现的总次数；n_i 为某个特征单词 w_i 出现的次数。

故 TF 的作用是在单帧图像中，出现次数更高的特征单词能更好地表达这帧图像。

IDF 的定义如式（5-38）所示。

$$\mathrm{IDF}_i = \lg \frac{n}{n_i} \tag{5-38}$$

式中，n 为所有的特征数量；n_i 为单词 w_i 中包含特征的个数。

故 IDF 的作用是那些出现频率更低的特征单词能更好地区分图像。

由式（5-37）和式（5-38）可以定义单词 w_i 对应的权重 η_i，如式（5-39）所示。

$$\eta_i = \mathrm{TF}_i \times \mathrm{IDF}_i \tag{5-39}$$

至此，就可以构建一个视觉向量 $\boldsymbol{v}$ 来描述图像 P：

$$P = \{(w_1,\eta_1),(w_2,\eta_2),\cdots,(w_n,\eta_n)\} \Leftrightarrow \boldsymbol{v}_P \tag{5-40}$$

对于图像 A、B，可以利用向量的 L_1 范数计算其相似程度，如式（5-41）所示。

$$s(\boldsymbol{v}_A - \boldsymbol{v}_B) = 2\sum_{i=1}^{N} |\boldsymbol{v}_{Ai}| + |\boldsymbol{v}_{Bi}| - |\boldsymbol{v}_{Ai} - \boldsymbol{v}_{Bi}| \tag{5-41}$$

5.3.7 位姿图优化

在进行闭环检测之后，需要对整个 SLAM 系统进行一次优化处理，其作用是减少长时间建图带来的累积误差，这一过程被称为后端优化。对相机的位姿和空间中点的图优化过程称为 BA 优化[32]。它能够较好地解决定位与建图的问题。但是 BA 优化随着时间的增加和待优化轨迹的延长，计算效率会显著降低。所以需要一种新的思路去解决这一问题。

位姿图（Pose Graph）是一个只考虑相机位姿之间的关系，而忽略路标位置，仅保留关键帧轨迹的一种图示，它可以有效地减少运算量。位姿图是由节点和边构成的一种图。在本书中，其节点就是相机的位姿 $\boldsymbol{\xi}_i$，而边指的是相邻关键帧之间的运动估计 $\Delta\boldsymbol{\xi}$。如果闭环检测成功，那么就可以在不相邻的两帧之间增加一个联系，而在位姿图中也增加了一个约束条件，如图 5-13 所示。

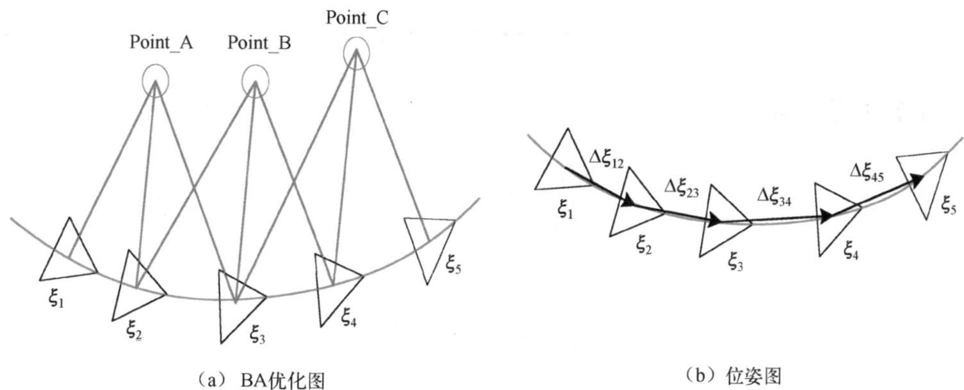

（a）BA优化图　　（b）位姿图

图 5-13　后端优化示意图

可以看到，利用位姿图进行相机运动过程的描述，能够显著地简化图示。在图 5-13（b）中，节点用 $\boldsymbol{\xi}_1,\boldsymbol{\xi}_2,\cdots,\boldsymbol{\xi}_n$ 表示，节点 $\boldsymbol{\xi}_i$ 与节点 $\boldsymbol{\xi}_j$ 之间的相对运动用 $\Delta\boldsymbol{\xi}_{ij}$ 表示，其表达式为

$$\Delta\boldsymbol{\xi}_{ij}=\boldsymbol{\xi}_i^{-1}\circ\boldsymbol{\xi}_j=\ln(\exp((-\boldsymbol{\xi}_i)^\wedge)\exp(\boldsymbol{\xi}_j^\wedge))^\vee \tag{5-42}$$

式中，$\wedge$ 是将向量转换为反对称矩阵的运算操作符；$\vee$ 是将反对称矩阵转换为向量的运算操作符。

将式（5-42）按照李群的表达方式写出：

$$\Delta\boldsymbol{T}_{ij}=\boldsymbol{T}_i^{-1}\boldsymbol{T}_j \tag{5-43}$$

在实际操作中，式（5-43）只是近似成立，因此需要建立最小二乘问题求解误差，求解误差关于优化变量的导数。其误差函数的表达式为

$$\begin{aligned}\boldsymbol{e}_{ij}&=\ln(\Delta\boldsymbol{T}_{ij}^{-1}\boldsymbol{T}_i^{-1}\boldsymbol{T}_j)^\vee\\&=\ln(\exp((-\boldsymbol{\xi}_{ij})^\wedge)\exp((-\boldsymbol{\xi}_i)^\wedge)\exp(\boldsymbol{\xi}_j^\wedge))^\vee\end{aligned} \tag{5-44}$$

在式（5-44）中，需要优化的变量有 $\boldsymbol{\xi}_i$ 和 $\boldsymbol{\xi}_j$。故需要求解 $\boldsymbol{e}_{ij}$ 对 $\boldsymbol{\xi}_i$ 和 $\boldsymbol{\xi}_j$ 的导数。按照李代数的求解方法，分别给 $\boldsymbol{\xi}_i$ 和 $\boldsymbol{\xi}_j$ 添加一个左扰动：$\delta\boldsymbol{\xi}_i$ 和 $\delta\boldsymbol{\xi}_j$，则

$$\boldsymbol{e}_{ij}=\ln(\boldsymbol{T}_{ij}^{-1}\boldsymbol{T}_i^{-1}\exp((-\delta\boldsymbol{\xi}_i)^\wedge)\exp(\delta\boldsymbol{\xi}_j^\wedge)\boldsymbol{T}_j)^\vee \tag{5-45}$$

利用 BSH 近似，移动扰动项至等式两侧，然后新引进一个伴随项，交换扰动项左右两侧的 $\boldsymbol{T}$，导出右乘形式的雅可比矩阵。

$$\begin{aligned}\boldsymbol{e}_{ij}&=\ln(\boldsymbol{T}_{ij}^{-1}\boldsymbol{T}_i^{-1}\exp((-\delta\boldsymbol{\xi}_i)^\wedge)\exp(\delta\boldsymbol{\xi}_j^\wedge)\boldsymbol{T}_j)^\vee\\&=\ln(\boldsymbol{T}_{ij}^{-1}\boldsymbol{T}_i^{-1}\boldsymbol{T}_j\exp((-\mathrm{Ad}(\boldsymbol{T}_j^{-1})\delta\boldsymbol{\xi}_i)^\wedge)\exp((\mathrm{Ad}(\boldsymbol{T}_j^{-1})\delta\boldsymbol{\xi}_j)^\wedge)^\vee\\&\approx\ln(\boldsymbol{T}_{ij}^{-1}\boldsymbol{T}_i^{-1}\boldsymbol{T}_j[I-(\mathrm{Ad}(\boldsymbol{T}_j^{-1})\delta\boldsymbol{\xi}_i)^\wedge+(\mathrm{Ad}(\boldsymbol{T}_j^{-1})\delta\boldsymbol{\xi}_j)^\wedge])^\vee\\&\approx\boldsymbol{e}_{ij}+\frac{\partial\boldsymbol{e}_{ij}}{\partial\delta\boldsymbol{\xi}_i}\delta\boldsymbol{\xi}_i+\frac{\partial e_{ij}}{\partial\delta\boldsymbol{\xi}_j}\delta\boldsymbol{\xi}_j\end{aligned} \tag{5-46}$$

按照李代数求导法则，可以求出误差关于两个位姿的雅可比矩阵，其中关于 T_i 的导数为

$$\frac{\partial \boldsymbol{e}_{ij}}{\partial \delta \boldsymbol{\xi}_i} = -\boldsymbol{J}_r^{-1}(\boldsymbol{e}_{ij})\mathrm{Ad}(\boldsymbol{T}_j^{-1}) \tag{5-47}$$

关于 T_j 的导数为

$$\frac{\partial \boldsymbol{e}_{ij}}{\partial \delta \boldsymbol{\xi}_j} = \boldsymbol{J}_r^{-1}(\boldsymbol{e}_{ij})\mathrm{Ad}(\boldsymbol{T}_j^{-1}) \tag{5-48}$$

式中，

$$\mathrm{Ad}(\boldsymbol{T}) = \begin{bmatrix} \boldsymbol{R} & \boldsymbol{t}^\wedge \boldsymbol{R} \\ 0 & \boldsymbol{R} \end{bmatrix}$$

考虑到 $\boldsymbol{J}_r^{-1}$ 的表达形式较为复杂，通常取其近似形式，假如误差较小时接近于 0，那么 $\boldsymbol{J}_r^{-1}$ 就可以近似为

$$\boldsymbol{J}_r^{-1}(\boldsymbol{e}_{ij}) \approx \boldsymbol{I} + \frac{1}{2}\begin{bmatrix} \boldsymbol{\varphi}_e^\wedge & \boldsymbol{\rho}_e^\wedge \\ 0 & \boldsymbol{\varphi}_e^\wedge \end{bmatrix} \tag{5-49}$$

至此，就可以构建一个最小二乘问题，记 ε 为所有边的集合，那么最终的目标函数为

$$F = \min_{\varepsilon} \frac{1}{2} \sum_{i,j \in \varepsilon} \boldsymbol{e}_{ij}^{\mathrm{T}} \sum\nolimits_{ij}^{-1} \boldsymbol{e}_{ij} \tag{5-50}$$

利用 G2O（General Graph Optimization）优化库来解决这个最小二乘问题，在得到优化后的位姿后，就能构建一个精准的全局环境地图。

5.4 机器人视觉感知系统综合实践

5.4.1 特征点匹配对比分析实践

对特征点进行匹配操作，能够有效地解决视觉 SLAM 中数据关联问题，为传感器的位姿估计提供求解参数，为后端提供初始数据，对整个 SLAM 系统起决定性的作用[33]。

目前基于 OpenCV 库函数的特征匹配方式有两种：暴力匹配法（BF）和快速最邻近搜索库法（FLANN）[34]。BF 的主要原理是提取两帧图像中的所有特征点，依次计算每两个特征点之间的“距离”。FLANN 是指对大量的数据结合高维的特征向量进行最邻近搜索。

在图像中，要确定两个特征点 $\boldsymbol{x}_i$、$\boldsymbol{y}_i$ 是否存在匹配关系，通常用“距离”与设定的阈值进行比较。表示距离的方法有如下几种。

（1）欧氏距离。

$$d_{ij} = \sqrt{(\boldsymbol{D}_{xi} - \boldsymbol{D}_{yi})^{\mathrm{T}}(\boldsymbol{D}_{xi} - \boldsymbol{D}_{yi})} \tag{5-51}$$

（2）马氏距离。

$$d_{ij}=\sqrt{(\boldsymbol{D}_{xi}-\boldsymbol{D}_{yi})^{\mathrm{T}}\boldsymbol{S}^{-1}(\boldsymbol{D}_{xi}-\boldsymbol{D}_{yi})} \tag{5-52}$$

（3）海宁格距离。

$$d_{ij}=\frac{1}{\sqrt{2}}\sqrt{(\sqrt{\boldsymbol{D}_{xi}}-\sqrt{\boldsymbol{D}_{yi}})^{\mathrm{T}}(\sqrt{\boldsymbol{D}_{xi}}-\sqrt{\boldsymbol{D}_{yi}})} \tag{5-53}$$

（4）汉明距离。

$$d_{ij}=\sum \boldsymbol{x}_i \oplus \boldsymbol{y}_i \tag{5-54}$$

通常情况下，汉明距离用来度量二进制描述子，欧氏距离用来描述浮点数类型的描述子。在 5.3.4 节中提到的 SIFT 和 SURF 描述子，其数据类型为 float 型，可以使用 BF 或者 FLANN 匹配方式。而对于 ORB 算法，其描述子的数据类型为二进制数，只能使用 BF 匹配方式。下面将对上述 3 种特征点描述子和两种匹配算法进行 5 种组合研究，记录相关实验数据并进行分析对比。

（1）对比实验一：检测速度。

首先针对特征点描述子的检测时间进行对比，具体结果如表 5-3～表 5-5 所示，其中 n 表示特征点数。

表 5-3 SIFT 特征点检测时间

检测算法 SIFT(n_1)	3 组实验特征点检测时间/s	特征点数/个
SIFT(100)	0.687396，0.680885，0.671914	100
SIFT(300)	0.666022，0.675797，0.703832	300
SIFT(400)	0.704548，0.712716，0.690659	400
SIFT(500)	0.673704，0.675325，0.665886	500
SIFT(700)	0.679966，0.683346，0.663919	700
SIFT(900)	0.683441，0.788594，0.665335	900
SIFT(1000)	0.702454，0.668677，0.666914	1000

代码 1：SIFT 特征点检测。

```
import cv2
import numpy as np
import time

img = cv2.imread('left.jpg')

gray = cv2.cvtColor(img, cv2.COLOR_BGR2GRAY)
sift = cv2.xfeatures2d.SIFT_create()
start = time.clock()
kp = sift.detect(gray, None)  # 找到关键点
kp_time = (time.clock() - start)
print("kp_time:", '% 4f' % (kp_time))  # ms
```

```
print(len(kp))

img = cv2.drawKeypoints(img, kp, img)  # 绘制关键点
cv2.namedWindow('sift_point', 0)
cv2.imshow('sift_point', img)

cv2.waitKey(0)
cv2.destroyAllWindows()
```

表 5-4　SURF 特征点检测时间

检测算法 SURF(n_2)	3 组实验特征点检测时间/s	特征点数/个
SURF(100)	0.990093，1.003616，0.993129	3790
SURF(300)	0.676772，0.690055，0.717059	1427
SURF(500)	0.602716，0.601148，0.593609	895
SURF(700)	0.583628，0.545550，0.532169	662
SURF(900)	0.509631，0.502946，0.514535	537
SURF(1000)	0.498344，0.507757，0.492688	490
SURF(1500)	0.460943，0.491957，0.462416	333

代码 2：SURF 特征点检测。

```
import cv2
import numpy as np
import time
img = cv2.imread('left.jpg')

# 灰度处理图像
gray = cv2.cvtColor(img, cv2.COLOR_BGR2GRAY)

# 参数为 Hessian 矩阵的阈值
surf = cv2.xfeatures2d.SURF_create()
start = time.clock()
# 找到关键点和描述符
key_query= surf.detect(gray, None)
surf_time = (time.clock() - start)
print("surf_time:", '% 4f' % (surf_time))  # ms
# print(key_query, desc_query)
print(len(key_query))
# 把特征点标记到图像上
img=cv2.drawKeypoints(img, key_query, img)
cv2.namedWindow('testSURF', 0)
cv2.imshow('testSURF', img)
cv2.waitKey(0)
cv2.destroyAllWindows()# 清除所有窗口
```

表 5-5 ORB 特征点检测数据

检测算法 FAST(n_3)	3 组实验特征点检测时间/s	特征点数/个
FAST(0)	0.019902，0.019757，0.020130	23437
FAST(5)	0.002199，0.002261，0.002216	4338
FAST(10)	0.001356，0.001411，0.001351	1661
FAST(20)	0.000876，0.000881，0.000887	673
FAST(50)	0.000553，0.000591，0.000595	107
FAST(100)	0.000514，0.000555，0.000523	9

代码 3：ORB 特征点检测。

```
import numpy as np
import cv2
from matplotlib import pyplot as plt
import time
imgname1 = 'left.jpg'
imgname2 = 'right.jpg'
orb = cv2.ORB_create()
img1 = cv2.imread(imgname1)
gray1 = cv2.cvtColor(img1, cv2.COLOR_BGR2GRAY) # 灰度处理图像
img2 = cv2.imread(imgname2)
gray2 = cv2.cvtColor(img2, cv2.COLOR_BGR2GRAY)
start = time.clock()
kp1, des1 = orb.detectAndCompute(img1,None)# des是描述子
kp2, des2 = orb.detectAndCompute(img2,None)
kp_time = (time.clock() - start)
print("kp_time:", '% 4f' % (kp_time))  # ms
img3 = cv2.drawKeypoints(img1,kp1,img1,color=None)
img4 = cv2.drawKeypoints(img2,kp2,img2,color=None)
hmerge = np.hstack((img3, img4)) # 水平拼接
cv2.namedWindow('point', 0)
cv2.imshow("point", hmerge) # 拼接显示为gray
```

对比表 5-3～表 5-5，在特征点描述子的检测速度方面，均以 650 个左右的特征点为例。SIFT 的检测时间在 0.66s～0.68s；SURF 的检测时间在 0.53s～0.58s，而 FAST 的检测时间仅在 0.00088s 左右。可以说，FAST 的检测速度有数量级别的提升。整体上对比各组实验，FAST 特征点检测算法的速度也远远高于 SIFT 特征点检测算法和 SURF 特征点检测算法；而在相同时间内，SURF 特征点检测算法检测出来的数量远多于 SIFT 特征点检测算法，从侧面反映出 SURF 的性能优于 SIFT。

（2）对比实验二：匹配效果对比。

为对比匹配的实验效果，均以 800 个左右的特征点进行匹配，得到的匹配效果如下。

由图 5-14～图 5-18 可以看到，对于前述 3 种特征点描述子，无论使用 BF 匹配方式还是使用 FLANN 匹配方式，都存在大量明显的错误匹配对，这需要进一步的优化处理。

图 5-14　SIFT+BF 特征点匹配法（897 个特征点）（扫码见彩图）

代码 4：SIFT+BF 特征点匹配。

```
import numpy as np
import cv2
from matplotlib import pyplot as plt

imgname1 = 'left.jpg'
imgname2 = 'right.jpg'

sift=cv2.xfeatures2d.SIFT_create()
img1 = cv2.imread(imgname1)
gray1 = cv2.cvtColor(img1, cv2.COLOR_BGR2GRAY) # 灰度处理图像
kp1, des1 = sift.detectAndCompute(img1,None)   # des 是描述子

img2 = cv2.imread(imgname2)

gray2 = cv2.cvtColor(img2, cv2.COLOR_BGR2GRAY)# 灰度处理图像
kp2, des2 = sift.detectAndCompute(img2,None)  # des 是描述子
print(des1)
hmerge = np.hstack((gray1, gray2)) # 水平拼接

img3 = cv2.drawKeypoints(img1,kp1,img1,color=(None)) # 画出特征点
img4 = cv2.drawKeypoints(img2,kp2,img2,color=(None)) # 画出特征点
hmerge = np.hstack((img3, img4)) # 水平拼接

# BFMatcher 解决匹配
bf = cv2.BFMatcher()
matches = bf.knnMatch(des1,des2, k=2)

img5 = cv2.drawMatchesKnn(img1,kp1,img2,kp2,matches,None,flags=2)
cv2.namedWindow('BFmatch', 0)
```

```
cv2.imshow("BFmatch", img5)
cv2.waitKey(0)
cv2.destroyAllWindows()
```

图 5-15　SURF+BF 特征点匹配（895 个特征点）（扫码见彩图）

代码 5：SURF+BF 特征点匹配。

```
import cv2
import numpy as np

# 1) 打开图像
img1 = cv2.imread("left.jpg")
img2 = cv2.imread("right.jpg")

# 2) 图像灰度化
img1_gray = cv2.cvtColor(img1, cv2.IMREAD_GRAYSCALE)
img2_gray = cv2.cvtColor(img2, cv2.IMREAD_GRAYSCALE)

# 3) SURF 特征计算
surf = cv2.xfeatures2d.SURF_create()
kp1, des1 = surf.detectAndCompute(img1, None)
kp2, des2 = surf.detectAndCompute(img2, None)

# 4) BFmatcher with default parms
bf = cv2.BFMatcher(cv2.NORM_L2)
matches1 = bf.knnMatch(des1, des2, k=2)
bf_img_out = cv2.drawMatchesKnn(img1, kp1, img2, kp2, matches1[:], None,
flags=2)
print(len(matches))

cv2.namedWindow('bfmatch', 0)
cv2.imshow('bfmatch', bf_img_out)# 展示图像
cv2.waitKey(0)# 等待按键按下
cv2.destroyAllWindows()# 清除所有窗口
```

图 5-16　ORB+BF 特征点匹配（752 个特征点）（扫码见彩图）

代码 6：ORB+BF 特征点匹配。

```
import numpy as np
import cv2
from matplotlib import pyplot as plt

imgname1 = 'left.jpg'
imgname2 = 'right.jpg'

orb = cv2.ORB_create()
img1 = cv2.imread(imgname1)
gray1 = cv2.cvtColor(img1, cv2.COLOR_BGR2GRAY) # 灰度处理图像
kp1, des1 = orb.detectAndCompute(img1,None)# des是描述子

img2 = cv2.imread(imgname2)
gray2 = cv2.cvtColor(img2, cv2.COLOR_BGR2GRAY)
kp2, des2 = orb.detectAndCompute(img2,None)
hmerge = np.hstack((gray1, gray2)) # 水平拼接

img3 = cv2.drawKeypoints(img1,kp1,img1,color=(255,0,255))
img4 = cv2.drawKeypoints(img2,kp2,img2,color=(255,0,255))
hmerge = np.hstack((img3, img4)) # 水平拼接
cv2.namedWindow('point', 0)
cv2.imshow("point", hmerge) # 拼接显示为gray

# BFMatcher解决匹配
bf = cv2.BFMatcher()
matches = bf.knnMatch(des1,des2, k=2)
img5 = cv2.drawMatchesKnn(img1,kp1,img2,kp2,matches,None,flags=2)
cv2.namedWindow('ORB', 0)
cv2.imshow("ORB", img5)
cv2.waitKey(0)
cv2.destroyAllWindows()
```

图 5-17 SIFT+FLANN 特征点匹配（897 个特征点）（扫码见彩图）

代码 7：SIFT+FLANN 特征点匹配。

```
import numpy as np
import cv2
from matplotlib import pyplot as plt

imgname1 = 'left.jpg'
imgname2 = 'right.jpg'

sift = cv2.xfeatures2d.SIFT_create()

# FLANN 参数设计
FLANN_INDEX_KDTREE = 0
index_params = dict(algorithm = FLANN_INDEX_KDTREE, trees = 3)
search_params = dict(checks=100)
flann = cv2.FlannBasedMatcher(index_params,search_params)

img1 = cv2.imread(imgname1)
gray1 = cv2.cvtColor(img1, cv2.COLOR_BGR2GRAY) # 灰度处理图像
kp1, des1 = sift.detectAndCompute(img1,None)# des 是描述子

img2 = cv2.imread(imgname2)
gray2 = cv2.cvtColor(img2, cv2.COLOR_BGR2GRAY)
kp2, des2 = sift.detectAndCompute(img2,None)

hmerge = np.hstack((gray1, gray2)) # 水平拼接
cv2.namedWindow('gray', 0)
cv2.imshow("gray", hmerge) # 拼接显示为 gray
cv2.waitKey(0)

img3 = cv2.drawKeypoints(img1,kp1,img1,color=(255,0,255))
img4 = cv2.drawKeypoints(img2,kp2,img2,color=(255,0,255))
```

```
hmerge = np.hstack((img3, img4)) # 水平拼接
cv2.namedWindow('point', 0)
cv2.imshow("point", hmerge) # 拼接显示为gray
# cv2.imwrite('point024.jpg', hmerge)
cv2.waitKey(0)
matches = flann.knnMatch(des1,des2,k=2)
matchesMask = [[0,0] for i in range(len(matches))]

img5 = cv2.drawMatchesKnn(img1,kp1,img2,kp2,matches,None,flags=2)
cv2.namedWindow('FLANN', 0)
cv2.imshow("FLANN", img5)
cv2.waitKey(0)
cv2.destroyAllWindows()
```

图 5-18　SURF+FLANN 特征点匹配（895 个特征点）（扫码见彩图）

代码 8：SURF+FLANN 特征点匹配。

```
import cv2
import numpy as np

# 1) 打开图像
img1 = cv2.imread("left.jpg")
img2 = cv2.imread("right.jpg")

# 2) 图像灰度化
img1_gray = cv2.cvtColor(img1, cv2.IMREAD_GRAYSCALE)
img2_gray = cv2.cvtColor(img2, cv2.IMREAD_GRAYSCALE)

# 3) SURF特征计算
surf = cv2.xfeatures2d.SURF_create()

kp1, des1 = surf.detectAndCompute(img1, None)
kp2, des2 = surf.detectAndCompute(img2, None)

# 4) FLANN特征匹配
```

```
    FLANN_INDEX_KDTREE = 1
    index_params = dict(algorithm=FLANN_INDEX_KDTREE, trees=5)
    search_params = dict(checks=400)
    flann = cv2.FlannBasedMatcher(index_params, search_params)
    matches = flann.knnMatch(des1, des2, k=2)

    flann_img_out = cv2.drawMatchesKnn(img1, kp1, img2, kp2, matches1[:], None,
flags=2)

    print(len(matches))
    cv2.namedWindow('flannmatch', 0)
    cv2.imshow('flannmatch', flann_img_out)# 展示图像
    cv2.waitKey(0)# 等待按键按下
    cv2.destroyAllWindows()# 清除所有窗口
```

（3）对比实验三：总消耗时间。

记录图 5-14～图 5-18 中特征点匹配与总消耗时间，得到的结果如表 5-6 所示。

表 5-6　特征点匹配与总消耗时间

匹配方式	匹配点数/个	总消耗时间/s
SIFT+BF	897	0.815216
SURF+BF	895	0.631137
SIFT+FLANN	897	0.98234
SURF+FLANN	895	0.753199
ORB+BF	752	0.030334

由表 5-6 可知，使用 ORB+BF 的匹配方式，其总消耗时间比其他所有方式均快一个数量级。只有这种方式才能保证相机在运动过程中实时匹配的要求。故综上所述，本书选定使用 ORB+BF 的匹配方式作为本书中的特征点匹配方式。

5.4.2　误匹配特征点剔除的实验及分析改进实践

在进行特征点匹配时，会出现大量错误匹配的特征点对。而匹配的质量会对后续的实验产生较大的影响，故必须对误匹配的特征点对进行剔除操作。本书中以 K 近邻（KNN）算法和 RANSAC 算法相结合来剔除误匹配的特征点对。

K 近邻算法[35]：假设存在点集 $M=\{m_1,m_1,\cdots,m_n\}$ 和 $N=\{n_1,n_2,\cdots,n_n\}$，在点集 M 中选取某一特征点 m_i，寻找到在点集 N 中与特征点 m_i 距离最近的 K 个匹配点 $n_1,n_2,\cdots,n_K$，通常取 $K=2$。此时寻找到最邻近点 n_{i1} 和次邻近点 n_{i2}，假如 n_{i1} 远小于 n_{i2}，那么就可以认为 m_i 与 n_{i1} 为最佳匹配点，否则就不是。在实际算法中，定义 $\text{ration}=n_{i1}/n_{i2}$，如果 ration 小于某个阈值，则认为是正确的匹配对。本书经过多次试验，最终选取 $\text{ration}=0.8$。

RANSAC 算法[36]（随机采样一致算法）：整体思想是在整个点集中选取一组包含“外点”的数据点集样本，通过多次的迭代求解，获得较好的数学模型来拟合样本。整个点集

中包含数据的“内点”和数据的“外点”。内点是符合数据数学模型的点，而外点是由噪声、计算错误、测量错误、假设错误等原因产生的点，外点在特征点匹配中就是需要剔除的点。RANSAC 算法的基本流程如图 5-19 所示。

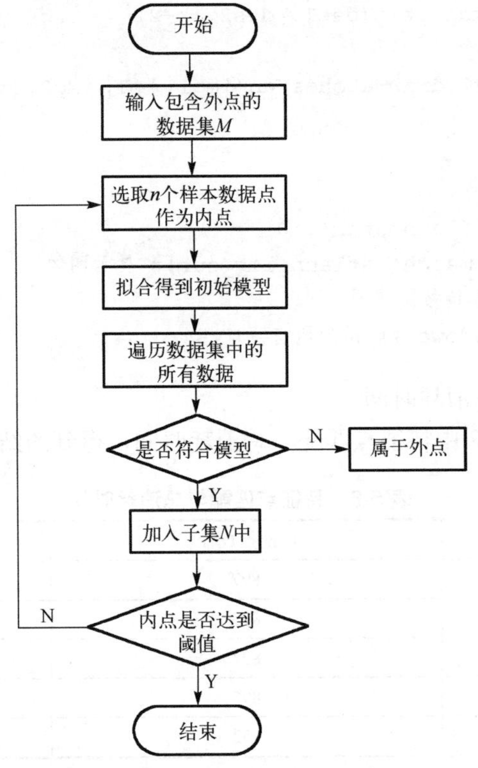

图 5-19 RANSAC 算法的基本流程

利用 K 近邻算法对 ORB+BF 的匹配结果进行初步的误匹配点剔除，结果如图 5-20 所示。

图 5-20 ORB+BF 匹配原图（500 个特征点）（扫码见彩图）

可以看到，图 5-21 中的匹配对经过 K 近邻算法剔除后，可以排除掉大部分误匹配的情况。但是在某些区域，仍然存在误匹配。如图 5-22 中的方框所示，存在着较为明显的错误匹配对，故需要进行再一次的过滤。

图 5-21　K 近邻算法过滤匹配图（扫码见彩图）

经过 K 近邻+RANSAC 算法过滤后的结果如图 5-22 所示。

图 5-22　K 近邻+RANSAC 算法过滤匹配图

代码 9：RANSAC 特征点过滤。

```
import numpy as np
import cv2
from matplotlib import pyplot as plt
import time

img01 = cv2.imread('left.jpg')
img02 = cv2.imread('right.jpg')
min_match_count = 10

img1 = cv2.imread('left.jpg',0)
img2 = cv2.imread('right.jpg',0)
ORB = cv2.ORB_create()
kp1, des1 = ORB.detectAndCompute(img1, None)
kp2, des2 = ORB.detectAndCompute(img2, None)
bf = cv2.BFMatcher(cv2.NORM_L2)
matches = bf.knnMatch(des1, des2, k=2)
good = []
# 匹配优化
strat = time.clock()
```

```
    for m, n in matches:
        if m.distance < 0.8 * n.distance:
            good.append(m)
    good1 = np.expand_dims(good, 1)
    if len(good)>min_match_count:
        src_pmts = np.float32([kp1[m.queryIdx].pt for m in good]).reshape
(-1,1,2)
        dst_pts = np.float32([kp2[m.trainIdx].pt for m in good]).reshape
(-1,1,2)
        m, mask = cv2.findHomography(src_pmts, dst_pts, cv2.RANSAC, 5.0)
        matchesmask1= mask.ravel().tolist() # 获得原图像的高和宽

    ransac_time = time.clock() - strat

    img3 = img1
    img3 = cv2.drawMatches(img01, kp1, img02, kp2, good, img3, None, None,
matchesmask1, 2)

    cv2.namedWindow('ransac', 0)
    cv2.imshow('ransac', img3)
    print("ransac_time:", '% 4f' % (ransac_time))

    cv2.waitKey(0)# 等待按键按下
    cv2.destroyAllWindows()# 清除所有窗口
```

此时，图 5-22 中存在 32 对匹配对，均精确地进行了匹配，没有存在错误匹配的情况，这样精确的匹配信息能够满足使用要求。

通过上述实验结果可知，采用 ORB+BF+K 近邻+RANSAC 算法能够保证在最短时间内，精准地进行匹配工作，为 SLAM 后续环节提供较为准确的信息。

5.4.3 建图的要求及分类

1. 建图要求及分类

建立一个性能良好的环境对于机器人的运动是十分重要的。因为建图所采用的策略会影响到机器人当前位置的表示。在导航问题中，环境的准确性会限制机器人位置表示的准确性。在选用一种表达方式来描绘环境时，必须考虑 3 个基本的关系。

（1）环境的精度和机器人运动到目标点的精度相匹配。

（2）环境表示特征的方法与传感器返回的数据类型相一致。

（3）机器人导航、定位、推理过程的复杂性受环境表示的复杂性影响。

因此建图的方式会极大地影响机器人最终定位导航的体系结构。通常为了折中，都是在特定背景下定位建图。常见的地图表示方式有栅格地图、点云地图、拓扑地图、特征地图。不同地图的优缺点对比如表 5-7 所示。

表 5-7　不同地图的优缺点对比

地图表示方式	优点	缺点
点云地图	能够直观且完整地描绘环境中的三维信息，不需要对传感器信息进行过多的处理	对设备的存储性能要求极高，无法直接表达空间中某一点的占用/空闲/未知的情况，需要进行二次理解后才能应用于机器人的导航，同时无法更新地图
栅格地图	可以较为详细地描述多维空间中的环境信息，排列整齐，地图存储信息可以更新，分辨率可调，易于机器人的直接定位和路径规划	随着周围场景的变大，地图精度越高，计算的复杂度越高，对计算机的内存要求也越高
特征地图	存储空间小，结构紧凑，表达方式更加类似于人对环境的感知	无法精确地表达环境的真实信息，不利于机器人的导航规划
拓扑地图	可以进行扩展、更新，能够实现快速的路径规划	由于表达信息过于抽象化，机器人无法实现精准定位

2. 八叉树地图

对比表 5-7 中的 4 种地图，可以看到，选用栅格地图进行导航规划，是更加合理的一种方式。八叉树（Octrees）地图（见图 5-23）是一种较为广泛的栅格地图使用形式。它具有良好的可拓展性和可更新性，体积占用小，分辨率易于调整，代码开源，同时这种地图可直接映射降维成二位的栅格地图，应用于后续的导航和路径规划。

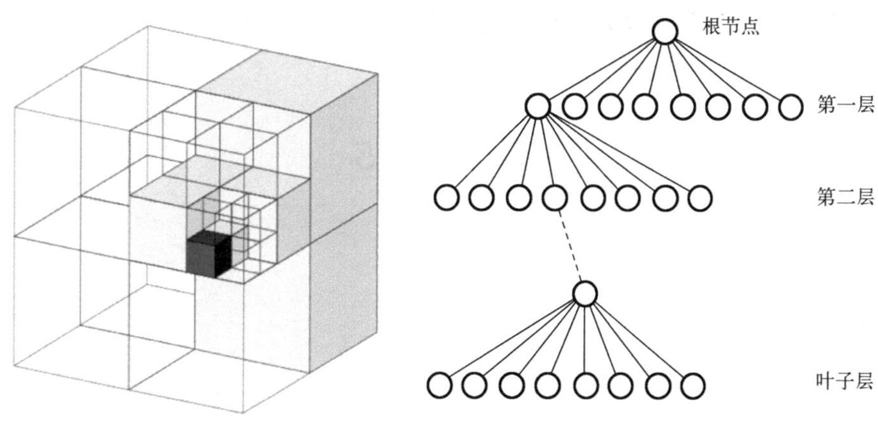

图 5-23　八叉树地图

八叉树，顾名思义就是以树的形式来扩展存储内容。如图 5-23 所示，把每个方块平均分割成 8 个体积相等的小方块，重复这个步骤，直到最后的最小方块满足工程实际需求即可。在这个“树”中，每个小方块都被称为上层父节点的子节点，本身所代表的内容为被占据的概率。图 5-23 中黑色方块表示被占据，其概率为 1，白色方块表示未被占据，其概率为 0，灰色方块表示存疑，需要继续进行分割观测。每一次观测之后都需要将地图进行更新，如果观测到方块被占据，则增加其概率值，否则减少其概率值。同时为了将概率调整到[0,1]之间，采用概率对数来描述占据的情况，如式（5-55）所示。

$$
\begin{aligned}
X &= \lg\mathrm{it}(p) = \lg\left(\frac{p}{1-p}\right) \\
p &= \lg\mathrm{it}^{-1}(X) = \frac{\exp(X)}{1+\exp(X)}
\end{aligned}
\tag{5-55}
$$

式中，p 表示某一节点在当前时刻的观测概率值；X 表示某一节点被占据的情况。

以节点 n 为例，若在前 t 时刻观测得到的概率对数值为 $L(n|z_{1:t})$，则在 t+1 时刻的概率对数为

$$L(n|z_{1:t+1}) = L(n|z_{1:t-1}) + L(n|z_t) \tag{5-56}$$

有了对数概率，就可以根据 RGB_D 数据，对地图进行更新处理。同时八叉树地图的分辨率可调，较大的方块对应的分辨率较低，较小的方块对应的分辨率较高。通过查询八叉树的节点信息，就可以判断节点信息是否为空，从而为导航提供数据信息。

5.5 本 章 小 结

本章主要针对仿人形移动机器人在实验室内进行建图的相关研究，设计了整体的 RGB_D SLAM 框架。在 SLAM 前端采用“ORB+BF 算法”进行了特征点匹配，并选取了两种剔除误匹配方式提高了匹配的精度，采用 SVD 算法进行了相机的运动估计。在后端对关键帧的选取提出了选取策略，同时采用词袋模型构建了闭环检测环节，利用 G2O 优化库进行了位姿图的优化。最后根据本书的实际需求，选取了八叉树地图。总体上讲，本章实现了较为完整的 RGB_D SLAM 系统。

习 题 5

5.1 简述传感器的特性指标。

5.2 机器人内部传感器有哪些？

5.3 机器人外部传感器有哪些？

5.4 简述计算机视觉算法分类。

5.5 简述计算机视觉处理的步骤。

5.6 设计并实践计算立体视觉。

5.7 设计并实践双目视觉系统。

思政内容

第 6 章　机器人目标识别综合设计与实践

6.1　概　　述

第 5 章解决了机器人场景构建的问题，本章将解决机器人理解环境，即目标识别的问题。对于具体作业任务来说，机器人最基本的能力是知道什么是目标物、什么是环境。同时由于目标物环境中障碍物姿态随机各异，机器人在执行作业时，容易出现作业臂与环境障碍物碰撞，引起机器人相关器件的损伤。所以还需要进行环境障碍物三维空间的恢复，为机器人提供高精度环境障碍物的三维空间信息。

本章就着重解决目标物、环境障碍物的识别和环境障碍物的重建问题。本章首先提出利用神经网络的算法对环境障碍物和目标物进行识别；然后在环境障碍物识别的基础上，提出通过双条件约束完成环境障碍物的分组归类；最后采用多项式拟合法对未识别出的环境障碍物区域进行补充，完成枝干的三维重建。

6.2　机器人目标识别理论基础

6.2.1　传统的物体识别

物体识别已经进入深度学习时代，但是传统方法还是有必要了解一下，深度学习方法思想也源于传统方法，传统方法文献非常多，但只需要了解 3 个里程碑式的方法就可以了，分别是 VJ 检测器、方向梯度直方图检测器、形变目标识别（DPM）。下面简要介绍这 3 种方法。

1．VJ 检测器

2001 年，P.Viola 和 M.Jones 在没有任何约束条件（如肤色分割）的情况下首次实现了人脸的实时检测。检测器运行在 700MHz 奔腾III CPU 上，在同等的检测精度下，其速度是其他算法的数十倍甚至数百倍。该检测算法后来被称为“维奥拉-琼斯（Viola-Jones，VJ）检测器”，以作者的名字命名，以纪念他们的重大贡献。

1）原理

VJ 检测器采用最直接的检测方法，即滑动窗口，查看图像中所有可能的位置和比例，看看是否有窗口包含要识别的物体。虽然这似乎是一个非常简单的过程，但它背后的计算远远超出了计算机当时的能力。VJ 检测器结合了“积分图像”、“特征选择”和“检测级联”3 种重要技术，大大提高了检测速度。

积分图像：积分图像是一种加速盒滤波或卷积过程的计算方法。与当时的其他目标检测算法一样，在 VJ 检测器中使用 Haar 小波表示图像特征。积分图像使得 VJ 检测器中每个窗口的计算复杂度与其窗口大小无关。

特征选择：使用 AdaBoost 算法从一组巨大的随机特征池（约 18000 维）中选择一组对目标检测最有帮助的小特征。

检测级联：在 VJ 检测器中引入多级检测范式（又称“检测级联”），通过减少背景窗口计算量，增加目标检测计算量，从而降低计算开销。

2）优缺点分析

优点：VJ 检测器结合了“积分图像”、“特征选择”和“检测级联”3 种重要技术，大大提高了检测速度。

缺点：①Haar-like 特征是一种相对简单的特征，其稳定性较低；②弱分类器采用简单的决策树，容易过拟合。因此，该算法对于正面人脸的处理效果好，对于人脸的遮挡、姿态、表情等特殊且复杂的情况，处理效果不理想；③基于 VJ-cascade 的分类器设计，进入下一个阶段后，之前的信息都丢弃了，分类器评价一个样本不会基于它之前阶段的表现，这样的分类器稳健性差。

2．方向梯度直方图检测器

方向梯度直方图（HOG）检测器是一种方向梯度直方图检测算法，其原理和优缺点如下。

1）原理

HOG 特征是一种在计算机视觉和图像处理中用来进行物体检测的特征描述。它通过计算和统计图像局部区域的方向梯度直方图来构成特征。①主要思想：在一幅图像中，局部目标的表象和形状能够被梯度或边缘的方向密度分布很好地描述；②具体的实现方法：首先将图像分成小的连通区域，我们把它叫作细胞单元，然后采集细胞单元中各像素点的梯度或边缘的方向直方图；最后把这些直方图组合起来就可以构成特征描述器；③提高性能：把这些局部直方图在图像的更大范围内（我们把它叫作区间或 block）进行对比度归一化，所采用的方法是：首先计算各直方图在这个区间（block）中的密度，然后根据这个密度对区间中的各个细胞单元做归一化。通过归一化，能对光照变化和阴影获得更好的效果。

2）优缺点分析

优点：①HOG 表示的是边缘（梯度）结构特征，因此可以描述局部形状信息；②位置和方向空间的量化在一定程度上可以抑制平移和旋转带来的影响；③采取在局部区域归一化直方图，可以部分抵消光照变化带来的影响；④由于在一定程度上忽略了光照颜色对图像造成的影响，图像所需要的表征数据维度降低了；⑤由于分块分单元的处理方法，图像局部像素点之间的关系可以很好地得到表征。

缺点：①描述子生成过程冗长，导致速度慢，实时性差；②很难处理遮挡问题；③由于梯度性质，该描述子对噪点相当敏感。

3. 形变目标识别

形变目标识别（DPM）是一种基于组件的检测算法。该算法由 Felzenszwalb 在 2008 年提出，并拿下了 2010 年的 PASCAL VOC“终身成就奖”。DPM 算法的原理及优缺点如下。

1）原理

DPM 大体思路与 HOG 一致。先计算方向梯度直方图，然后通过 SVM（Support Vector Machine）训练得到物体的梯度模型（Model）。有了这样的模板就可以直接用来分类了，简单理解就是模型和目标匹配。DPM 只是在模型上做了很多改进工作。

DPM 算法采用了改进后的 HOG 特征、SVM 分类器和滑动窗口（Sliding Windows）检测思想，针对目标的多视角问题，采用了多组件（Component）策略；针对目标本身形变问题，采用了基于图结构（Pictorial Structure）的部件模型策略。此外，将样本所属模型类别、部件模型位置等作为潜变量（Latent Variable），采用了多示例学习（Multiple-instance Learning）来自动确定。

2）优缺点分析

优点；由于 DPM 算法本身是一种基于组件的检测算法，所以其对扭曲、性别、多姿态、多角度等目标都具有非常好的检测效果（目标通常不会有大的形变，可以近似为刚体，基于 DPM 的算法可以很好地处理目标检测问题）。

缺点：由于该算法过于复杂，判断时计算复杂，很难满足实时性要求，后续有了一系列改进的流程，比如加入级联分类器、采用积分图方法等，但都还没有达到 VJ 检测器的效率，因此在工程中很少使用，一般采用 AdaBoost 框架的算法。

6.2.2 基于深度学习的目标检测算法

近几年来，目标检测算法取得了很大的突破。比较流行的算法可以分为两类，一类是基于候选框的 R-CNN 系列算法（R-CNN[37]、Fast R-CNN[38]、Faster R-CNN[39]），它们需要先使用启发式方法（Selective Search）或者 CNN 网络（RPN）产生候选框，然后在候选框上做分类与回归。而另一类是 YOLO[40]、SSD[41]等 one-stage 算法，其仅仅使用一个 CNN 直接预测不同目标的类别与位置。第一类算法准确度高一些，但速度慢，第二类算法速度快，但准确度要低一些。这可以在图 6-1 中看到。

1. 基于候选框的深度学习目标检测算法

卷积神经网络（CNN）是 Region Propoal 算法中的核心组成部分。CNN 最早是由 Yann LeCun 教授提出的，早期的 CNN 主要用作分类器，如图像识别等。然而 CNN 有 3 个结构上的特性：局部连接、权重共享，以及空间或时间上的采样。这些特性使得 CNN 具有一定程度上的平移不变性、缩放不变性和扭曲不变性。2006 年，Hinton 提出了利用深度神经网络从大量的数据中自动学习高层特征。候选框在此基础之上解决了传统目标检测的两个主要问题。比较常用的候选框方法有 Selective Search 和 Edge Boxes。此后，CNN 迅速发展，微软最新的 ResNet 和谷歌的 Inception V4 模型的 Top-5 Error 降至了 4%以内，所以目标检测得到候选框后，使用 CNN 对其进行图像分类的准确率和检测速度都有所提高。

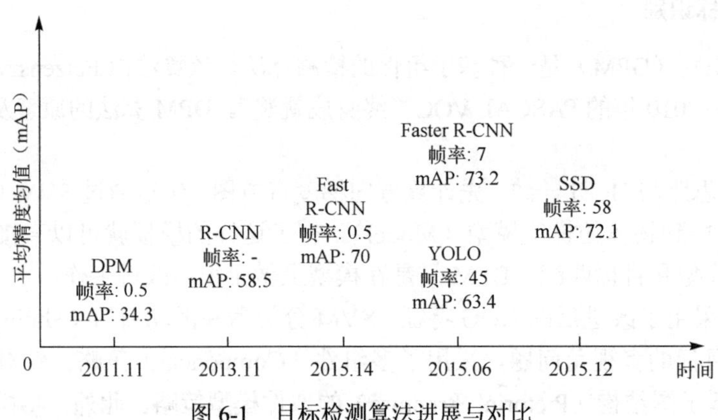

图 6-1　目标检测算法进展与对比

1）R-CNN

R-CNN 的全称是 Region-CNN，是第一个成功将深度学习应用到目标检测上的算法。后面要讲到的 Fast R-CNN、Faster R-CNN、mask-CNN 全部都是建立在 R-CNN 基础上的。

传统的目标检测算法大多数以图像识别为基础。一般可以在图像上使用穷举法或者滑动窗口法选出所有物体可能出现的区域框，对这些区域框提取特征并使用图像识别分类方法，得到所有分类成功的区域后，通过非极大值抑制输出结果。

（1）原理。R-CNN 遵循传统目标检测思路，同样采用提取框方法，对每个框采用提取特征、图像分类、非极大值抑制 3 个步骤进行目标检测，只不过进行了部分改进，具体表现在：①经典的目标检测算法使用滑动窗口法依次判断所有可能的区域，而这里预先提取一系列可能是物体的候选框，之后仅在这些候选框上提取特征，进行判断，大大减少了计算量；②将传统的特征（如 SIFT、HOG 特征等）换成了深度卷积网络提取特征。

（2）优缺点分析。优点：尽管 R-CNN 的识别框架与传统方法区别不是很大，但是得益于 CNN 优异的特征提取能力，R-CNN 的效果还是比传统方法好很多。例如，在 VOC2007 数据集上，传统方法最高的 mAP 在 40%左右，而 R-CNN 的 mAP 达到了 58.5%。缺点：R-CNN 的缺点是计算量大。R-CNN 流程较多，包括候选框的选取、训练 CNN、训练 SVM 和训练回归量，这使得训练时间非常长（84h），占用磁盘空间也大。在训练 CNN 过程中对每个候选框都要计算卷积，其中重复了太多的不必要的计算，试想一幅图像可以得到 2000 多个候选框，大部分都有重叠，因此基于候选框卷积的计算量太大，而这也正是之后 Fast R-CNN 主要解决的问题。

2）SPP-Net

在此之前，所有的神经网络都是需要输入固定尺寸的图片，如 224×224（ImageNet）、32×32（LenNet）、96×96 等。这样当我们希望检测各种大小图片时，需要经过裁剪或形变缩放等一系列操作，这都在一定程度上导致图片信息的丢失和变形，限制了识别精确度。而且，从生理学角度出发，人眼看到一张图片时，大脑会首先认为这是一个整体，而不会进行裁剪或形变缩放操作。

（1）原理。SPP-Net 对这些网络中存在的缺点进行了改进，其基本思想是输入整幅图像，提取出整幅图像的特征图，然后利用空间关系从整幅图像的特征图中，在 SPP 层（Spatial Pyramid Pooling Layer）中提取各个候选框的特征。一个正常的深度网络由两部分组成：卷积部分和全连接部分，要求输入图像需要固定尺寸的原因并不是卷积部分而是全连接部分。所以 SPP 层就作用在最后一层卷积之后，SPP 层的输出就是固定大小。SPP-Net 不仅允许测试的时候输入不同大小的图片，训练的时候也允许输入不同大小的图片，通过不同尺度的图片可以防止过拟合。相比于 R-CNN 提取 2000 个候选框，SPP-Net 只需要将整幅图像扔进去获取特征，这样操作速度提升了 100 倍左右。

（2）优缺点。优点：SPP-Net 解决了 R-CNN 区域重复提取候选区域特征的问题，提出了 SPP 层，使得输入的候选框可大可小。R-CNN 需要对每个区域计算卷积，而 SPP-Net 只需要计算一次，因此 SPP-Net 的效率比 R-CNN 高得多。缺点：SPP-Net 用于目标检测实际是在 R-CNN 的基础上进行改进的，虽然提高了识别速度，但识别精度并没有提升。

3）Fast R-CNN

Fast R-CNN 是前面两种算法的改进，其原理和优缺点如下。

（1）原理。Fast R-CNN 流程图如图 6-2 所示，这个网络的输入是原始图像和候选框，输出是分类类别和 Bbox 回归值。对于原始图像中的候选框区域，和 SPP-Net 中做法一样，都是将它映射到卷积特征对应区域（图 6-2 中的 ROI 投影），然后输入 ROI 池化层，可以得到一个固定大小的特征图。将这个特征图经过 2 个全连接层以后得到 ROI 的特征，然后将特征经过全连接层，使用 softmax 函数得到分类，使用回归得到边框回归。CNN 的主体结构可以来自 AlexNet，也可以来自 VGGNet。

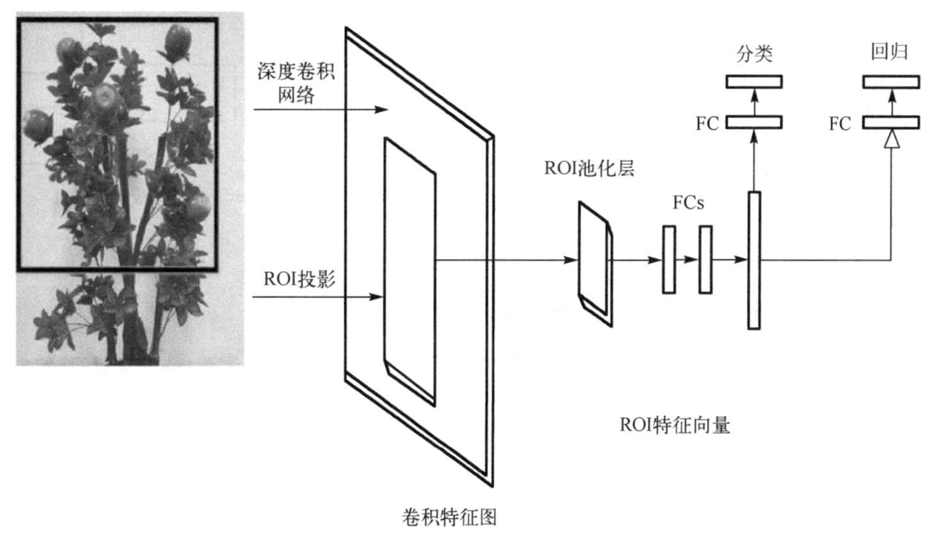

图 6-2　Fast R-CNN 流程图

（2）优缺点分析。优点：Fast R-CNN 相当于全面改进了原有的这两种算法（SPP-Net 算法和 R-CNN 算法），不仅训练步骤减少了，也不需要将特征保存在磁盘上。基于 VGG-16 的 Fast R-CNN 算法在训练速度上比 R-CNN 快了将近 9 倍，比 SPP-Net 快了大概 3 倍；测试速度比 R-CNN 快了 213 倍，比 SPP-Net 快了 10 倍。在 VOC2012 上的 mAP 在 66%左右。缺点：Fast R-CNN 在训练时依然无法做到端到端的训练，故训练时依旧需要一些烦琐的步骤。Fast R-CNN 中还存在着一个尴尬的问题，它需要先使用 Selective Search 提取候选框，这种方法比较慢，有时，检测一张图片，大部分时间不是花费在计算神经网络分类上，而是花在 Selective Search 提取候选框上。

4）Faster R-CNN

Faster R-CNN 是基于 Fast R-CNN 的改进，其原理及优缺点如下。

（1）原理。从 R-CNN 到 Fast R-CNN，再到 Faster R-CNN，目标检测的 4 个基本步骤（候选框生成、特征提取、分类、边界框回归）终于被统一到一个深度网络框架之内，如图 6-3 所示。所有计算没有重复，完全在 GPU 中完成，大大提高了运行速度。

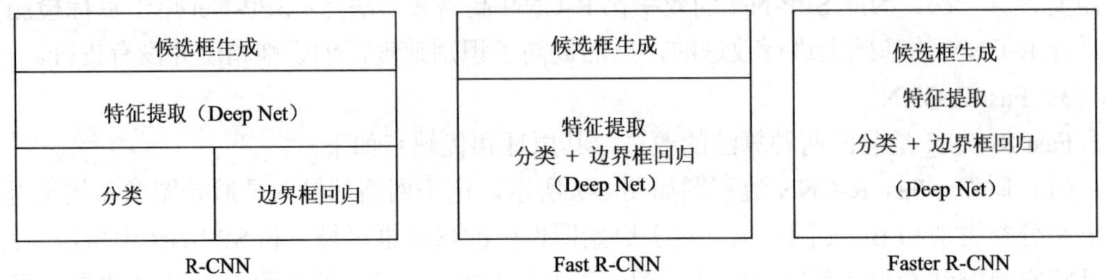

图 6-3　从 R-CNN 到 Faster R-CNN 的四步骤演变归一化

Faster R-CNN 可以简单地看作“区域生成网络（RPN）+Fast R-CNN”的系统，用区域生成网络代替 Fast R-CNN 中的 Selective Search 方法，其网络结构如图 6-4 所示。

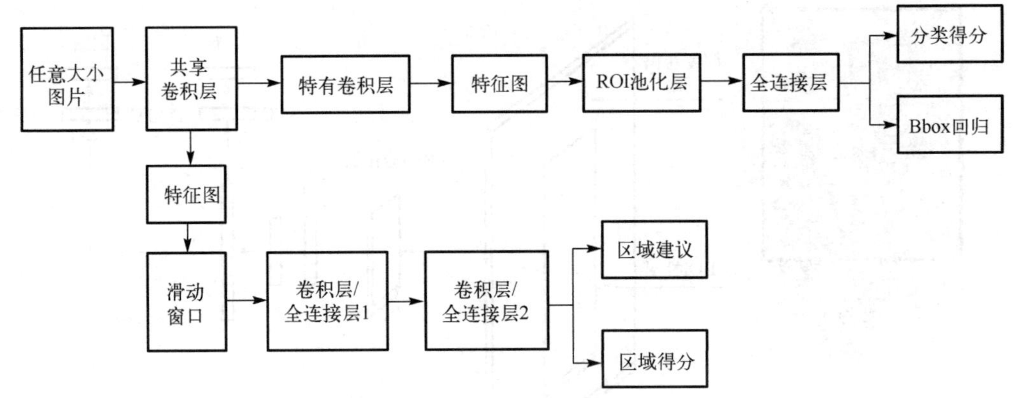

图 6-4　Faster R-CNN 的网络结构

Faster R-CNN 算法步骤如下。

第一步：向 CNN 网络（ZF 或 VGG-16）输入任意大小（$M \times N$）图片。

第二步：经过 CNN 网络前向传播至最后共享的卷积层，一方面得到供 RPN 网络输入的特征图，另一方面继续前向传播至特有卷积层，产生更高维特征图。

第三步：供 RPN 网络输入的特征图经过 RPN 网络得到区域建议和区域得分，并对区域得分采用非极大值抑制（阈值为 0.7），输出其 Top-N 得分的区域建议给 ROI 池化层。

第四步：第二步得到的高维特征图和第三步输出的区域建议同时输入 ROI 池化层，提取对应的区域建议特征。

第五步：第四步得到的区域建议特征通过全连接层后，输出该区域的分类得分及回归后的 Bbox。

（2）优缺点分析。优点：①提高了检测精度和速度；②真正实现端到端的目标检测框架；③生成建议框仅需约 10ms。缺点：①无法达到实时检测目标；②获取候选框，再对每个候选框分类，计算量比较大。

5）mask R-CNN

（1）原理。mask R-CNN 是何恺明 2017 年的力作，其在进行目标检测的同时进行实例分割，取得了出色的效果。其网络的设计也比较简单，在 Faster R-CNN 基础上，在原本的两个分支上（分类+坐标回归）增加了一个分支进行语义分割，如图 6-5 所示。

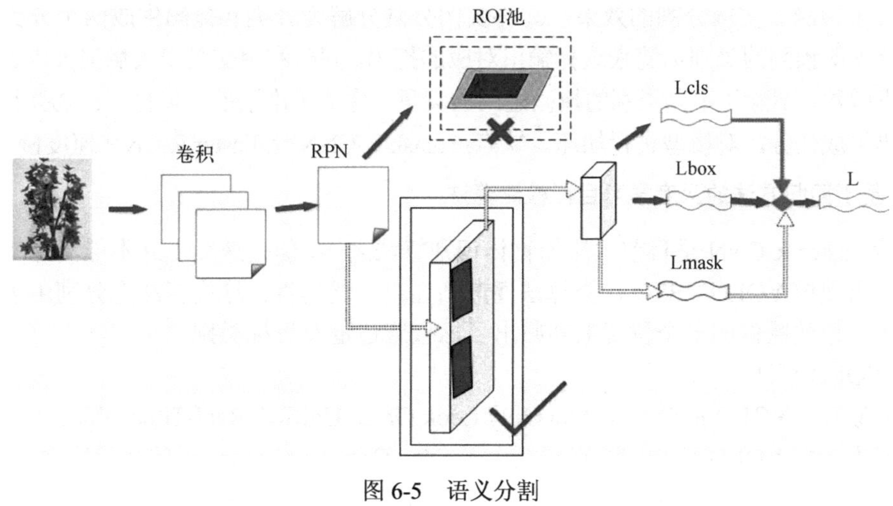

图 6-5　语义分割

mask R-CNN 框架解析如图 6-6 所示。

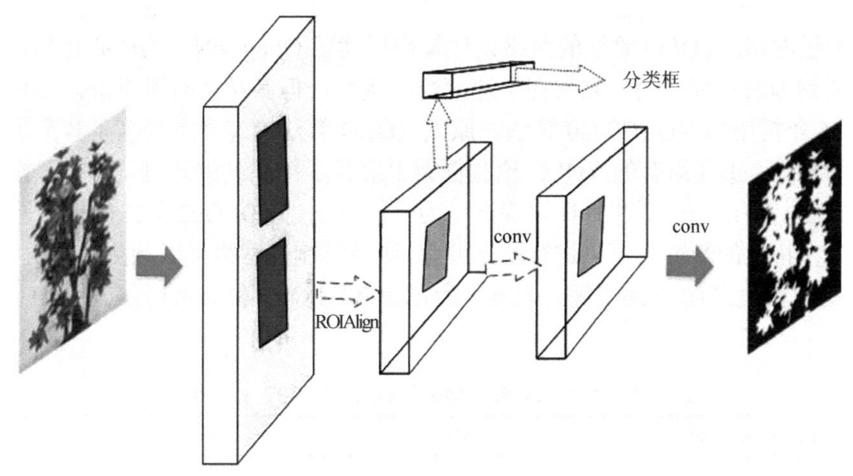

图 6-6　mask R-CNN 框架解析

mask R-CNN 算法步骤如下。

第一步：输入一张想处理的图片，然后进行对应的预处理操作。

第二步：将其输入一个预训练好的神经网络中（ResNeXt 等）获得对应的特征图。

第三步：对这个特征图中的每一点设定一个 ROI，从而获得多个候选 ROI。

第四步：将这些候选的ROI送入RPN网络进行二值分类（前景或背景）和BB回归，过滤掉一部分候选的ROI。

第五步：对这些剩下的ROI进行ROIAlign操作（先将原图和特征图的像素对应起来，然后将特征图和固定的特征对应起来）。

第六步：对这些ROI进行分类、BB回归和掩码生成（在每一个ROI中进行FCN操作）。

（2）优缺点分析。优点：①分析了感兴趣区域（ROI Pooling）的不足，提升了ROIAlign，同时提升了检测和实例分割的效果；②将实例分割分解为分类和掩码生成两个分支，依赖于分类分支所预测的类别标签来选择输出对应的掩码。同时利用交叉损失熵损失函数代替多分类损失函数，消除了不同类别的掩码之间的竞争，生成了准确的二值掩码；③并行进行分类和掩码生成任务，对模型进行加速。缺点：mask R-CNN比Faster R-CNN速度慢一些。

2．基于回归方法的深度学习目标检测算法

虽然Faster R-CNN是目前主流的物体识别算法之一，但是速度上并不能满足实时的要求。随后出现像YOLO、SSD这类算法逐渐凸显出其优劣性，这类算法充分利用了回归思想，直接在原始图像的多个位置上回归出目标位置边框及目标类别。

1）YOLO算法

（1）原理。YOLO的全称是You Only Look Once: Unified, Real-Time Object Detection，该全称基本上把YOLO算法的特点概括全了：You Only Look Once说的是只需要一次CNN运算，Unified指的是一个统一的框架，提供端到端的预测，而Real-Time体现YOLO算法速度快。

2016年，Redmon等人提出的YOLO算法是一个可以一次性预测多个预测框位置和类别的卷积神经网络。YOLO算法的网络设计策略延续了GoogLeNet的核心思想，真正意义上实现了端到端的目标检测，且发挥了速度快的优势，但其精度有所下降。然而Redmon等人在2016年提出的YOLO9000算法在原先YOLO算法的速度上提高了其准确度。主要有两方面的改进：①在原有的YOLO检测框架上进行了一系列的改进，弥补了检测精度的不足；②提出了将目标检测和目标训练合二为一的方法。YOLOv2算法的训练网络采用降采样的方法在特定的情况下可以进行动态调整，这种机制使网络可以预测不同大小的图片，使检测速度和精度之间达到平衡。表6-1所示为YOLOv2和其他网络在VOC2007上的对比。

表6-1　YOLOv2和其他网络在VOC2007上的对比

Detection Frameworks	Train	mAP	FPS
Fast R-CNN	2007+2012	70	0.5
Fast R-CNN VGG-16	2007+2012	73.2	7
Fast R-CNN ResNet	2007+2012	76.4	5
YOLO	2007+2012	63.4	45
SSD300	2007+2012	74.3	76
SSD500	2007+2012	76.8	19
YOLOv2 288×288	2007+2012	69	91

续表

Detection Frameworks	Train	mAP	FPS
YOLOv2 352×352	2007+2012	73.7	81
YOLOv2 416×416	2007+2012	76.8	67
YOLOv2 480×480	2007+2012	77.8	59
YOLOv2 544×544	2007+2012	78.6	40

由表 6-1 可以看出 YOLOv2 算法在高分辨率图片检测中超出了实时检测速度的要求，达到了先进水平。

（2）优缺点分析。优点：①YOLO 算法将目标检测任务转换成一个回归问题，大大加快了检测速度，使得 YOLO 算法可以每秒处理 45 帧图像。而且由于每个网络预测目标窗口时使用的是全图信息，误检测率大幅降低。②YOLO 算法采用全图信息进行预测。与滑动窗口、候选框不同，YOLO 算法在训练、预测过程中利用全图信息。Fast R-CNN 算法错误地将背景块检测为目标，原因在于 Fast R-CNN 算法在检测时无法看到全局图像。相比于 Fast R-CNN 算法，YOLO 算法可以将背景预测错误率降低一半。③YOLO 算法可以学习到目标的概括信息。YOLO 算法比其他目标检测算法的准确率高很多。缺点：①针对小目标的检测、相互靠近物体的检测效果会不太好。②每个网格只能预测一个物体，容易造成漏检，且对于物体的尺度相对比较敏感，面对尺度变化较大的物体时泛化能力较弱。

2）SSD 算法

基于“Proposal + Classification”的目标检测算法中，R-CNN 系列（R-CNN、SPP-Net、Fast R-CNN、Faster R-CNN 和 mask R-CNN 等）算法取得了非常好的结果，但是在速度方面离实时效果还比较远。在提高 mAP 的同时兼顾速度，逐渐成为神经网络目标检测领域未来的趋势。YOLO 算法不仅能够达到实时的效果，而且其 mAP 与前面提到的 R-CNN 系列算法相比有很大的提升。但是 YOLO 算法也有一系列不足，针对 YOLO 算法中的不足，SSD 网络在这两方面都有所改进，同时兼顾了 mAP 和实时性的要求。

（1）原理。SSD 算法是 Faster R-CNN 算法与 YOLO 算法的结合，结合了 YOLO 算法中的回归思想，同时又结合了 Faster R-CNN 算法中的先验框机制，SSD 算法将输出一系列离散化的预测框，这些预测框是在不同层次的特征上生成的，计算出每一个预测框中的物体属于每个类别的可能性，即得分。同时，要对这些预测框的形状进行微调，以使得其符合物体的外接矩形。还有就是，为了处理相同物体的不同尺寸情况，SSD 算法结合了不同分辨率的特征。SSD 算法完全取消了候选框生成、像素重采样、特征重采样这些阶段。这样使得 SSD 算法更容易去优化训练，也更容易地将检测模型融合进系统中。

（2）优缺点分析。优点：运行速度超过 YOLO 算法，精度超过 Faster R-CNN 算法（在一定条件下，对于稀疏场景的大目标而言）。缺点：①需要人工设置预测框的初始尺度和长宽比的值。网络中预测框的基础大小和形状不能直接通过学习获得，而是需要手工设置。而网络中每一层特征使用的预测框的大小和形状恰好都不一样，导致调试过程非常依赖经验。②对小尺寸的目标识别仍比较差，还达不到 Faster R-CNN 算法的水准。因为 SSD 算法使用 Conv4_3 低级特征检测小目标，而低级特征卷积层数少，所以它存在特征提取不充分的问题。

6.3 机器人目标识别综合设计

近些年来，人工智能的发展越来越完善，将深度学习应用到各个场景中也是一个重要的发展趋势。尤其是卷积神经网络（Convolution Neural Network，CNN）在目标检测任务中的优势尤为突出，其识别精度高、识别效率高、识别速度快、泛化能力强等优点，使得机器视觉能够更加轻松地适应各种复杂环境。CNN 算法可以大致分为两类：第一类是基于区域建议的识别算法，代表算法有 R-CNN、Fast R-CNN、Faster R-CNN 和 mask R-CNN。这些算法的核心可以用两阶段过程来概述，即将目标检测中的分类和定位两个内容分步研究。首先通过候选框标定可能包含目标的区域，也称为感兴趣区域（ROI）；然后选取合适的分类器进行目标分类，判断候选框内是否包含所需要的待检测目标。如果存在，计算出存在目标类别的概率。这类算法检测精度高，泛化能力强，但是检测速度慢，这对于目标物抓取这一项实时性较强的任务，通常难以满足要求。第二类是基于回归的算法，典型的算法有 SSD、YOLO 系列算法。这类算法的核心是用 CNN 直接对整幅图像进行目标的类别和位置预测。第二类算法在保持良好检测精度的同时，还具有较快的检测速度。本书选取了第二类算法中的 YOLOv3 算法。YOLOv3 算法是 Juseph Redmon 在 2018 年提出的一种基于监督学习的机器学习算法，该算法将目标检测问题转换成回归问题来处理。本节从 YOLOv3 的网络结构、损失函数的定义、预测框的选取及与其他算法的对比这几个方面来详细介绍 YOLOv3 算法。

YOLOv3 的网络结构如图 6-7 所示。

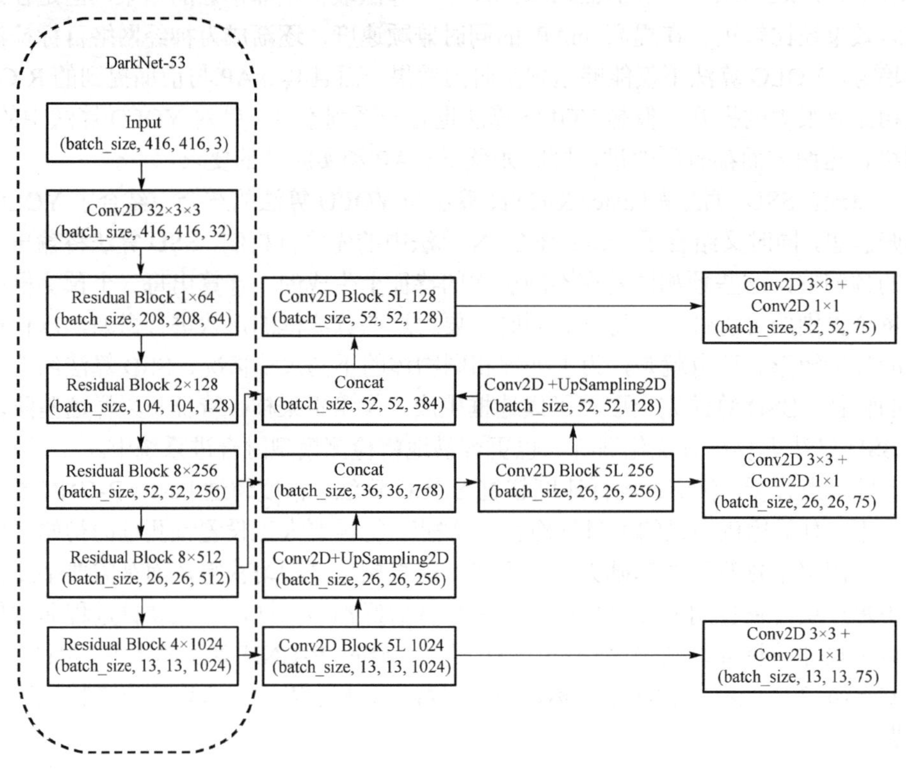

图 6-7 YOLOv3 的网络结构

YOLOv3 算法的整体网络设置文件详见附录 A。

6.3.1　边界框的预测

YOLOv3 算法首先将原始输入图像缩放到 416×416 大小；然后将其划分为 $S \times S$ 大小的网格。若待检测物体的真值框中心点处在某个格子中，此时这个格子就专门负责检测这个物体，每个格子都需要检测出 B 个边界框，以及 C 个类别的检测概率；最终输出每个类别的目标边界框，同时计算每个边界框的置信度。置信度由两部分确定：①每个网格中包含检测目标的概率；②边界框的准确度。其中，边界框的准确度用符号 $t_{\text{confidence}}$ 表示，它是预测框和真值框的交并比（Intersection Over Union，IOU），IOU 的计算公式如式（6-1）所示。

$$\text{IOU} = \frac{\text{area of overlop}}{\text{area of union}} = \frac{\text{area}(B_{\text{p}} \cap B_{\text{gt}})}{\text{area}(B_{\text{p}} \cup B_{\text{gt}})} = \frac{▣}{■} \tag{6-1}$$

式中，B_{p} 为预测框；B_{gt} 为真值框；area 为面积。

通过式（6-1）可以得到边界框的准确度 $t_{\text{confidence}}$ 的计算公式：

$$t_{\text{confidence}} = \Pr(\text{object}) \times \text{IOU}_{\text{pred}}^{\text{truth}} \tag{6-2}$$

式中，$\Pr(\text{object})$ 表示是否存在某类检测物体，若存在，则为 1，否则为 0。

每个网格预测出来的类别置信度为

$$\Pr(\text{class}_i \mid \text{object}) \times \Pr(\text{object}) \times \text{IOU}_{\text{pred}}^{\text{truth}} = \Pr(\text{class}_i) \times \text{IOU}_{\text{pred}}^{\text{truth}} \tag{6-3}$$

式中，$\Pr(\text{class}_i \mid \text{object})$ 表示某一类检测物体在网格中出现的概率。

理解这几个参数之后，可以对边界框进行预测。YOLOv3 边界框预测的流程如图 6-8 所示。

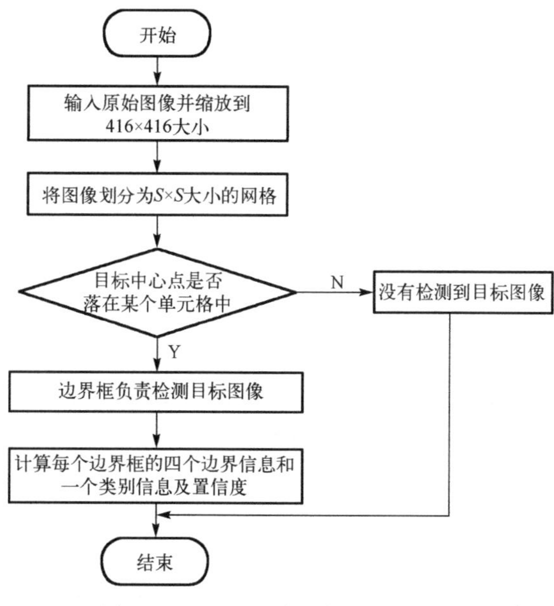

图 6-8　YOLOv3 边界框预测的流程

YOLOv3 预测时，每一个网格中心都有可能预测多个边界框，这就需要进行进一步的剔除筛选。通常的步骤是：首先通过设定合适的阈值，剔除掉置信度低于阈值的边界框，获得置信度高于阈值的边界框；接着对获得的边界框进行非极大值抑制操作，选取置信度最优的边界框作为最终结果。在 YOLOv3 中，预测框有 x、y、w、h 四个参数，为了加快网络的运行速度，将这四个参数进行归一化处理，如图 6-9 所示。此处假设将输入图像划分为 7×7 大小的网格。

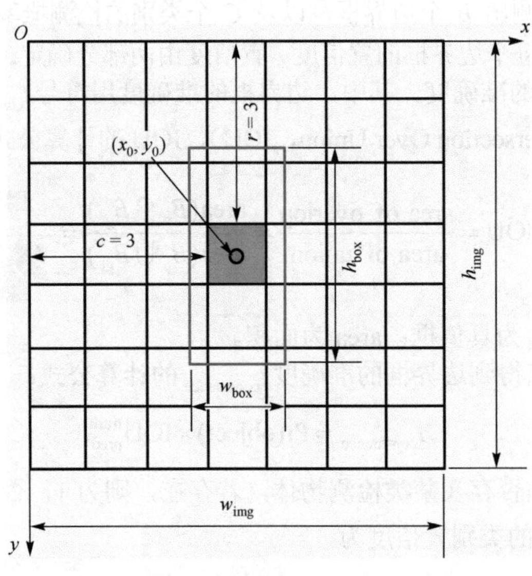

图 6-9　预测框示意图

图 6-9 中，灰色矩形框代表预测的预测框的位置；(x_0, y_0) 为预测框的中心点坐标；待检测物体的中心点网格坐标为 (r, c)；w_{box} 和 h_{box} 分别为预测框的宽度和高度；w_{img} 和 h_{img} 分别为输入图像的宽度和高度。归一化过程如式（6-4）所示。

$$
\begin{aligned}
w &= \frac{w_{\text{box}}}{w_{\text{img}}} \\
h &= \frac{h_{\text{box}}}{h_{\text{img}}} \\
x &= x_0 \cdot \frac{S}{w_{\text{img}}} - c \\
y &= y_0 \cdot \frac{S}{h_{\text{img}}} - r
\end{aligned}
\tag{6-4}
$$

通过归一化处理后，可以得到 YOLOv3 预测输出的所有信息，即 x、y、w、h 和 $t_{\text{confidence}}$，以及 C 个类别中的某一类。故网络整体输出大小为 $S \times S \times (5 \times B + C)$。

6.3.2　损失函数

在损失函数方面，YOLOv3 使用二值交叉熵损失函数，该损失函数包含了坐标误差、

分类误差，以及 IOU 误差。其计算公式为

$$\begin{aligned}\text{loss\_functions} = &\lambda_{\text{coord}} \sum_{i=0}^{S^2} \sum_{j=0}^{B} I_{ij}^{\text{obj}}[(x_i - \hat{x}_i)^2 + (y_i - \hat{y}_i)^2] + \\ &\lambda_{\text{coord}} \sum_{i=0}^{S^2} \sum_{j=0}^{B} I_{ij}^{\text{obj}}\left[\left(\sqrt{w_i} - \sqrt{\hat{w}_i}\right)^2 + \left(\sqrt{h_i} - \sqrt{\hat{h}_i}\right)^2\right] - \\ &\sum_{i=0}^{S^2} \sum_{j=0}^{B} I_{ij}^{\text{obj}}[C_i \log(C_i) - (1 - \hat{C}_i)\log(1 - C_i)] - \\ &\lambda_{\text{noobj}} \sum_{i=0}^{S^2} \sum_{j=0}^{B} I_{ij}^{\text{noobj}}[C_i \log(C_i) - (1 - \hat{C}_i)\log(1 - C_i)] - \\ &\sum_{i=0}^{S^2} I_{ij}^{\text{obj}} \sum_{c \in \text{classes}} [\hat{p}_i(c)\log(p_i(c)) + (1 - \hat{p}_i)\log(1 - p_i(c))]\end{aligned} \tag{6-5}$$

式中，S 为划分网格的系数；B 为单个网格中需要预测出预测框的个数；C 为总类别个数；p 为预测的类别概率；w_i 为第 i 个网格中预测框的宽度；h_i 为第 i 个网格中预测框的高度；x_i 为第 i 个网格中预测框的中心点横坐标；y_i 为第 i 个网格中预测框的中心点纵坐标；$\hat{*}$ 为标注的数据集中对应的数据；I_{ij}^{obj} 为第 i 个网格中的第 j 个真值框预测某个目标；I_{ij}^{noobj} 为第 i 个网格中的第 j 个真值框未预测某个目标；式中右侧第一项为中心坐标的误差；右侧第二项为预测框的宽高坐标误差；右侧第三、四项为预测的置信度误差。

6.3.3　特征提取网络

DarkNet 框架是一个轻量级的深度学习框架，它基于 C 语言和 CUDA 开发；可以依赖 CPU 和 GPU 两种方式计算，对设备要求较低，容易迁移，易于安装，灵活性较强，同时容易从底层代码对算法进行改进和扩展，具有众多优点。

YOLOv3 在先前版本的基础上，设计了综合性能更优的主干特征提取网络——DarkNet-53。DarkNet-53 通过借鉴残差神经网络的思想，将 DarkNet-19 和残差神经网络进行融合，在卷积和卷积组合的基础上增加了一个跳跃连接。其准确率与 SOTA 分类网络接近，但是却极大地提升了检测速度。DarkNet-53 特征提取网络主要由 3×3 和 1×1 的卷积层构成。残差单元与卷积模块如图 6-10 所示。

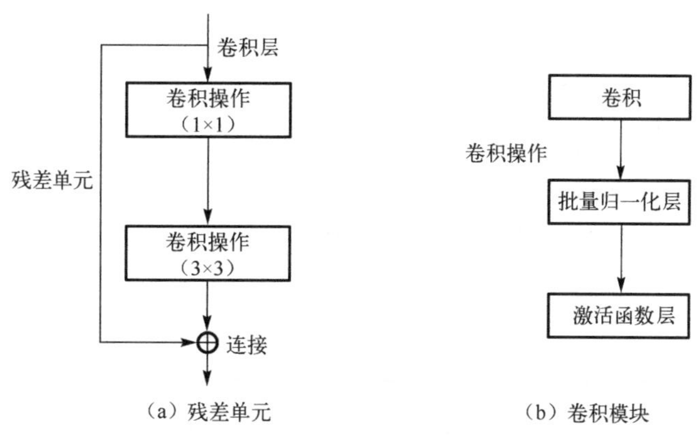

图 6-10　残差单元与卷积模块

在 YOLOv3 的残差单元中，卷积层首先进行一次 3×3、步长为 2 的卷积操作，然后保存该卷积层；接着进行一次 1×1 和 3×3 的卷积操作（用来改变通道的个数）；同时将该结果与之前保存的卷积层相加，得到最终结果作为残差单元的输出。图 6-10 中批量归一化层的目的是加快训练时的收敛速度，激活函数层的目的是避免由于增加网络层的深度而带来梯度消失的问题。同时 YOLOv3 利用特征金字塔网络结构（Feature Pyramid Network，FPN）的思想，在不同的特征层上提取不同的尺度特征，最终输出 13×13、26×26、52×52 三种不同的小、中、大尺度特征图，进行多尺度预测。该模型通用性更强，适应于多种尺度的目标检测任务，尤其对小目标的检测精度有了较大的提升。

6.3.4 多种网络对比效果

查看 2020 年的 ArXiv 数据库，得到的数据如表 6-2 和表 6-3 所示（实验数据均在 Titan X 平台上运行获取，实验图像大小为 320×320）。

表 6-2 各种主干网络的运行性能对比

运行性能	DarkNet-19	ResNet-101	ResNet-152	DarkNet-53
Top-1	74.1	77.1	77.6	77.2
Top-5	91.8	93.7	93.8	93.8
Bn Op（网络运算需要 *n* 个十亿次运算量）	7.29	19.7	29.4	18.7
BFLOP/s（每秒钟网络可以运行 *n* 个十亿次计算量）	1246	1039	1090	1457
FPS	171	53	37	78

表 6-2 中，Top-*N* 代表在得分最高的前 *N* 个预测结果中，待检测的目标在预测结果中，其等价于检测的准确率，其数值越大，准确率越高；Bn Ops 和 BFLOP/s 能够代表神经网络的计算效率，其数值越大，计算效率越高；主干网络的整体运行速度可直接用 FPS（Frame Per Second，帧率）描述，其数值越大，运行效率越高。由表 6-2 可以看出，DarkNet-53 的运行效率低于 DarkNet-19，但是其准确率明显较高；ResNet-101 和 ResNet-152 的准确率与 DarkNet-53 的几乎相等，但是 DarkNet-53 的运行效率分别约是 ResNet-101 和 RestNet-152 的 1.5 倍和 2 倍。

表 6-3 多种主干网络的识别精准度

one-stage 算法	主干网络	AP	AP50	AP75
YOLOv2	DarkNet-19	21.6	44.0	19.2
SSD513	ResNet-101-SSD	31.2	50.4	33.3
DSSD513	ResNet-101-DSSD	33.2	53.3	35.2
RetinaNet	ResNet-101-FPN	39.1	59.1	42.3
RetinaNet	ResNetXt-101-FPN	40.8	61.1	44.1
YOLOv3 608×608	DarkNet-53	33.0	57.9	34.4

表 6-3 中，AP 表示平均精准度；AP50 和 AP70 代表 IOU 分别为 0.5 和 0.7 时的平均精准度。对比表 6-3 中的数据，可以看出，在识别精准度这一个指标上，RetinaNet 的表现最

为突出，但是查阅数据库可以发现，在 Titan X 上，RetinaNet 在 198ms 内可以达到 mAP 为 57.5 的运行效果，而 YOLOv3 在 51ms 内可以达到 mAP 为 57.9 的运行效果。在运行效果几乎相同的情况下，YOLOv3 的运行速度比 RetinaNet 快 3.8 倍。此外，YOLOv3 在识别精准度上均优于 SSD 和 YOLOv2。

综上所述，在兼顾运行性能、精准度和检测速度的条件下，选用 YOLOv3 算法无疑是较为合适的。

6.4 机器人目标识别综合实践

实验中发现，由于环境障碍物的背景较为复杂，识别难度较大，尤其是在环境障碍物遮挡极其严重时，摄像机难以获取完整的障碍物信息。障碍物在图片中往往以一小段一小段的形式显露出来，如图 6-11 所示。

图 6-11　环境障碍物存在区域（扫码见彩图）

从图 6-11 中可以看到，方框中都存在较为明显的障碍物，而这些障碍物相对于整个图像而言，只占据了较小的区域。这样的小目标会增大物体识别的难度，同时小目标预测框的定位精度也是一大难点。若这些枝干识别不出来，则对后续的枝干重建工作有极大的影响。而在 YOLOv3 算法中，小目标物的识别一直也存在缺陷。故本节从这两点着手，即增加对小目标的感知性和提高小目标的定位精度，对 YOLOv3 算法提出了改进方法，并将改进后的神经网络算法命名为 I-YOLOv3（Improved-YOLOv3）。

6.4.1 加深网络层级

参考书籍 *Deep Learning*，可以得到增加网络的深度对神经网络的影响，如图 6-12 所示。

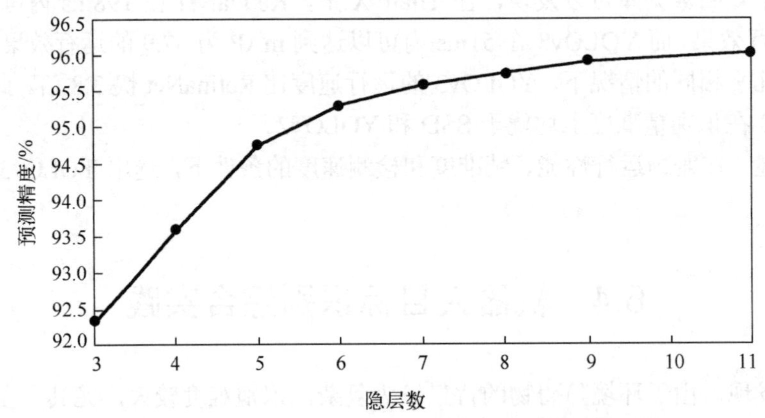

图 6-12　预测精度与网络层深度关系曲线

同时针对 ImageNet 中的冠军模型进行分析，如图 6-13 所示。

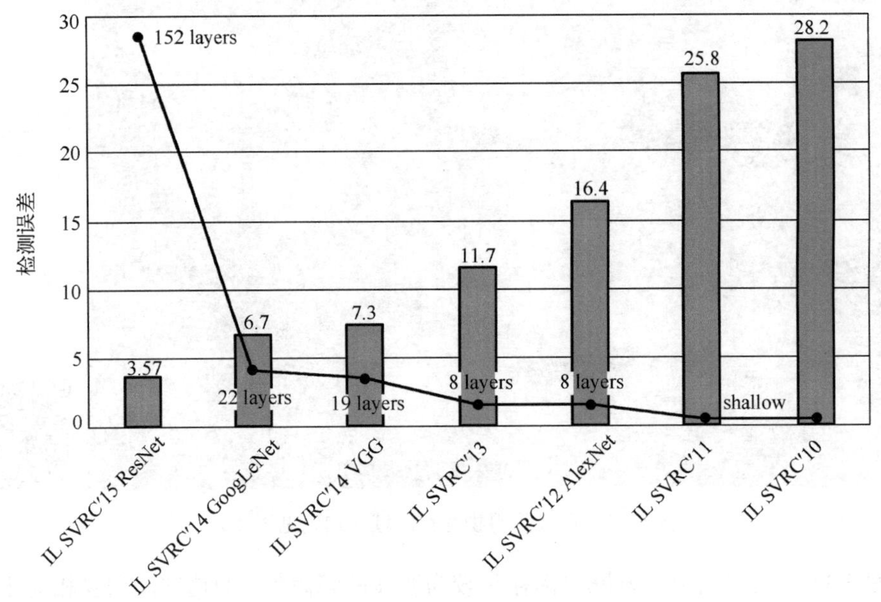

图 6-13　ImageNet 中的冠军模型性能比较

图 6-12 和图 6-13 都是从相关领域数据库中得出的。可以看到，网络层级越深，其网络的表达能力越强，表现越出色。增加网络的深度可以对神经网络的性能产生如下影响。

（1）能够更好地拟合输入图像的特征，增强网络结构的表达能力。更深的网络结构能够增强网络的非线性表达能力和学习能力，丰富网络的语义信息。换句话说，就是在复杂的输入中，具有良好的表现能力。对于本书来说，环境障碍物本身就是一个较为复杂的物体，增加网络的深度，有利于增强模型对障碍物的“认知”能力。

（2）增加网络的深度，意味着当表达相同信息时，每一层需要表达的信息更少。这样，就可以有效地减少网络的结构参数个数，有利于网络的逐层学习。

（3）更深的网络层使得深层卷积核的有效感受视野更大，有利于对小目标的识别。本书已经提及过，由于障碍物的遮挡，障碍物以小段目标的形式出现，对障碍物的识别有较大的影响，故增加网络的深度能够获取到更加丰富的障碍物信息，有利于障碍物的重建工作。

但是过度加深网络结构也会带来梯度不稳定、网络饱和等影响，故不能过度增加网络的深度。本书在 YOLOv3 主干网络的基础上，额外增加两个 1×1 和 3×3 大小的卷积层，作为 I-YOLOv3 的特征提取网络，并将其命名为 DarkNet-57，如图 6-14 所示。

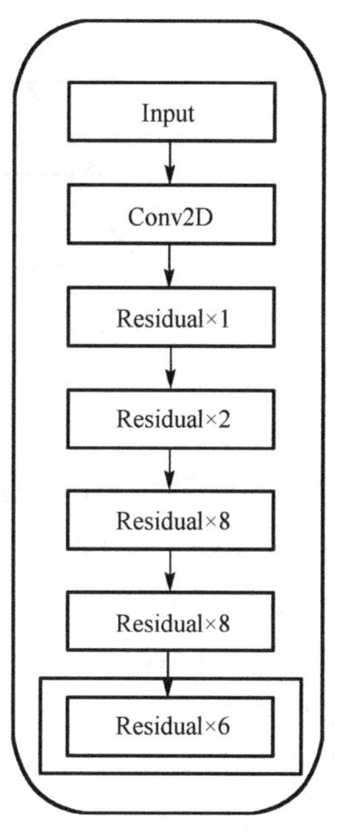

图 6-14　DarkNet-57 主干特征提取网络结构（Residual 表示残差块）

6.4.2　基于图像金字塔的网络重构

在神经网络中，将不同尺度的特征层进行融合，是一个有效提高分割性能的手段。利用特征可视化技术将 DarkNet-57 中 7 个不同阶段的残差模块的输出层进行显示，并缩放到同等大小，结果如图 6-15 所示。

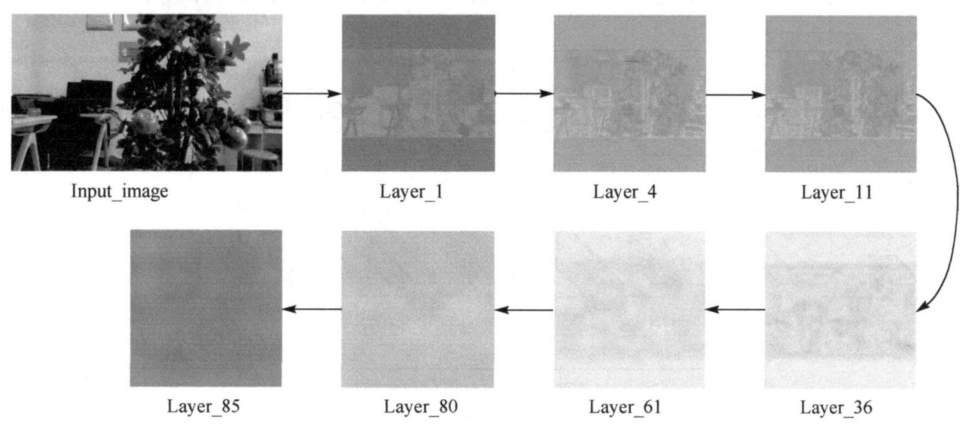

图 6-15　不同阶段残差块的输出图像

可以看到，在 Layer_1～Layer_4 阶段，图像的分辨率较高，能够较为清晰地看到障碍物的轮廓和所处的位置。这些层通常也被称为低层特征图，它们往往包含较为具体的位置等细节信息。而在 Layer_61～Layer_85 阶段，这些图只能依稀看到黑白相间的像素点，这些点表达了图像中某一个具体物件的所属类别，即语义信息。这些层通常也被称为高层特征图。如何将低层特征图和高层特征图高效融合，将位置信息和语义信息有效结合，利用二者的优点进行预测是改善网络性能的关键一步。

特征金字塔网络（Feature Pyramid Networks，FPN）能够对不同尺度的特征进行融合预测，其结构如图 6-16 所示。

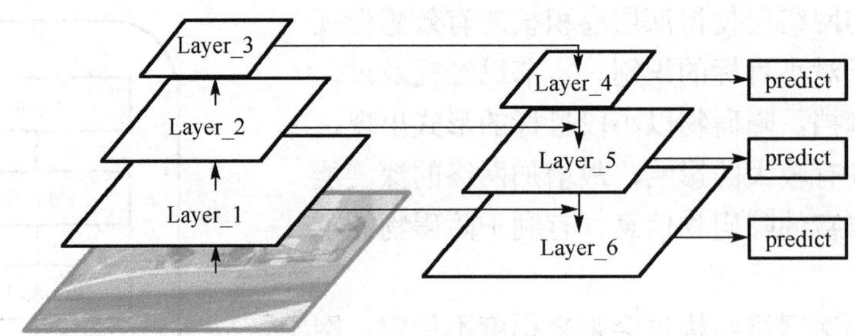

图 6-16　特征金字塔网络结构

在整个预测过程中，首先将输入的原始图像进行卷积操作，得到特征层 Layer_1、Layer_2 和 Layer_3，Layer_3 生成 Layer_4；然后对特征层 Layer_4 进行上采样操作，使其具有与 Layer_2 相同的尺寸，对 Layer_2 和 Layer_4 进行卷积操作，将获得的结果输出为 Layer_5；接着 Layer_4 用于预测层的输入。以此类推，就可以将不同层的特征图进行融合。通过构建这样一个深层次的网络金字塔，融合多层的特征信息，在不同尺度的特征图上进行预测。

本书也借鉴了这样的融合思想，对 YOLOv3 算法进行优化改进。将不同阶段的高层特征图和低层特征图进行融合，最终得到 3 组不同尺度的特征图用于 I-YOLOv3 的网络预测输出，其网络层融合的细节信息如下。

本书设置输入图像的大小为 608×608×3。I-YOLOv3 网络结构如图 6-17 所示。

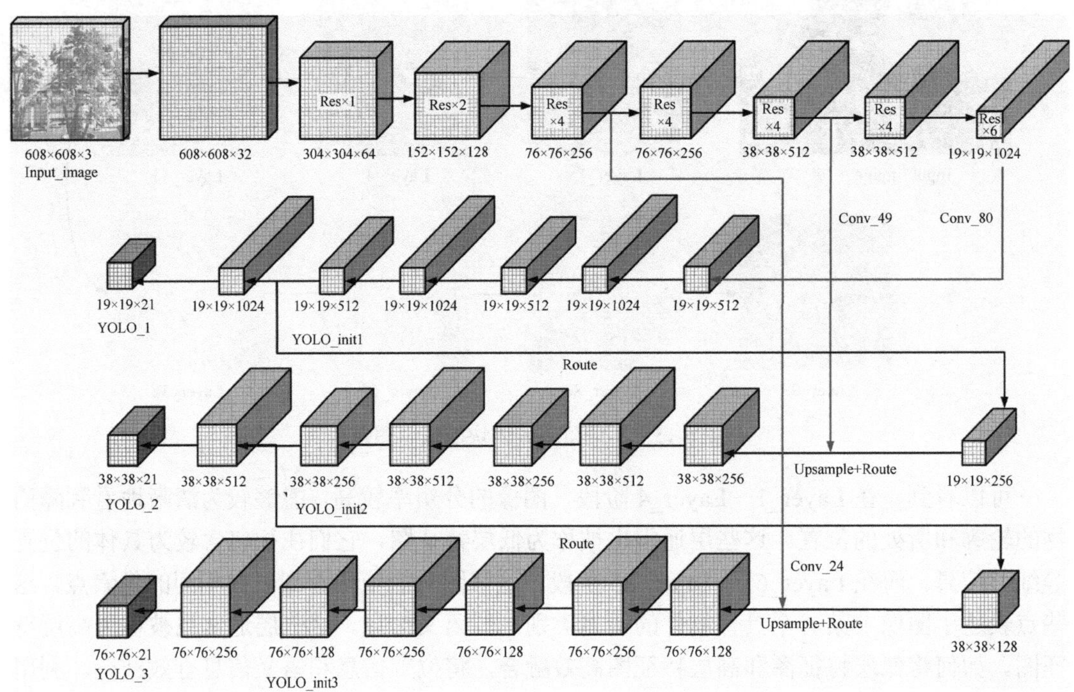

图 6-17　I-YOLOv3 网络结构（扫码见彩图）

第一步：通过 DarkNet-57 得到特征网络，将 Conv_80 连续地进行 1×1 和 3×3 的卷积操作，得到第一组初始 YOLO 层，记为 YOLO_init1。

第二步：将 YOLO_init1 进行一次 1×1 和 3×3 的卷积操作，得到第一组最终特征 YOLO 层，记为 YOLO_1。

第三步：将 YOLO_init1 进行采样操作，与 DarkNet-53 中的 Conv_49 进行卷积，继续使用连续的 1×1 和 3×3 的卷积操作，得到第二组初始 YOLO 层，记为 YOLO_init2。

第四步：将 YOLO_init2 进行一次 1×1 和 3×3 的卷积操作，得到第二组最终特征 YOLO 层，记为 YOLO_2。

第五步：将 YOLO_init2 进行上采样操作，与 DarkNet-53 中的 Conv_24 进行卷积操作，继续使用连续的 1×1 和 3×3 的卷积操作，得到第三组初始 YOLO 层，记为 YOLO_init3。

第六步：将 YOLO_init3 进行一次 1×1 和 3×3 的卷积操作，得到第三组最终特征 YOLO 层，记为 YOLO_3。

通过上述步骤重构网络结构，将会得到 3 组不同尺度的最终特征 YOLO 层：YOLO_1、YOLO_2 和 YOLO_3，并利用这 3 组特征 YOLO 层，进行位置和类别的预测。

6.4.3　K-means 先验框聚类

YOLOv3 算法沿用了 Faster R-CNN 的先验框机制。其中先验框的宽高比对物体检测的精度和速度有着一定的影响。在训练过程中，候选框的参数也会随着迭代次数的增加不断地调整，使其更加接近真值框的参数。在 YOLOv3 算法中，先验框的参数是在 COCO 数据集上训练出来的，而 COCO 数据集中物体的形状大都是方形，本书中需要识别的目标物可以用方形框预测，但若环境障碍物为细长型，则需要重新进行聚类操作，得到更加精准的先验框。通常采用 K-means 聚类算法进行聚类。在目标检测中，常用预测框和先验框的重叠度交并比 IOU(B,C)作为聚类时距离衡量的标准，IOU 的计算公式如式（6-1）所示，衡量标准的计算公式如式（6-6）所示。

$$d(B,C)=1-\mathrm{IOU}(B,C) \tag{6-6}$$

式中，B 为样本聚类的结果；C 为所有样本簇的中心。

通过 P-R 曲线计算 mAP 值并衡量模型性能，绘制 P-R 曲线，详见附录 B。附录 C 是网络训练过程代码，附录 C 中的网络需要将附录 A 的代码加载进来，训练结束后用附录 B 的代码进行精度验证。附录 A、附录 B、附录 C 这三段代码可以应用到本书中有关神经网络进行目标识别的地方。

6.5　本 章 小 结

本章主要解决了目标物和枝干的识别问题，以及枝干的重构问题。首先针对小目标区域的识别问题，对 YOLOv3 算法的网络结构进行了重构，提出了 I-YOLOv3 算法，用来识别目标物和枝干；然后针对 I-YOLOv3 预测框背景过多的问题，利用最小外接矩形的方式获取到更加精准的预测框；接着遍历搜索，利用距离约束和角度约束，判断出了所有隶属于同一枝干的预测框组；最后采用多项式拟合法对枝干的曲线进行了拟合，重构了枝干的三维空间结构。

习 题 6

6.1 简述物体识别的发展历程。

6.2 设计并实践传统物体识别方法。

6.3 设计并实践基于深度学习的目标检测算法。

6.4 设计并实践 YOLO 算法。

6.5 设计并实践常用的障碍物识别方法。

思政内容

第 7 章　机器人路径规划综合设计与实践

7.1　概　　述

第 5 章设计与实践了机器人视觉感知系统；第 6 章设计与实践了目标识别和障碍物识别，并重构了障碍物的三维空间。在此基础上，本章将设计和实践机器人的路径规划。本章重点解决两个问题：一是在二维空间中，机器人如何移动到目标物的周围；二是在目标物所处的多障碍物三维空间中，机器人末端执行器通过什么样的路径去抓取目标物。

7.2　机器人路径规划理论基础

获取到八叉树地图，将其进行降维操作，成为二维栅格地图，方便机器人进行路径规划。根据机器人是否拥有地图，可以将路径规划概括分为两大类：基于地图的路径规划和无地图的路径规划。其中基于地图的路径规划需要先验知识，而后者是指移动机器人识别并跟踪某个目标物，从而解决各种特定目的的导航问题。两种路径规划方式又分为了若干子类，具体如图 7-1 所示。

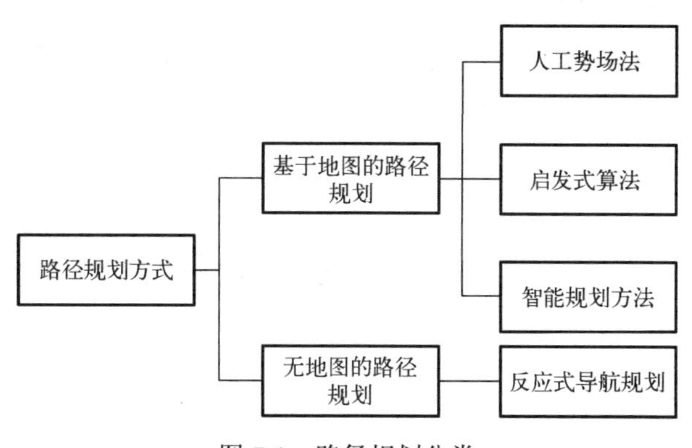

图 7-1　路径规划分类

除此之外，还有其他的分类方式，如按照路径的完备性，可以将规划问题分为分辨率完备和概率完备两种形式。分辨率完备的主要方法包括行车图法、单元分解法、势场法；而概率完备的主要方法包括 PRM（Probabilistic Road Maps）、RRT（Rapidly-exploring Random

Tree）等，在此就不一一赘述。本书利用基于地图的路径规划，故将着重描述这种方式。下面将介绍图 7-1 中的 3 种路径规划方式。

（1）人工势场法[42]。人工势场法是在二维（2D）栅格地图上实现的，采用了虚拟力场法（Virtual Force Field）。假设在栅格地图中，包含障碍物的栅格上面存在着排斥移动机器人前进的虚拟力，这个力用于排斥机器人以绕开障碍物；包含目标点的栅格上面存在着吸引移动机器人前进的虚拟力，这个力用于吸引机器人朝着目标点位置移动。所有栅格中排斥力和吸引力均以向量的形式表现，合力按照向量的和计算，用于推动移动机器人的运动。将排斥力和吸引力组合构成一个虚拟力势场。然而，人工势场法存在着搜索时发生“局部最小”的情况，即机器人会因为在势场中由于合力等于零而出现不运动的情况。为了解决这个问题，需要引入更多的参数。

（2）智能规划方法。智能规划方法包括模糊逻辑控制法、蚁群算法、粒子群算法、遗传算法、神经网络算法等新兴的智能技术。模糊逻辑控制法采用一种近似自然语言的方式，将目前已知的环境障碍物信息作为模糊推理的输入量，通过模糊推理的方式来输出移动机器人的运动方式；蚁群算法[43]是通过模拟蚂蚁寻找食物的最短路径行为设计的一种仿生学算法；粒子群算法[44]也称为鸟群觅食法，从随机解出发，通过迭代的方式寻求最佳解，这种算法搜索速度快，精度较高；遗传算法采用多点式搜索方法，能够极大可能地搜索到全局最优解。

（3）启发式算法。启发式算法以 A*算法为代表，其为 Dijkstra 算法的改进体。随后有学者也提出了 D*算法，D*算法主要利用了 A*算法使用启发式评价函数这个优点，能够解决动态最短路径问题。这两种算法都能够根据机器人在运动过程中获取的环境信息快速修正和重新规划出一条最优的路径，能够有效地减少局部规划时间，满足实时导航规划的要求。此外，许多研究工作者通过修改 A*算法的启发式评价函数和图搜索的方向，能够有效地提高 A*算法的路径规划速度，对复杂环境具有一定的适应能力。

各种算法优缺点并存，结合本机器人的软件平台 ROS，在 ROS 导航开发包中，提供了两种基于栅格地图的路径规划算法，其中包括了 A*算法，可直接嵌套使用，实现较为容易。故本书选用 A*算法用于机器人路径规划综合设计。

7.3 机器人路径规划综合设计

7.3.1 二维空间全局路径规划

将已知的三维地图降维成二维栅格地图，在这种环境地图已经完全知道的情况下进行路径规划，也被称为全局路径规划问题。全局规划的准确性是由环境地图的精准度来决定的。本书设定二维栅格地图的分辨率为 1cm，即每个栅格的宽度代表实际场景中 1cm

的距离，对于本书的路径规划来说，已经足够使用。下面将详细介绍 A*算法的原理及相关改进。

1. A*算法

A*算法在 1968 年被 Hart、Nilsson 和 Raphael 共同提出[45]，它是一种较为有效地求解最优路径的直接搜索算法。它通过结合 BSF 算法和 Dijkstra 算法[46]，引入了启发式评价函数，避免了盲目搜索，提高了搜索效率，大幅度地提高了路径规划准确性。A*算法包括从当前节点到目标节点的成本估计，以及从出发节点到当前节点的实际花费代价。采用数学模型来表达某条最优路径的估算函数，如式（7-1）所示。

$$f(n) = g(n) + h(n) \tag{7-1}$$

式中，$f(n)$为从出发节点到目标节点的最小代价估计，它由两部分组成；$g(n)$为从出发节点到当前节点 n 的实际路径代价；$h(n)$为上文中提到的启发式评价函数，其表示从当前节点 n 到目标节点的最小路径估计代价。

在 A*算法中，代价的数值通常用距离值表示，常用的距离有曼哈顿（Manhattan）距离、欧氏（Euclidean）距离、切比雪夫（Chebyshev）距离等。同时，A*算法还需要满足如下几个条件。

（1）在整个搜索空间内存在最优解。

（2）求解的空间是有限的。

（3）每一个子节点的搜索代价均大于 0。

（4）$h(n) \leqslant h^*(n)$，其中 $h^*(n)$为实际的代价。

第 4 个条件表明，对于 A*算法，启发式评价函数 $h(n)$是十分重要的。$g(n)$是当前已经消耗的代价，其值是固定不变的，而影响整体估计代价 $f(n)$的唯一因素就是 $h(n)$。对于 $h(n)$来说，设定的约束条件越多，排除路径的可能性就越多，那么相应的搜索效率就越高。当 $h(n)=0$ 时，此时的算法就是 Dijkstra 算法，这种情况下，无疑增加了搜索的节点，降低了搜索效率，但是总是能够寻找到一条最短的路径。当 $h(n) \leqslant h^*(n)$ 时，A*算法一定能够搜索出一条最优路径，同时还能保持较高的搜索效率。

A*算法的搜索过程如图 7-2 所示。在整个搜索过程中，A*算法主要利用了两个集合：close_set 和 open_set。open_set 中主要存放没有检测过的点，而 close_set 中主要存放已经检测过的点。open_set 中的元素按照 f 值升序排列，每次循环搜索时，都先从 open_set 中选取 f 值最小的节点进行检测，将检测出的点放入 close_set 中，同时计算与该点相邻的节点的 f、g、h。当 open_set 中节点为空时或者搜索到目标节点时，停止搜索。

以一个 5×5 大小的网格为例，假设其出发点为 S，终点为 E，水平和竖直方向上的移动代价为 10，且只能沿着水平或者竖直方向移动，那么整个搜索过程如图 7-3 所示。

图 7-3 中，黑色栅格代表障碍物；红色箭头代表最终获得的最优路径；每个小格子上面的数值表示如下：右上角数值代表 g 值，右下角数值代表 f 值，左下角数值代表 h 值。

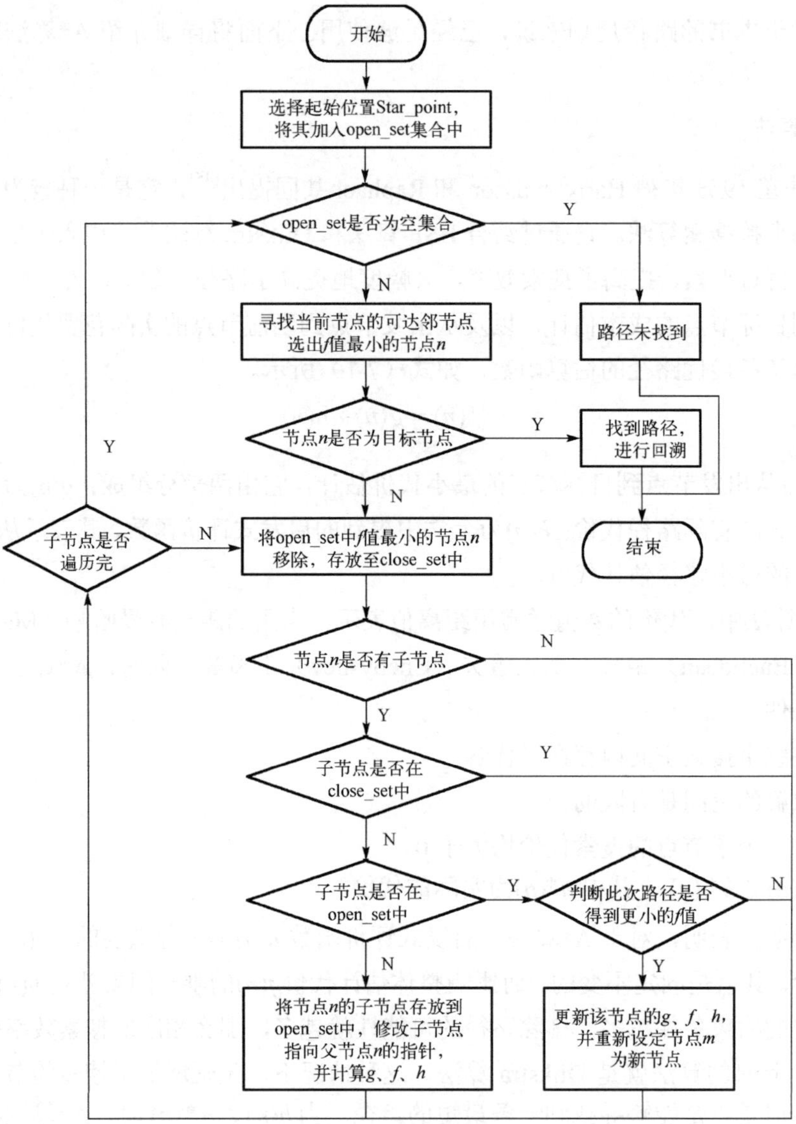

开始

选择起始位置Star_point，将其加入open_set集合中

open_set是否为空集合

Y

路径未找到

N

寻找当前节点的可达邻节点选出f值最小的节点n

节点n是否为目标节点

Y

找到路径，进行回溯

结束

N

将open_set中f值最小的节点n移除，存放至close_set中

子节点是否遍历完

Y

N

节点n是否有子节点

N

Y

子节点是否在close_set中

Y

N

子节点是否在open_set中

Y

判断此次路径是否得到更小的f值

N

Y

更新该节点的g、f、h，并重新设定节点m为新节点

N

将节点n的子节点存放到open_set中，修改子节点指向父节点n的指针，并计算g、f、h

图 7-2 A*算法的搜索过程

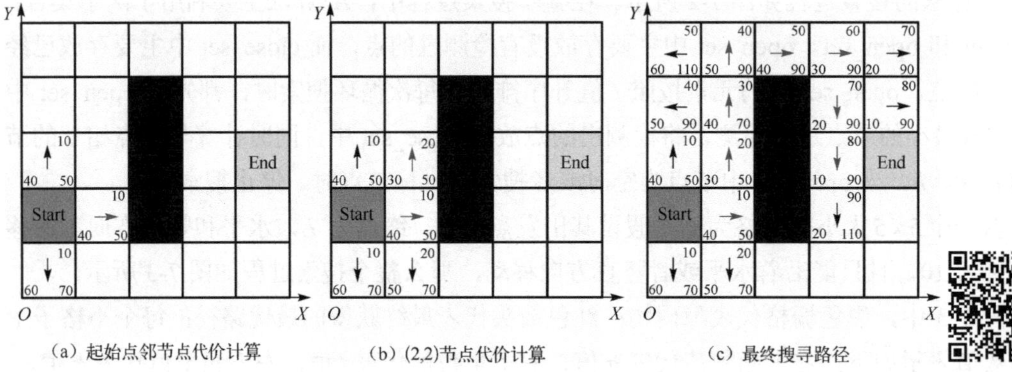

图 7-3 A*算法搜索示意图（扫码见彩图）

2. A*算法的改进

传统的 A*算法是一个单向搜索递进的过程，当场景较为简单时，A*算法能够在较短的时间内寻找到一条最优路径。但是，由于实际场景构建出来的地图往往空间较大，地图的状况也较为复杂，这样就会增加路径搜索的时间。针对这一问题，本书对 A*算法进行改进，采用双向搜索的方式来提高搜索效率（只将时间最优作为约束条件）。

A*算法是从出发点到目标点的单向搜索。而所谓的双向搜索，就是从出发点和目标点同时开始向着对方搜索，构建两个单向搜索。将出发点到目标点的单向搜索看作正向搜索，目标点到出发点的单向搜索看作反向搜索。正向搜索时，将反向搜索到的当前最优节点看作目标点进行搜索；反向搜索时，将正向搜索到的当前最优节点看作目标点进行搜索，两种搜索交叉进行，直到两种搜索的目标点为同一个目标点，搜索结束。

在有些特殊的情况下，会出现两种算法没有交叉点，那么此时利用单向 A*算法搜索即可。

双向 A*算法的实现流程如下。

A*算法利用了 open_set 和 close_set。而双向 A*算法则需要正向搜索的 open_set1 和 close_set1，以及反向搜索的 open_set2 和 close_set2。同时记正向搜索的估计函数为 $f_1(n)=g_1(n)+h_1(n)$，反向搜索的估计函数为 $f_2(n)=g_2(n)+h_2(n)$。

（1）初始化 open_set1 和 open_set2。

（2）先进行正向搜索，将当前节点 S 进行扩展搜索，对节点 S 之后的节点 n 进行如下操作。

① 判断节点 n 是否为障碍物或者已经搜索过的点，若是，则跳过；若不是，则计算 $f_1(n)=g_1(n)+h_1(n)$。

② 将节点 n 存放到 open_set1 中。

（3）判断 open_set1 是否为空集合，若是，则搜索失败，同时终止搜索；若不是，则将 open_set1 中的节点按照 f_1 值升序排列，从 open_set1 中选取 f_1 值最小的节点进行检测，将检测出的点放入 close_set1 中。如果该点也在 close_set2 中，那么终止搜索，跳到第 5 步，否则进行下一步。

（4）按照第 2、3 步进行反向搜索，将对应集合和代价函数进行相应的变换。

（5）根据估计函数，分别计算两种搜索方式的代价，同时判断两个 close 集合中是否有相交节点 N（出发点和目标点不计算在内），若有，则以节点 N 为中间连接点，分别回溯正向搜索和反向搜索，计算从出发点到节点 N 和目标点到节点 N 的两个代价，将二者相加得到总的代价值；若没有，则搜索失败，采用单项 A*算法进行搜索。

在不同大小的栅格地图中，对传统的 A*算法和双向 A*算法进行多组仿真实验，其中一组仿真结果如图 7-4 所示。

图 7-4 用不同的颜色代表搜索的各个阶段。其中，蓝色格子代表出发点；青色格子代表目标点；白色格子代表空白区域，即在栅格中没有任何障碍物，同时是未搜索的区域；黑色格子代表存在障碍物；玫红色格子代表在下一次搜索时的节点；红色格子代表正向搜索过程中，已经检索过的节点，但不是最优节点；黄色格子代表反向搜索过程中，已经检索过的节点，但不是最优节点；绿色格子代表出发点到目标点的搜索路径。

对 5 组不同实验进行数据记录，得到的结果如表 7-1 所示。

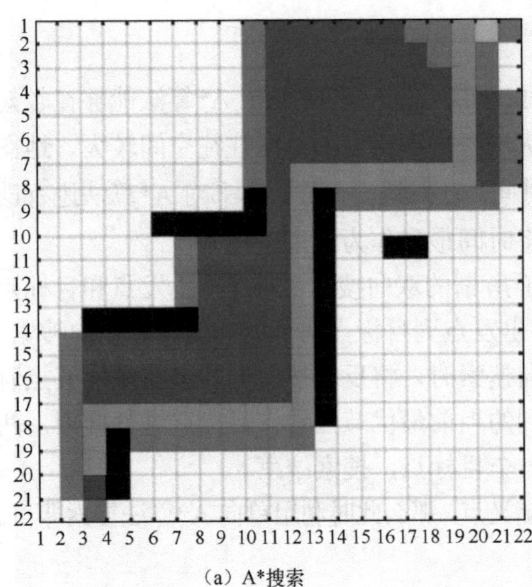
(a) A*搜索

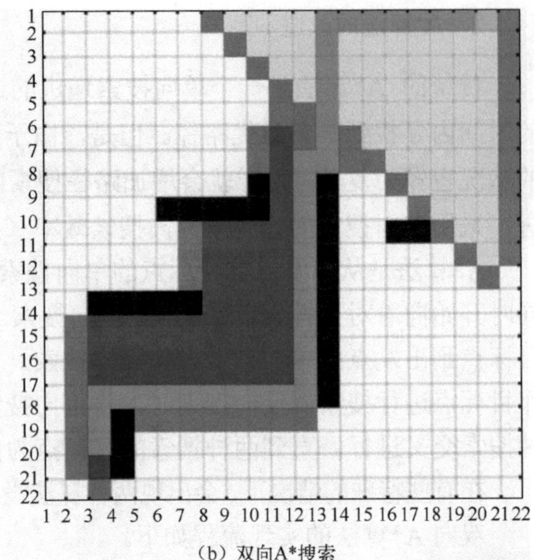
(b) 双向A*搜索

图 7-4 两种搜索方法仿真图（扫码见彩图）

表 7-1 搜索时间对比

不同组别实验	实验 1	实验 2	实验 3	实验 4	实验 5
单向搜索法消耗时间/s	0.8732	1.5734	2.2537	3.4218	4.2138
双向搜索法消耗时间/s	0.5732	0.9008	1.2523	1.8604	2.4356
降低时间/s	0.3002	0.6726	1.0014	1.5614	1.7782
降低百分比/%	34.4	42.7	44.4	45.6	42.2

由表 7-1 可以明显看到，利用双向搜索法进行路径规划，可以降低约 40%的消耗时间，对于场景较大的环境，会极大地缩减机器人整体的路径规划时间。

7.3.2 三维空间内路径规划

在高维空间中，针对机器人的路径规划问题，目前常用的解决方案是 RRT[47]（Rapidly-exploring Random Tree，快速扩展随机树）算法。该算法是由 Lavalle 于 1998 年提出的。它利用树形结构来代替具有方向的图结构；对状态空间的随机采样进行碰撞检测；通过采样和扩展树节点的方式最终获取到一条从起点到终点的有效路径。同时 RRT 算法是一种概率完备的搜索算法，即在自由空间中，只要存在可以指向起点到终点的路径，同时给足采样点，RRT 算法就一定能够寻找到一条可通过的路径。该算法不需要对空间结构进行精确建模，计算量小。截至目前，经过众多学者改进的 RRT 算法已经被广泛应用到机器人的路径规划问题中。在本节中，只针对仿人形移动机器人的作业臂末端执行器进行三维路径规划。

1. RRT 算法

以二维空间中的 RRT 算法为例，如图 7-5 所示，T_k 代表的是一棵已经拥有 k 个节点的扩展随机树；X_{init} 是树的根节点，也就是搜索的起点；X_{goal} 是扩展随机树空间内的目标点，即搜索的终点。搜索时，首先在随机树的可达空间中随机产生一个节点 $\boldsymbol{X}_{\text{rand}}$，然后遍历整棵扩展随机树 $\boldsymbol{T}_k$ 上的每一个节点，寻找到距离 $\boldsymbol{X}_{\text{rand}}$ 最近的那个节点 $\boldsymbol{X}_{\text{nearest}}$，再在方向 $\boldsymbol{X}_{\text{nearest}} \to \boldsymbol{X}_{\text{rand}}$ 上以 L 为步长距离，寻找生成一个新的节点 $\boldsymbol{X}_{\text{new}}$，对 $\boldsymbol{X}_{\text{new}}$ 进行判断，若满足条件，则将其加入扩展随机树 $\boldsymbol{T}_k$ 上。度量距离通常用欧氏距离计算，如式（7-2）所示。

$$\text{dis}(\boldsymbol{x}_1, \boldsymbol{x}_2) = \| \boldsymbol{x}_2 - \boldsymbol{x}_1 \|_2 \tag{7-2}$$

式中，$\| \cdot \|_2$ 为向量的二范数。

判断节点 $\boldsymbol{X}_{\text{new}}$ 到节点 $\boldsymbol{X}_{\text{goal}}$ 之间的距离，若 $\boldsymbol{X}_{\text{new}}$ 在 $\boldsymbol{X}_{\text{goal}}$ 的邻域内，即满足式（7-3），则搜索结束。

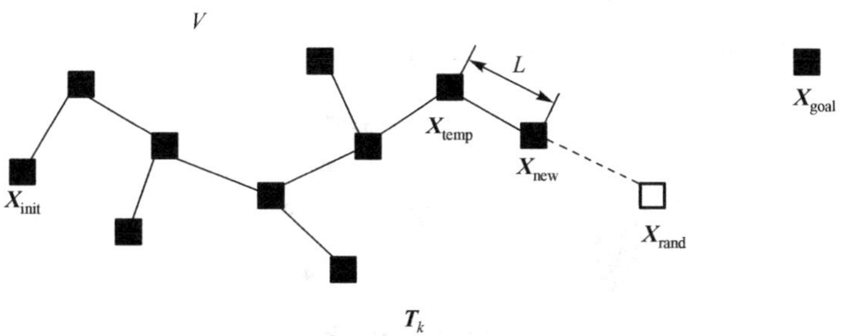

图 7-5　RRT 算法示意图

$$\| \boldsymbol{X}_{\text{new}} - \boldsymbol{X}_{\text{goal}} \|_2 \leqslant \text{dis}_{\text{goal}} \tag{7-3}$$

式中，dis_{goal} 为 $\boldsymbol{X}_{\text{goal}}$ 的邻域距离，也是循环搜索的停止标志距离。

RRT 算法的伪代码如图 7-6 所示。

```
RRT 算法
1. Function BuildRRT()                              //构造 RRT 函数
2. Input (X_init,X_goal,L,X,N)                      //初始化相关参数
3. Init T(X_init)                                   //初始化树
4. For n=1 to N                                     //进入循环搜索
     X_rand   =  RandomSample(X)                    //随机生成一个采样点
     X_nearest =  SearchNearest(T,X_rand)           //寻找到距离最近的点
     X_new = ExtendTree(X_near,T,L)                 //将最近点扩展到随机树上
      If CollisionCheck (X_nearest,X_new)==0        //碰撞检测
          T.add(X_new)                              //将新生成的节点加入随机树
      If( ||X_new − X_goal||_2 ⩽ dis_goal )         //判断是否到达目标点的邻域
        Return(T)                                   //返回扩展随机树
      If(n>N)
          Return failed                             //搜索失败
5. Path = PATH(T)
6. Return (Path)                                    //返回搜索路径
```

图 7-6　RRT 算法的伪代码

上述伪代码中引入了若干函数，说明如下。

（1）RandomSample 函数，它是随机采样函数，即所有的采样点均服从均匀分布。

$$\begin{cases} \boldsymbol{X}_{\text{rand}}.\boldsymbol{x} = p * [\max(\boldsymbol{X}.\boldsymbol{x}) - \min(\boldsymbol{X}.\boldsymbol{x})] + \min(\boldsymbol{X}.\boldsymbol{x}) \\ \boldsymbol{X}_{\text{rand}}.\boldsymbol{y} = p * [\max(\boldsymbol{X}.\boldsymbol{y}) - \min(\boldsymbol{X}.\boldsymbol{y})] + \min(\boldsymbol{X}.\boldsymbol{y}) \end{cases} \tag{7-4}$$

（2）SearchNearest 函数，它是寻找最近点的函数，具体如式（7-5）所示。

$$\boldsymbol{X}_{\text{nearest}} = \min \| \boldsymbol{X}_{\text{rand}} - \boldsymbol{T} \|_2 \tag{7-5}$$

（3）ExtendTree 函数，它是扩展随机树的函数，扩展公式如式（7-6）所示。

$$\boldsymbol{X}_{\text{new}} = \boldsymbol{X}_{\text{nearest}} + L \frac{\boldsymbol{X}_{\text{rand}} - \boldsymbol{X}_{\text{nearest}}}{\| \boldsymbol{X}_{\text{rand}} - \boldsymbol{X}_{\text{nearest}} \|_2} \tag{7-6}$$

（4）CollisionCheck 函数，它是碰撞检测函数，是一个布尔类型的函数。对于节点 $\boldsymbol{X}_{\text{nearest}}$ 到 $\boldsymbol{X}_{\text{new}}$ 之间的所有点，都表示为

$$\left\{ \boldsymbol{X}\text{：} \boldsymbol{x} \in (\boldsymbol{X}_{\text{nearest}}, \boldsymbol{X}_{\text{new}}), \boldsymbol{x} = \boldsymbol{x}_{\text{nearest}} + t \times (\boldsymbol{x}_{\text{new}} - \boldsymbol{x}_{\text{nearest}}), t \in [0,1] \right\} \tag{7-7}$$

对 RRT 算法进行仿真，结果如图 7-7 所示。

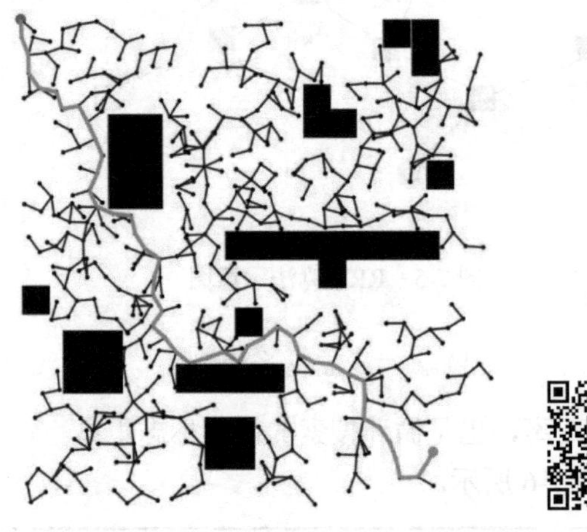

图 7-7　RRT 二维仿真图（扫码见彩图）

图 7-7 中，红色点代表搜索的起始点；绿色点代表目标点；黑色点代表搜索过程中新增加的节点；蓝色线代表树节点之间的联系；绿色折线代表最终搜索得到的路径。在仿真过程中，发现 RRT 算法存在一些缺陷。

（1）不同的采样策略会影响整体的收敛速度。

（2）邻近空间的范围选择会对算法的精确度有明显的影响。

（3）如果空间中障碍物信息过多，会导致求解速度过慢。

（4）随机算法导致规划出来的路径较为曲折。

2. RRT*算法

由于 RRT 算法在复杂环境中，路径搜索效率较低，故 Lavalle[48]于 2001 年提出了基于 *P* 概率的采样模式，通过概率值来决定采样空间内随机点的选取，提高了算法搜索的效率。同时，他与 Kuff 教授提出了双向搜索的策略来提高算法的效率，其基本思想类似于上文中提到的双向 A*搜索法，即同时从起始点和目标点产生两棵树，双向依次搜索，交替进行，这样使得搜索的效率得到了极大的提升。而本书中，主要针对作业臂手爪进行三维空间路径规划，在保证安全操作的情况下，更多要求是需要一条最优的路径（本书主要考虑消耗最小和路径最短）。RRT*算法是 Karaman[49]在 2011 年提出的，将代价函数引入 RRT 算法中，通过多次迭代来优化之前的路径。RRT*算法在保留 RRT 算法优点的同时，还能够通

过代价函数的引入使得 RRT*算法既能快速有效地实现路径规划，又能得到一条满足条件的最优路径。

RRT*算法主要通过引入代价函数来实现路径的优化。其大体思路与 RRT 算法相似，具体算法原理如下。

（1）初始化拥有 k 个节点的扩展随机树 $\boldsymbol{T}_k$。树的根节点是 $\boldsymbol{X}_{\text{init}}$，目标节点是 $\boldsymbol{X}_{\text{goal}}$。

（2）在树形空间内选取随机点 $\boldsymbol{X}_{\text{rand}}$，然后遍历整棵扩展随机树 $\boldsymbol{T}_k$ 上所有的节点，寻找到距离 $\boldsymbol{X}_{\text{rand}}$ 最近的节点 $\boldsymbol{X}_{\text{nearest}}$。

（3）以 L 为步长，在方向 $\boldsymbol{X}_{\text{nearest}} \rightarrow \boldsymbol{X}_{\text{rand}}$ 上寻找并生成一个新的节点 $\boldsymbol{X}_{\text{new}}$。

（4）在 $\boldsymbol{X}_{\text{nearest}} \rightarrow \boldsymbol{X}_{\text{rand}}$ 之间进行碰撞检测，若之间存在障碍物，则抛弃这个节点；否则，以节点 $\boldsymbol{X}_{\text{new}}$ 为中心，R 为半径，寻找节点 $\boldsymbol{X}_{\text{new}}$ 的邻域内所有 $\boldsymbol{T}_k$ 中的节点，都存放到点集 $\{\boldsymbol{X}_{\text{near}}\}$ 中。

（5）在 $\{\boldsymbol{X}_{\text{near}}\}$ 中遍历所有节点，寻找到 $\boldsymbol{X}_{\text{min}}$ 节点，该节点如果满足条件：$\boldsymbol{X}_{\text{min}}$ 到 $\boldsymbol{X}_{\text{new}}$ 的代价比 $\boldsymbol{X}_{\text{nearest}}$ 到 $\boldsymbol{X}_{\text{new}}$ 的代价小，那么将 $\boldsymbol{X}_{\text{min}}$ 和 $\boldsymbol{X}_{\text{new}}$ 连接，断开 $\boldsymbol{X}_{\text{nearest}}$ 与 $\boldsymbol{X}_{\text{new}}$ 的联系。

（6）将 $\{\boldsymbol{X}_{\text{near}}\}$ 中除节点 $\boldsymbol{X}_{\text{min}}$ 外的所有节点 $\boldsymbol{X}_i$（$i=1,2,\cdots,n$）再次进行遍历，得到从根节点到 $\boldsymbol{X}_{\text{new}}$ 再到 $\boldsymbol{X}_i$ 的代价，若该代价值小于先前树中从根节点到节点 $\boldsymbol{X}_i$ 的代价，则将节点 $\boldsymbol{X}_i$ 与其父节点断开，将节点 $\boldsymbol{X}_i$ 与节点 $\boldsymbol{X}_{\text{new}}$ 建立联系；反之，则保持原树中关系不变。

（7）重复上述步骤，直至节点 $\boldsymbol{X}_{\text{new}}$ 满足 $\|\boldsymbol{X}_{\text{new}} - \boldsymbol{X}_{\text{goal}}\|_2 \leqslant \text{dis}_{\text{goal}}$ 停止搜索。

图 7-8（a）描述了根据随机采样得到的节点 $\boldsymbol{X}_{\text{rand}}$ 寻找到了最近的节点 $\boldsymbol{X}_{\text{new}}$；图 7-8（b）描绘了在点集 $\{\boldsymbol{X}_{\text{near}}\}$ 中寻找到了距离节点代价最小的节点 $\boldsymbol{X}_{\text{min}}$，同时断开了节点 $\boldsymbol{X}_{\text{nearest}}$ 和节点 $\boldsymbol{X}_{\text{new}}$ 之间的联系；图 7-8（c）表示再次遍历了整个点集，寻找到了通过节点 $\boldsymbol{X}_{\text{new}}$ 到节点 $\boldsymbol{X}_2$ 总代价最小的新路径，重构了整棵扩展随机树。

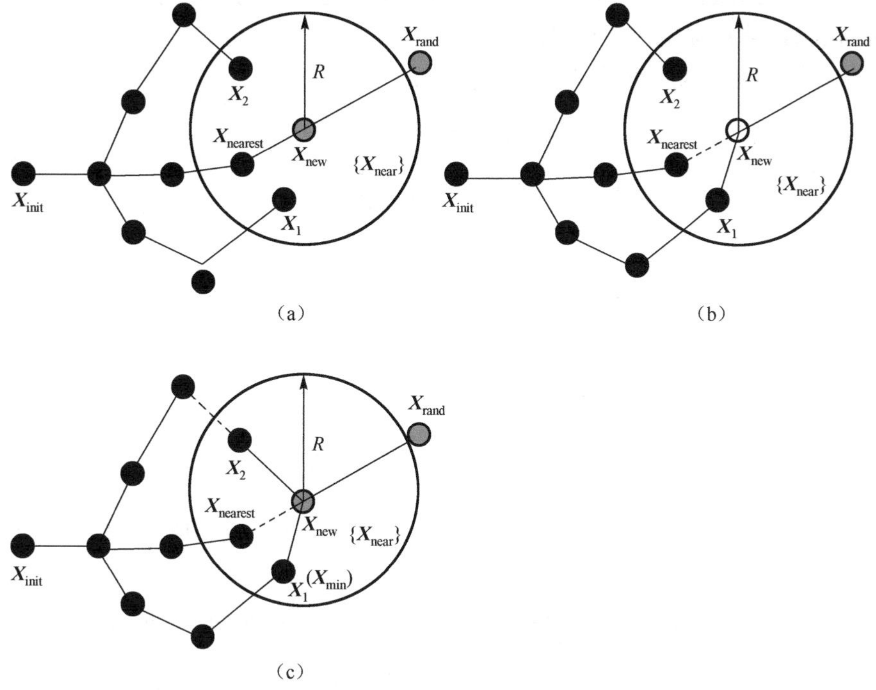

图 7-8　RRT*算法示意图

与 RRT 算法相比，RRT*算法实际上就是增加了对代价函数的判断，以及重构树的过程，RRT*算法的伪代码如图 7-9 所示。

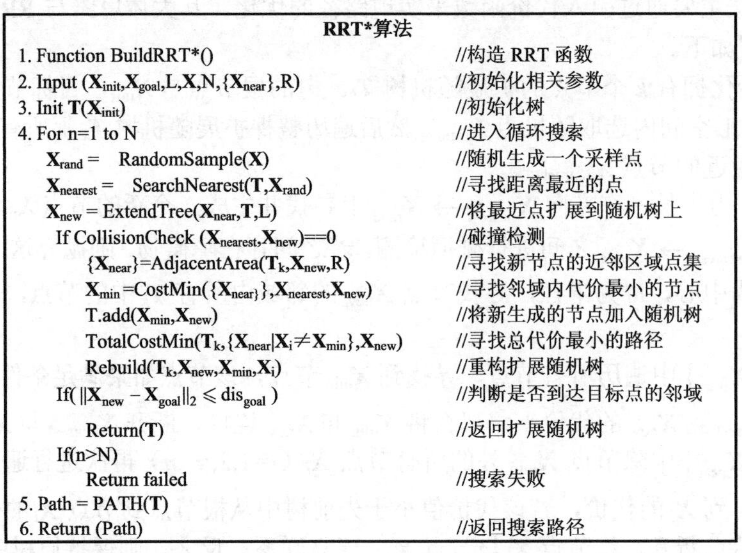

```
RRT*算法
1. Function BuildRRT*()                                   //构造 RRT 函数
2. Input (X_init,X_goal,L,X,N,{X_near},R)                 //初始化相关参数
3. Init T(X_init)                                         //初始化树
4. For n=1 to N                                           //进入循环搜索
    X_rand =   RandomSample(X)                            //随机生成一个采样点
    X_nearest =   SearchNearest(T,X_rand)                 //寻找距离最近的点
    X_new = ExtendTree(X_near,T,L)                        //将最近点扩展到随机树上
     If CollisionCheck (X_nearest,X_new)==0               //碰撞检测
        {X_near}=AdjacentArea(T_k,X_new,R)                //寻找新节点的近邻区域点集
        X_min =CostMin({X_near},X_nearest,X_new)          //寻找邻域内代价最小的节点
        T.add(X_min,X_new)                                //将新生成的节点加入随机树
        TotalCostMin(T_k,{X_near|X_i≠X_min},X_new)        //寻找总代价最小的路径
        Rebuild(T_k,X_new,X_min,X_i)                      //重构扩展随机树
     If( ||X_new − X_goal||_2 ⩽ dis_goal )                //判断是否到达目标点的邻域
        Return(T)                                         //返回扩展随机树
     If(n>N)
        Return failed                                     //搜索失败
5. Path = PATH(T)
6. Return (Path)                                          //返回搜索路径
```

图 7-9　RRT*算法的伪代码

3．RRT*算法改进

RRT 算法和 RRT*算法能够初步寻找到一条路径，但是还不能满足本书的使用。结合本书中作业臂运动时的状态，对路径有如下需求：①路径应尽可能短，通常越短的路径，抓取时对作业臂的规划要求越少；②路径转折点越少越好，能够使得作业臂的运动变得简单化。故对 RRT*算法提出了改进算法。

以二维空间为例，说明角度代价的来源，如图 7-10 所示。

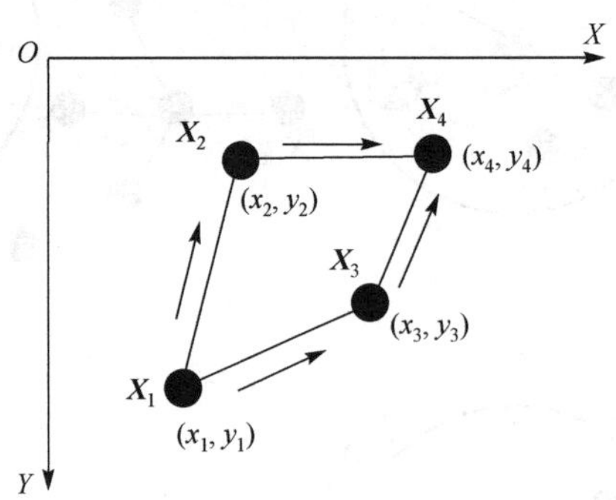

图 7-10　RRT*代价函数示意图

（1）重新构造代价函数 Cost_function，该代价函数由两部分构成，计算公式如式（7-8）所示。

$$\text{Cost\_function} = \alpha \min(\text{total\_distance}) + \beta \min(\text{total\_angle\_cost}) \tag{7-8}$$

式中，等号后边第一项中的 min(total_distance)为路径长度（欧氏距离）的最小代价；等号后边第二项中的 min(total_angle_cost)为在扩展随机树中角度差的最小代价。

图 7-10 中从节点 $\boldsymbol{X}_1$ 到节点 $\boldsymbol{X}_4$ 有两条途径，假设距离代价值相同，那么就可以通过角度代价值进行判断，其公式如式（7-9）所示。

$$\begin{aligned}
&\text{total_angle_cost1} = \beta(180° - \arccos < \overrightarrow{\boldsymbol{X}_1\boldsymbol{X}_2}, \overrightarrow{\boldsymbol{X}_2\boldsymbol{X}_4} >) \\
&\text{total_angle_cost2} = \beta(180° - \arccos < \overrightarrow{\boldsymbol{X}_1\boldsymbol{X}_3}, \overrightarrow{\boldsymbol{X}_3\boldsymbol{X}_4} >)
\end{aligned} \tag{7-9}$$

此时通过判断 total_angle_cost1 和 total_angle_cost2，可以得到一条“笔直”的路径。

（2）对障碍物进行膨胀处理。为了降低机器人碰撞的风险，对障碍物进行膨胀处理，这样虽然牺牲一部分作业臂的工作空间，却降低了机器人的操作危险程度。

对 RRT*算法进行二维仿真，结果如图 7-11 所示。

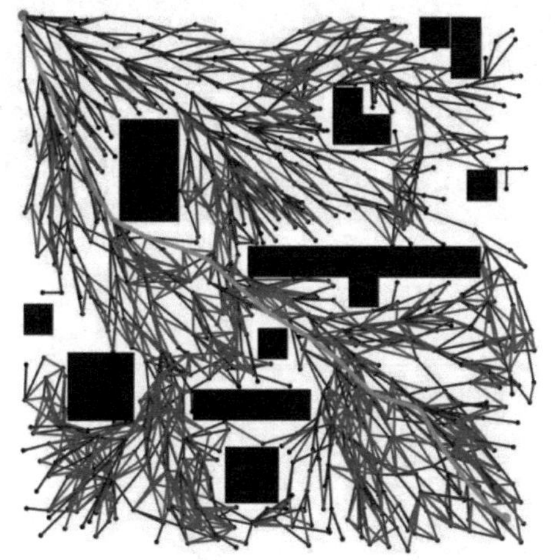

图 7-11　RRT*二维仿真图（扫码见彩图）

图 7-11 中，红色点代表搜索的起始点；绿色点代表目标点；黑色点代表树中的节点；蓝色线段代表 $\boldsymbol{X}_{new}$ 与 $\boldsymbol{X}_{nearest}$ 之间的连线；红色线段代表在通过代价函数判断后，$\boldsymbol{X}_{nearest}$ 与 $\boldsymbol{X}_{min}$ 之间的连线；绿色折线代表最终搜索得到的路径。可以看到，由 RRT*算法搜索出来的路径明显比 RRT 算法搜索出来的路径更加“笔直”。此外，在规划过程中，还须采用前书中的逆运动学求解方法，并得到与障碍物无碰撞的可行解。

7.4　机器人路径规划综合实践

7.4.1　二维空间内路径规划实践

搭建如下仿真场景，进行二维路径规划，并通过实验进行验证，如图 7-12 所示。

图 7-12（a）～图 7-12（d）为不同视角拍摄的实际场景图片，圆圈序号代表树的不同编号。

为了更直观地表示场景，做简易图示，如图 7-13 所示。

图 7-12　实验仿真图

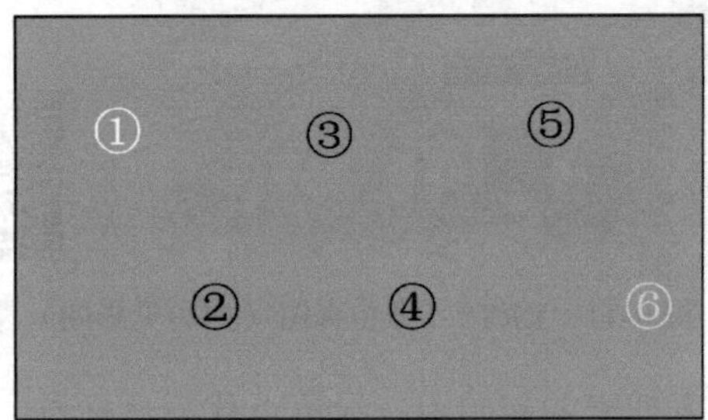

注：对应的编号为实际场景中障碍物的相应位置

图 7-13　简易图示

在二维估计规划时，以障碍物 1 处为出发点，障碍物 6 为目标点，进行路径规划。在此场景下将三维地图降维成二维地图，精度为 0.01m，二维栅格地图如图 7-14 所示。

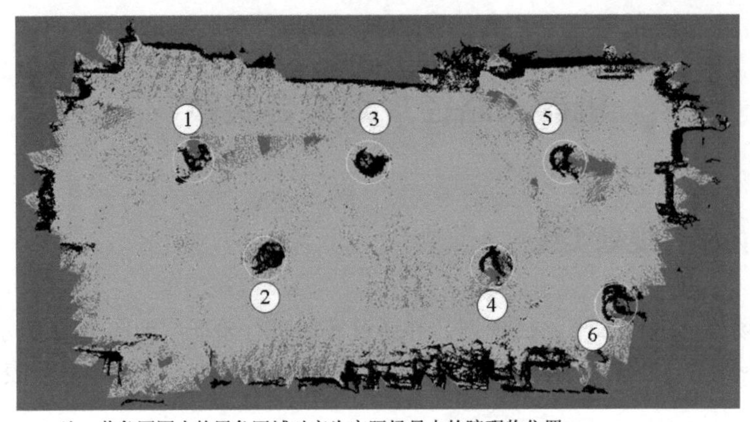

注：黄色圆圈内的黑色区域对应为实际场景中的障碍物位置

图 7-14　二维栅格地图（扫码见彩图）

本书中小车的尺寸为 0.77m×0.57m，在进行双向 A*算法时，对障碍物进行膨胀处理，膨胀半径为 0.285m（小车宽度的一半）。在 RVIZ 仿真界面中规划出的路径如图 7-15 所示。

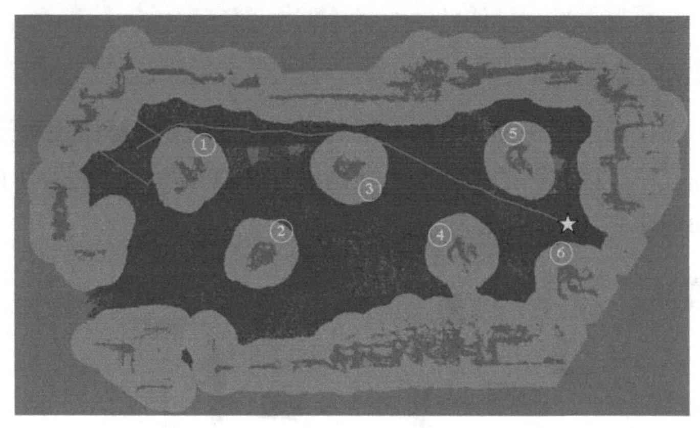

图 7-15　在 RVIZ 仿真界面中规划出的路径（扫码见彩图）

图 7-15 中，紫色区域代表障碍物区；蓝色区域代表膨胀区域；黑色区域代表移动小车可通过区域；黄色矩形代表小车起点位置；黄色五角星代表小车终点位置；黄色曲线代表通过双向 A*算法搜索得到的路径。

小车实际运动结果如图 7-16 所示。

图 7-16　小车实际运动结果

图 7-16（a）所示为小车的起始位置；图 7-16（b）所示为出发后通过障碍物 1 的左侧；图 7-16（c）所示为通过障碍物 3 的左侧；图 7-16（d）所示为绕过障碍物 4 的左侧；图 7-16（e）所示为从障碍物 4、5 中间穿过；图 7-16（f）所示为到达障碍物 6 附近。

可以看到，小车能够较为合理地按照算法规划出来的路径进行运动，表明本书提出的路径规划算法合理有效。

7.4.2 三维空间内路径仿真实验

1. 改进型 RRT*算法的仿真实践

为了直观地比较本书提出的改进型 RRT*算法的性能，故先在二维平面内进行仿真分析验证。在 3 个不同场景下，以相同的搜索步长分别进行 RRT 算法和改进型 RRT*算法的二维仿真，结果分别如图 7-17 和图 7-18 所示。

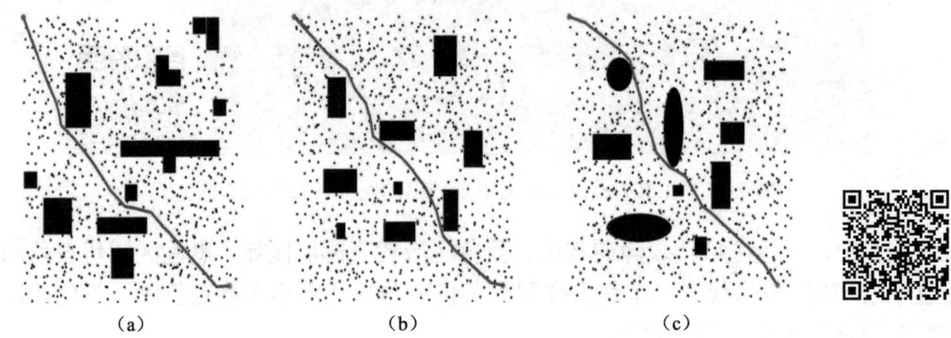

图 7-17 RRT 算法仿真图（扫码见彩图）

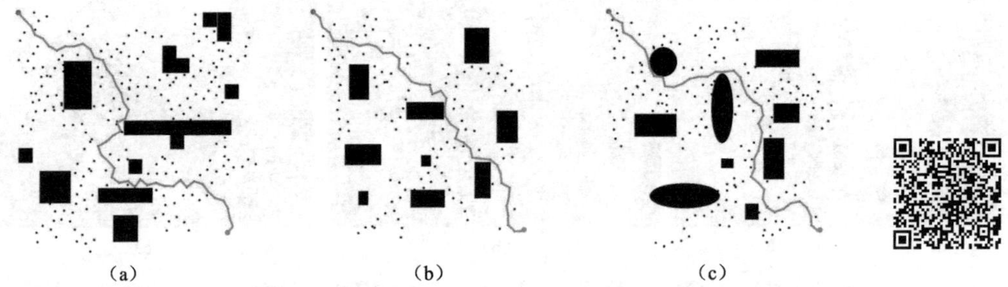

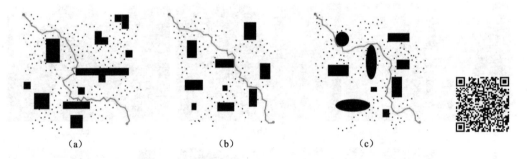

图 7-18 改进型 RRT*算法仿真图（扫码见彩图）

图 7-17 和图 7-18 中，黑色点代表两种算法在搜索过程中需要搜索的节点；绿色线和红色线分别代表由 RRT 算法和改进型 RRT*算法搜索生成的路径。

对比可以看到，RRT 算法搜索更加简化直接，需要搜索的节点也相对较少。但是利用改进型 RRT*算法进行搜索，得到的路径拐点更少，路径总长度更短，整体趋势也相对比较平缓。

利用 B 样条插值对路径进行平滑处理，如图 7-19 所示。

图 7-19 中，蓝色折线代表通过改进型 RRT*算法搜索出来的路径；青色曲线代表通过三次 B 样条曲线平滑处理过后的路径；B 样条平滑曲线的控制点为蓝色折线的拐点。对比这两条曲线可以看到，经过三次 B 样条曲线平滑处理之后，原来“锯齿状”的路径有了明显的平滑趋势，这样的路径能够使作业臂得到较为平稳的控制。

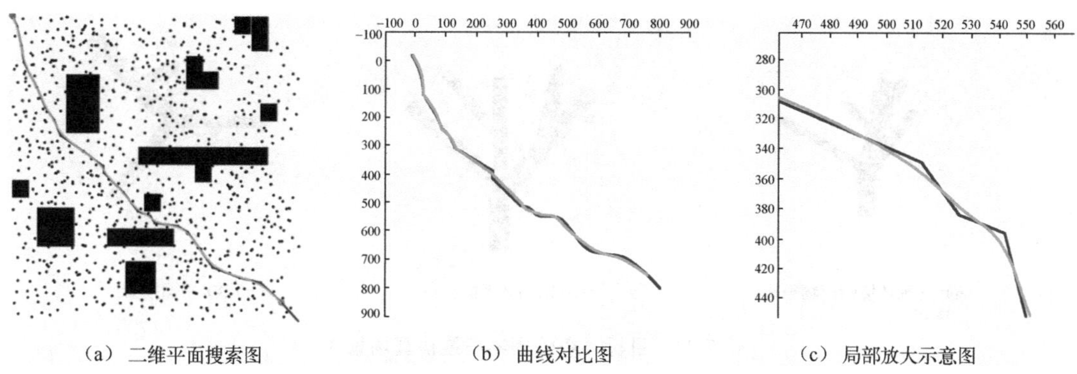

（a）二维平面搜索图　　（b）曲线对比图　　（c）局部放大示意图

图 7-19　三次 B 样条插值平滑 RRT*路径示意图（扫码见彩图）

2. 三维空间路径规划

在 Octave 仿真环境中，搭建目标环境障碍物的三维姿态，设定机器人末端执行器的出发点和目标点，利用 RRT*算法规划路径，并采用三次 B 样条插值法进行拟合，在如下三种场景中做仿真实验，结果如图 7-20～图 7-22 所示。

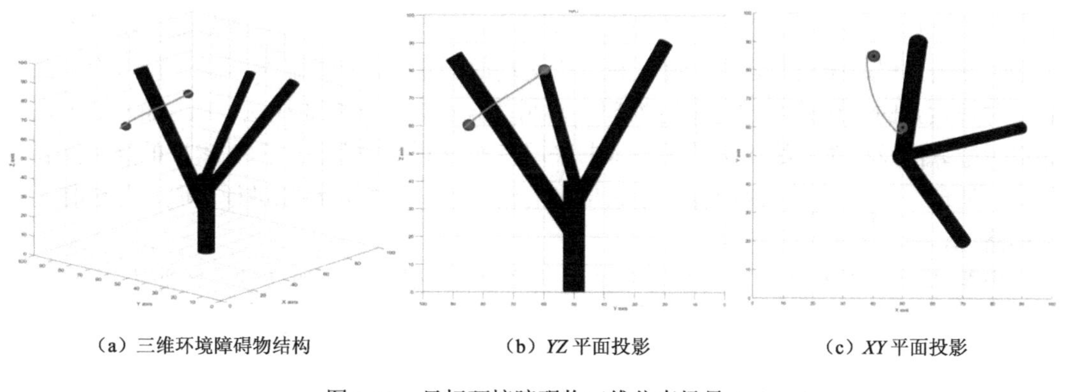

（a）三维环境障碍物结构　　（b）*YZ* 平面投影　　（c）*XY* 平面投影

图 7-20　目标环境障碍物三维仿真场景 1

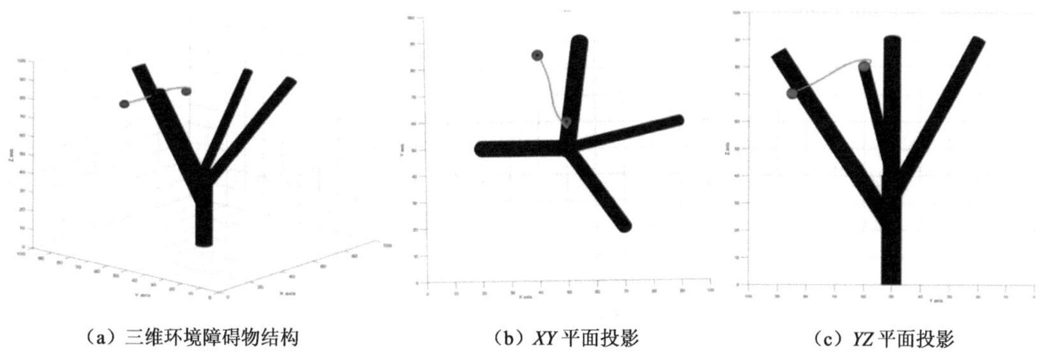

（a）三维环境障碍物结构　　（b）*XY* 平面投影　　（c）*YZ* 平面投影

图 7-21　目标环境障碍物三维仿真场景 2

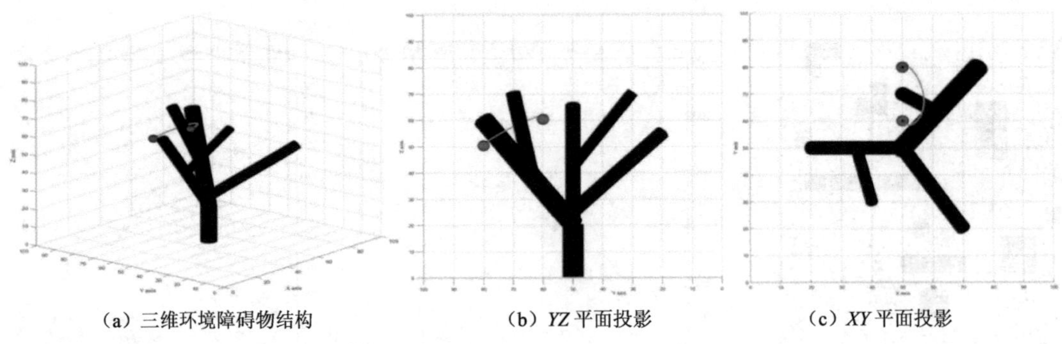

（a）三维环境障碍物结构　　（b）*YZ* 平面投影　　（c）*XY* 平面投影

图 7-22　目标环境障碍物三维仿真场景 3

在上面三种场景下，总体上可以看到，在 RRT*算法的基础上，利用角度差和空间距离作为代价函数，结合三次 B 样条插值的方式能够为机器人末端执行器提供一条较为合理的路径。该路径光滑且较为平滑，使机器人末端执行器具有初步的路径规划基础。

7.4.3 路径平滑处理

由图 7-17 和图 7-18 可知，搜索出来的路径存在着折角、锯齿状、整体路径不平滑的问题。转折点较多的运动轨迹会使得机器人运动时，其速度、加速度不连续，机器人会产生刚性冲击，引起振动。这样会降低机器人运动的稳定性，减少机器人的使用寿命。故有必要对搜索到的轨迹曲线进行平滑处理。常用的方法有贝塞尔曲线法、Hermite 插值法、弗洛伊德算法及样条曲线插值法等。本书采用三次 B 样条插值法，对搜索出的规划路径进行平滑处理，对于本书 RRT*算法搜索出来的路径点，有多种路径进行选取，可选择无碰撞的路径。

由图 7-23 可以看到，三次 B 样条插值法能够有效地平滑“锯齿状”的曲线。

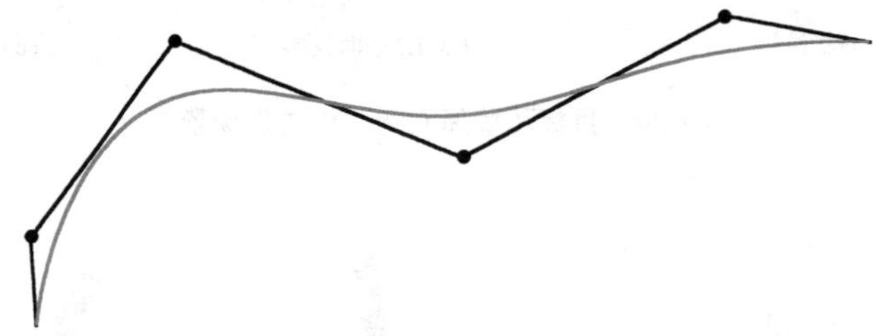

图 7-23　三次 B 样条插值法效果示意图

假设平面内或者空间中存在 n 个顶点 $\boldsymbol{P}_i\,(i=0,1,\cdots,n)$，那么 p 阶 B 样条函数可以表示为

$$B(t)=\sum_{i=0}^{n}\boldsymbol{P}_i\cdot M_{i,p}(t)\,,\quad t\in[t_p,t_{p+1}] \tag{7-10}$$

式中，$\boldsymbol{P}_i$ 为顶点；$M_{i,p}(t)$ 为 p 阶规范 B 样条插值法的基函数，其定义如式（7-11）所示；t 为参数。

$$\begin{cases} M_{i,0}(t)=\begin{cases}1, & t_i \leqslant t \leqslant t_{i+1} \\ 0, & \text{else}\end{cases} \\ M_{i,p}=\dfrac{t-t_i}{t_{i+1}-t_i}M_{i,p-1}(t)+\dfrac{t_{i+p+1}-t}{t_{i+p+1}-t_{i+1}}M_{i+1,p-1}(t) \\ \text{define}\dfrac{0}{0}=0 \end{cases} \tag{7-11}$$

当 $p=3$ 时，曲线就被称为三次 B 样条插值曲线，对应的三次基函数为

$$\begin{cases} M_{0,3}(t)=\dfrac{1}{6}(-t^3+3t^2-3t+1) \\ M_{1,3}(t)=\dfrac{1}{6}(3t^3-6t^2+4) \\ M_{2,3}(t)=\dfrac{1}{6}(-3t^3+3t^2+3t+1) \\ M_{3,3}(t)=\dfrac{1}{6}t^3 \end{cases} \quad t\in[0,1] \tag{7-12}$$

此时三次 B 样条插值曲线的表达式为

$$B(t)=\frac{1}{6}[1,(t-i),(t-i)^2,(t-i)^3]\begin{bmatrix}1 & 4 & 1 & 0 \\ -3 & 0 & 3 & 0 \\ 3 & -6 & 3 & 0 \\ -1 & 3 & -3 & 1\end{bmatrix}\begin{bmatrix}p_i \\ p_{i+1} \\ p_{i+2} \\ p_{i+3}\end{bmatrix},\quad t\in[i,i+1],\quad i=0,1,\cdots,n-1 \tag{7-13}$$

7.5 本 章 小 结

本章主要解决了两个问题：①机器人的二维全局路径规划问题；②机器人末端执行器在目标环境空间中的路径规划问题。本章首先选择了较为常用的 A*算法作为路径规划算法；然后针对规划时间过长的问题，采用双向 A*算法减少了规划时间；接着在三维空间内，对 RRT*算法的代价函数进行了改进，获取到转折点更少的路径；最后利用三次 B 样条插值法对路径进行了平滑处理。本章研究的路径规划方法，使得机器人具有了初步的运动理论基础。

习 题 7

7.1 针对一辆四轮车，采用避障技术，对每种选择，阐述它的优点和缺点。

7.2 考虑一个机器人，设计并实践其路径规划算法和避障算法。

7.3 论述二维空间全局路径规划与局部路径规划的异同点。

7.4 论述三维空间全局路径规划与局部路径规划的异同点。

7.5 简述二维路径规划和三维路径规划的异同点。

7.6 设计并实践一个 6 自由度串联型机器人的三维路径规划算法。

思政内容

第 8 章　机器人轨迹规划综合设计与实践

8.1　概　　述

第 7 章介绍了机器人的路径规划，就是规划机器人末端执行器从其初始位姿避开障碍物运动到指定的目标位姿，与时间无关，即机器人末端执行器的运动路径[41,42]。机器人的轨迹规划，是在机器人末端执行器沿着其规划的路径运动过程中，对作业臂各个关节的位置、速度、加速度等运动参数相对于时间的变化关系进行规划，确保机器人末端执行器及其他关节能够平稳地运动到目标点[43]。

本书中已有的末端执行器空间路径，只考虑了末端执行器的无碰撞条件，并没有考虑作业臂各个连杆在末端执行器运动过程中能否避开障碍物。在此基础上，本书根据末端执行器的无碰撞路径对机器人进行避障规划并确定最终的运动路径。同时，为了控制末端执行器从其对应的初始位姿运动到目标位姿，对机器人平台双臂进行轨迹规划，期望机器人能够稳、准、快地完成其空间运动。

8.2　机器人轨迹规划理论基础

传统意义的关节式避障，是基于 W 空间（Work Space）假设-修正的避障方法，是早期提出的机器人避障方法。其基本思想是，先假设一条从初始点到目标点的路径，再进行作业臂与障碍物的碰撞检测；如果发生了碰撞，就根据障碍物的信息对路径进行修改；在已经修改过的路径上继续重复前述步骤，直到找到一条完整的无碰撞路径再停止[44]。

20 世纪 80 年代，有学者提出了基于 C 空间（Configuration Space）的避障方法[45]，也是目前比较受欢迎的一种方法。该方法中，建立的 C 空间是将作业臂各个关节中心轴作为坐标系，并把周围环境中的障碍物映射到空间中，形成障碍空间。所以，C 空间是由障碍空间和自由空间组成的，除去障碍空间，余下的就是自由空间。在自由空间中的各个点代表作业臂不与障碍物发生碰撞，此时的避障问题就转变为在 C 空间中避开障碍空间寻找一条无碰撞自由路径[46]。

传统的 W 空间避障法虽然简单，但是当环境信息比较复杂时，该方法就需要不断去进行碰撞检测，实时性较差。而基于 C 空间的避障规划的缺点是，C 空间的维数为机器人关节数，机器人的关节越多，计算过程越复杂。

根据上述所讲内容，本书作业臂的避障规划实际上是对作业臂各个关节在 W 空间中的避障规划，却又与传统意义上 W 空间中关节式作业臂的避障规划不同。在本书中，由于得到的路径只是关于主作业臂末端执行器的无碰撞路径，并没有对主作业臂各个杆件进行避障规划。因此，本书根据已知的无碰撞路径，在 W 空间中首先确定末端执行器到达目标点时主作业臂各个杆件的最终构型，然后规划主作业臂沿最终构型移动到目标点，确保作业臂在运动的整个过程中不与障碍物产生碰撞。

在作业臂的作业过程中，依据在工作空间中已规划好的无碰撞路径，期望作业臂能够跟踪路径完成抓取任务，即在作业臂跟踪无碰撞路径的运动过程中，当末端执行器最终到达目标点抓取到目标物时，期望作业臂的构型最大限度上可以与规划路径的轨迹是重合的。但是，规划出的已知末端执行器避障路径是由空间中的众多离散点拟合成的一条曲线，故末端执行器抓取到目标物后作业臂的构型是不可能完全与已知路径重合的。因此，确定了作业臂末端执行器到达目标点的最终构型，即确定了作业臂最终的跟踪路径。

8.3　机器人轨迹规划综合设计

8.3.1　关节空间下的轨迹规划

由于关节空间下的轨迹规划没有限定机器人末端执行器的路径，所以其一般使用在点到点的任务中。关节空间下的轨迹规划：首先，需要确定机器人末端执行器的工作空间下的初始位姿及期望达到的目标位姿；其次，经过逆运动学的分析，求解出机器人末端执行器达到最终目标位姿时各个关节所需转动的角度，再对各个关节的转角随时间的变化来进行规划。关节空间下的轨迹规划一般采用三次多项式插值法、高阶多项式插值法等多项式函数，来描述作业臂关节随时间运动而产生的轨迹。

1．三次多项式插值法

在关节空间下的轨迹规划算法中，常用的较为简单的方法之一就是三次多项式插值法。但是，三次多项式插值法只能使规划过程中的路径和速度是平滑的。以作业臂其中的一个关节为例，设机器人运动开始时刻和运动停止时刻分别为 t_0 和 t_s，且在开始时刻和停止时刻对应的关节角度值分别为 θ_0 和 θ_s，关节速度分别为 $\dot{\theta}_0=0$ 和 $\dot{\theta}_s=0$。设三次多项式的基本形式如式（8-1）所示。

$$\theta(t)=a_0+a_1t+a_2t^2+a_3t^3 \tag{8-1}$$

式（8-1）为对关节角度随时间的变化设计的三次多项式。在式（8-1）中，关节角的初始值 θ_0 和目标值 θ_s 是已知的。但是，为了确定式（8-1）中 4 个未知系数，且为了保证关节平稳运动到终点，需要满足的约束条件如式（8-2）所示。

$$\begin{cases}\theta(t_0)=\theta_0\\ \theta(t_s)=\theta_s\\ \dot{\theta}(t_0)=0\\ \dot{\theta}(t_s)=0\end{cases} \tag{8-2}$$

根据以上约束条件，可以得到机器人关节在转动过程中随时间变化的角速度$\dot{\theta}(t)$和角加速度$\ddot{\theta}(t)$。

$$\begin{cases}\dot{\theta}(t)=a_1+2a_2t+3a_3t^2\\ \ddot{\theta}(t)=2a_2+6a_3t\end{cases} \tag{8-3}$$

设开始时刻$t_0=0$，且停止时刻t_s也是已知的。故根据式（8-2）和式（8-3）可得到：

$$\begin{cases}a_0=\theta_0\\ a_1=0\\ a_2=\dfrac{3}{{t_s}^2}(\theta_s-\theta_0)\\ a_3=-\dfrac{2}{{t_s}^3}(\theta_s-\theta_0)\end{cases} \tag{8-4}$$

综上，就可以分别得到机器人关节转动的角位移$\theta(t)$、角速度$\dot{\theta}(t)$、角加速度$\ddot{\theta}(t)$随时间$t\in[t_0,t_s]$变化的规律关系。

$$\begin{cases}\theta(t)=\theta_0+\dfrac{3}{{t_s}^2}(\theta_s-\theta_0)t^2-\dfrac{2}{{t_s}^3}(\theta_s-\theta_0)t^3\\ \dot{\theta}(t)=\dfrac{6}{{t_s}^2}(\theta_s-\theta_0)t-\dfrac{6}{{t_s}^3}(\theta_s-\theta_0)t^2\\ \ddot{\theta}(t)=\dfrac{6}{{t_s}^2}(\theta_s-\theta_0)-\dfrac{12}{{t_s}^3}(\theta_s-\theta_0)t\end{cases} \tag{8-5}$$

同理，当已知机器人各个关节的起始角度θ_0和终止角度θ_s时，就可以根据三次多项式插值法对各个关节进行轨迹规划。

2．高阶多项式插值法

当需要设定机器人关节轨迹起始点和终点的其他参数时，如关节转角、角速度、角加速度等，相较于三次多项式插值法，还要保证在运动过程中角加速度、角加加速度等参数的平滑性时，就需要使用更高阶的多项式插值法对关节角度随时间的变化情况进行规划，如五次多项式插值法、六次多项式插值法等。本书以五次多项式插值法作为示例进行说明。

设五次多项式的函数关系如式（8-6）所示。

$$\theta(t)=a_0+a_1t+a_2t^2+a_3t^3+a_4t^4+a_5t^5 \tag{8-6}$$

关节角从起始点开始的规划时间为起始时间t_0，关节角到终点的结束时间为t_s。为方便计算，将起始时间设为0，当设定关节角的起始角度为θ_0，终止角度为θ_s，起始关节角速度为$\dot{\theta}_0$，终止关节角速度为$\dot{\theta}_s$，起始关节角加速度为$\ddot{\theta}_0$，终止关节角加速度为$\ddot{\theta}_s$时，可得：

$$
\begin{cases}
\theta(t_0)=\theta_0=a_0 \\
\theta(t_s)=\theta_s=a_0+a_1t_s+a_2t_s^{\ 2}+a_3t_s^{\ 3}+a_4t_s^{\ 4}+a_5t_s^{\ 5} \\
\dot{\theta}(t_0)=\dot{\theta}_0=a_1 \\
\dot{\theta}(t_s)=\dot{\theta}_s=a_1+2a_2t_s+3a_3t_s^{\ 2}+4a_4t_s^{\ 3}+5a_5t_s^{\ 4} \\
\ddot{\theta}(t_0)=\ddot{\theta}_0=2a_2 \\
\ddot{\theta}(t_s)=\ddot{\theta}_s=2a_2+6a_3t_s+12a_4t_s^{\ 2}+20a_5t_s^{\ 3}
\end{cases}
\tag{8-7}
$$

则可求解得到：

$$
\begin{cases}
a_0=\theta_0 \\
a_1=\dot{\theta}_0 \\
a_2=\dfrac{\ddot{\theta}_0}{2} \\
a_3=\dfrac{20\theta_s-20\theta_0-(8\dot{\theta}_s+12\dot{\theta}_0)t_s-(3\ddot{\theta}_0-\ddot{\theta}_s)t_s^{\ 2}}{2t_s^{\ 3}} \\
a_4=\dfrac{-30\theta_s+30\theta_0+(14\dot{\theta}_s+16\dot{\theta}_0)t_s-(3\ddot{\theta}_0-2\ddot{\theta}_s)t_s^{\ 2}}{2t_s^{\ 4}} \\
a_5=\dfrac{12\theta_s-12\theta_0-(6\dot{\theta}_s+6\dot{\theta}_0)t_s-(\ddot{\theta}_0-\ddot{\theta}_s)t_s^{\ 2}}{2t_s^{\ 5}}
\end{cases}
\tag{8-8}
$$

将通过式（8-8）得到的系数代入式（8-6）中，就可得到五次多项式插值函数的关系式。

8.3.2　工作空间下的轨迹规划

对于关节空间下的轨迹规划，并不能将作业臂末端执行器的路径轨迹描述出来。当要求末端执行器沿着给定的路径运动时，就需要在工作空间下对末端执行器的路径轨迹进行规划。对于工作空间下的轨迹规划，要求作业臂的末端执行器稳、准、快地沿着已规划路径运动。根据末端执行器在工作空间下的起始位置和目标位置，可以利用直线段和圆弧对位置路径进行拟合。所以，工作空间中的轨迹规划为对该空间中的直线段和圆弧进行轨迹规划。而对于空间中直线段和圆弧规划的主要思想，即对拟合好的路径进行离散化得到末端执行器的位置状态，再结合每个位置状态规划完成的姿态信息，即组合为末端执行器的一系列位姿信息。通过逆运动学的分析求解出每个位姿状态对应的作业臂的各个关节角度值。本节中，对末端执行器的位姿分为位置和姿态进行规划，即在工作空间中对直线段和圆弧插补时对末端执行器的位置路径进行规划；将末端执行器的姿态转换为四元数再对其进行规划。

1．位置直线插补

当作业臂的末端执行器路径是一条直线段时，且其起始点和目标点是已知的，故需要对该条直线段路径进行插补来保证末端执行器沿着直线段运动到目标点。如图 8-1 所示，设直线段路径的起始点位置为 $P_o(x_o,y_o,z_o)$，目标点位置为 $P_f(x_f,y_f,z_f)$。

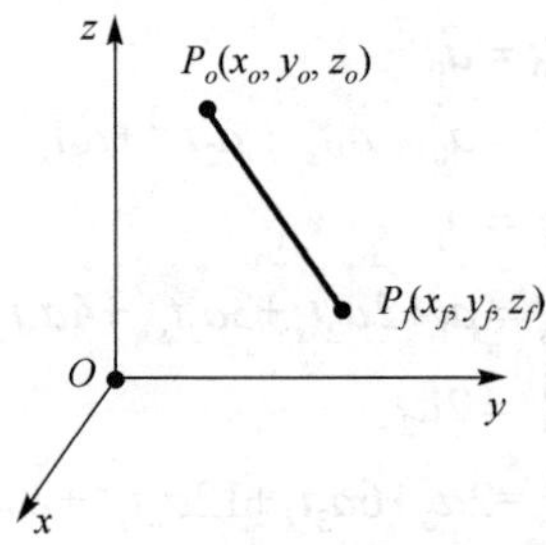

图 8-1　空间中末端执行器的起始点和目标点

根据空间中的两点可以确定该直线段的函数方程，如式（8-9）所示。

$$\frac{x-x_o}{x_f-x_o}=\frac{y-y_o}{y_f-y_o}=\frac{z-z_o}{z_f-z_o} \tag{8-9}$$

由两点的坐标可得两点之间的直线距离，将其记为 d_p，d_p 的值如式（8-10）所示。

$$d_p=\sqrt{(x_f-x_o)^2+(y_f-y_o)^2+(z_f-z_o)^2} \tag{8-10}$$

接下来，对直线段 P_oP_f 进行插补操作，即对直线段 P_oP_f 进行离散化。设在位置点 P_o、P_f 之间的直线段上等间距地插入 N 个点，且每两个点之间的距离均为 d，则可得到式（8-11）。

$$d=\frac{d_p}{N+1} \tag{8-11}$$

在直线段 P_oP_f 上等间距地插入 N 个点之后，包括其起始点和目标点，该直线段上一共有 $N+2$ 个离散点，将这些离散点记为 P_i，$i=1,2,3,\cdots,N+1,N+2$。将起始点记为第 1 个离散点，目标点记为第 $\overrightarrow{AB}=\lambda\overrightarrow{P_oP_f}$（$i=1,2,3,\cdots,N+1,N+2$）个离散点，则可得到起始点 P_o 到插补点 P_i 的方向向量 $\overrightarrow{P_oP_i}$ 与起始点 P_o 到目标点 P_f 的方向向量 $\overrightarrow{P_oP_f}$ 之间的关系，即

$$\overrightarrow{P_oP_i}=\lambda\overrightarrow{P_oP_f}，\ i=1,2,3,\cdots,N+1,N+2 \tag{8-12}$$

式中，$\lambda\in(0,1)$，且 $\lambda=\dfrac{i-1}{N+1}$。当 $\lambda=0$ 时，表示末端执行器在起始点的位置；当 $\lambda=1$ 时，表示末端执行器到达了目标点位置。故可得到直线段上第 i 个离散点在 x、y、z 轴方向上的坐标值 $P_i(x_i,y_i,z_i)$，分别如式（8-13）所示。

$$\begin{aligned}x_i&=x_o+\lambda(x_f-x_o)\\y_i&=y_o+\lambda(y_f-y_o)\\z_i&=z_o+\lambda(z_f-z_o)\end{aligned} \tag{8-13}$$

由此，便求解出一系列插补点的位置坐标，再经过逆运动学分析，得到每个插补点对应的作业臂的关节角度值。然后，可以将关节角度值在关节空间下进行规划，确保作业臂末端执行器沿着指定直线路径运动的同时，其他关节也可以平稳地运动到目标角度。

2. 空间位置圆弧插补

与工作空间中直线插补类似，对于工作空间中的圆弧，即为要求作业臂末端执行器沿着指定的空间圆弧路径运动到目标位置。在空间圆弧插补算法中，对圆弧曲线上的任意两个初始点和终点之间弧长的计算都可以转换为两点对应的圆心角增量的计算。设空间坐标系中的三个点 $A(x_a,y_a,z_a)$、$B(x_b,y_b,z_b)$、$C(x_c,y_c,z_c)$，对由这三个点确定的空间曲线进行规划的步骤如下。

1）确定圆弧的圆心 O 及半径 r

根据空间中的三个点 $A(x_a,y_a,z_a)$、$B(x_b,y_b,z_b)$、$C(x_c,y_c,z_c)$，即可确定一个平面 M。由于这三个点都在这个平面上，所以可以求出平面 M 的法向量 $\vec{n}$，如式（8-14）所示。

$$\begin{aligned}\vec{n}=\overrightarrow{AB}\times\overrightarrow{AC}&=\begin{vmatrix}\vec{i} & \vec{j} & \vec{k}\\ x_b-x_a & y_b-y_a & z_b-z_a\\ x_c-x_a & y_c-y_a & z_c-z_a\end{vmatrix}\\ &=[(y_b-y_a)(z_c-z_a)-(y_c-y_a)(z_b-z_a)]\vec{i}\\ &=[(x_c-x_a)(z_b-z_a)-(x_b-x_a)(z_c-z_a)]\vec{j}\\ &=[(x_b-x_a)(y_c-y_a)-(x_c-x_a)(y_b-y_a)]\vec{k}\end{aligned} \tag{8-14}$$

故可得到平面 M 的方程，如式（8-15）所示。

$$\begin{aligned}&[(y_b-y_a)(z_c-z_a)-(y_c-y_a)(z_b-z_a)](x-x_a)+\\ &[(x_c-x_a)(z_b-z_a)-(x_b-x_a)(z_c-z_a)](y-y_a)+\\ &[(x_b-x_a)(y_c-y_a)-(x_c-x_a)(y_b-y_a)](z-z_a)=0\end{aligned} \tag{8-15}$$

平面 M 为由 A、B、C 三个点确定的平面。为了确定由这三个点确定的圆弧的圆心，分别过线段 AB、BC 的中点作该直线段的垂直平分面 T、S，如图 8-2 所示。

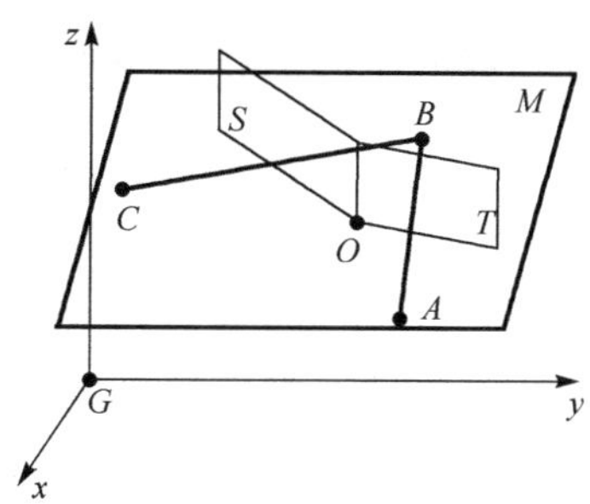

图 8-2　空间平面关系图

由此可知，垂直平分面 T、S 的法向量分别为 $\overrightarrow{AB}$、$\overrightarrow{BC}$，故可确定 T、S 两个平面的方程分别如式（8-16）、式（8-17）所示。

$$(x_b-x_a)[x-(x_a+x_b)/2]+(y_b-y_a)[y-(y_a+y_b)/2]+(z_b-z_a)[z-(z_a+z_b)/2]=0 \tag{8-16}$$

$$(x_c-x_b)[x-(x_b+x_c)/2]+(y_c-y_b)[y-(y_b+y_c)/2]+(z_c-z_b)[z-(z_b+z_c)/2]=0 \tag{8-17}$$

故三个平面 M、T、S 相交的点为由 A、B、C 三个点确定的圆弧 $\overset{\frown}{ABC}$ 的圆心 O。联立三个平面方程，即可确定圆心的坐标值 $O(x_o,y_o,z_o)$。同时，求解出其半径 r，如式（8-18）所示。

$$r=\sqrt{(x_a-x_o)^2+(y_a-y_o)^2+(z_a-z_o)^2} \tag{8-18}$$

2）坐标变换

根据上述确定的三个平面，建立新的空间坐标系 $O\text{-}UVW$，如图 8-3 所示。

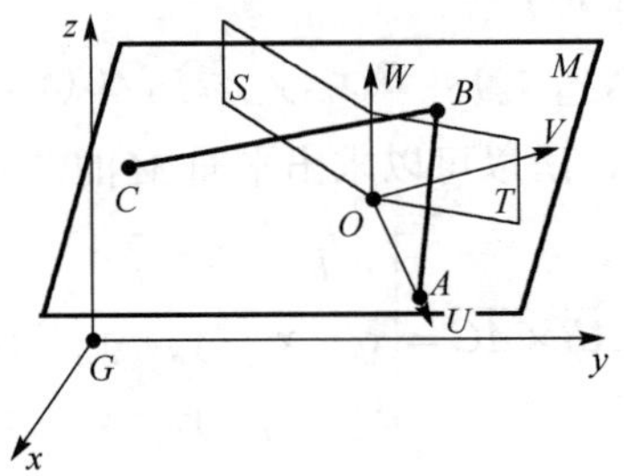

图 8-3　$O\text{-}UVW$ 坐标系

在图 8-3 中，将圆弧 $\overset{\frown}{ABC}$ 的圆心 O 作为坐标系 $O\text{-}UVW$ 的原点，U 轴沿着向量 $\overrightarrow{OA}$ 的方向，而 W 轴沿着两个垂直平分面 T、S 的交线方向，即平面 M 的法向量 $\vec{n}$ 的方向，V 轴的方向根据右手定则确定。坐标系 $O\text{-}UVW$ 的各个轴的方向单位向量为

$$\begin{aligned}\vec{u}&=\frac{\overrightarrow{OA}}{\left|\overrightarrow{OA}\right|}\\ \vec{w}&=\frac{\vec{n}}{\left|\vec{n}\right|}\\ \vec{v}&=\vec{u}\times\vec{w}\end{aligned} \tag{8-19}$$

可知，初始基坐标系 $G\text{-}XYZ$ 变换到坐标系 $O\text{-}UVW$ 的齐次变换矩阵 ${}_O^G\boldsymbol{T}$ 为

$${}_O^G\boldsymbol{T}=\begin{bmatrix}u_x & v_x & w_x & x_o\\ u_y & v_y & w_y & y_o\\ u_z & v_z & w_z & z_o\\ 0 & 0 & 0 & 1\end{bmatrix} \tag{8-20}$$

将初始基坐标系 $G\text{-}XYZ$ 中的 O、A、B、C 四个点变换到坐标系 $O\text{-}UVW$ 中的坐标分别记为 $O(u_o,v_o,w_o)$、$A(u_a,v_a,w_a)$、$B(u_b,v_b,w_b)$、$C(u_c,v_c,w_c)$，故可得到其在两个坐标系之间的转换关系，如式（8-21）所示。

$$\begin{bmatrix}u_o\\ v_o\\ w_o\\ 1\end{bmatrix}={}_O^G\boldsymbol{T}^{-1}\begin{bmatrix}x_o\\ y_o\\ z_o\\ 1\end{bmatrix}\qquad\begin{bmatrix}u_a\\ v_a\\ w_a\\ 1\end{bmatrix}={}_O^G\boldsymbol{T}^{-1}\begin{bmatrix}x_a\\ y_a\\ z_a\\ 1\end{bmatrix}$$

$$\begin{bmatrix} u_b \\ v_b \\ w_b \\ 1 \end{bmatrix} = {}_O^G\boldsymbol{T}^{-1} \begin{bmatrix} x_b \\ y_b \\ z_b \\ 1 \end{bmatrix} \qquad \begin{bmatrix} u_c \\ v_c \\ w_c \\ 1 \end{bmatrix} = {}_O^G\boldsymbol{T}^{-1} \begin{bmatrix} x_c \\ y_c \\ z_c \\ 1 \end{bmatrix} \tag{8-21}$$

式中，${}_O^G\boldsymbol{T}^{-1}$ 表示齐次变换矩阵 ${}_O^G\boldsymbol{T}$ 的逆矩阵。同时，由于圆心 O 为坐标系 O-UVW 中的原点，且 A、B、C 均在 UOV 平面上，故 $u_o = v_o = w_o = 0$，$w_a = w_b = w_c = 0$，$u_a = r$。

3）圆弧对应的圆心角的计算

由于在新建立的坐标系 O-UVW 中，圆弧 $\overset{\frown}{ABC}$ 只处于二维 UOV 平面上，故将其在二维平面内进行分析，如图 8-4 所示。在图 8-4 中，将圆弧对应的圆心角记为 θ，圆弧的起始点 A 位于 U 轴上，并通过判断圆弧上的终点 C 来确定其对应的圆心角。

当 $v_c > 0$ 时，表示终点 C 位于该二维坐标系中的第一象限或第二象限中，即 $\theta_c = a\tan 2(v_c, u_c) < \pi$。

当 $v_c < 0$ 时，表示终点 C 位于该二维坐标系中的第三象限或第四象限中，即 $\pi < \theta_c = 2\pi + a\tan 2(v_c, u_c) < 2\pi$。

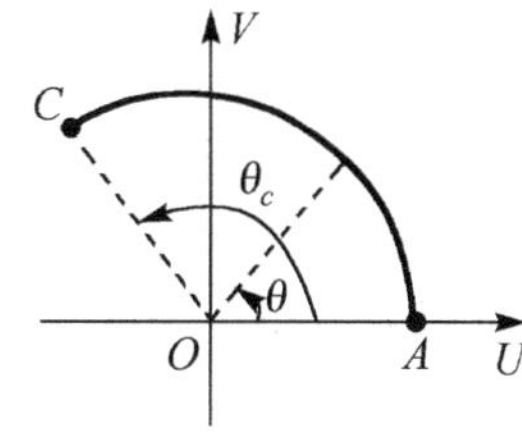

图 8-4　UOV 平面上的圆弧轨迹

4）圆弧上点的坐标的计算

已知圆弧的半径 r 及对应的圆心角 θ，则可得到圆弧的长度 l。

$$l = r\theta \tag{8-22}$$

设定线速度为 v，对圆弧轨迹上两个插补点间的时间间隔为 T_s，则可得到圆弧上两个相邻插补点的圆弧长度 Δl。

$$\Delta l = vT_s \tag{8-23}$$

可计算出在整段圆弧 $\overset{\frown}{ABC}$ 上，包括起始点、终点和插补点的总个数 N。

$$N = \left[\frac{l}{\Delta l}\right] + 1 \tag{8-24}$$

式中，$\left[\frac{l}{\Delta l}\right]$ 表示对 $\frac{l}{\Delta l}$ 进行取整，则可得到在圆弧上相邻两个插补点之间的弧线对应的圆心角 $\Delta\theta$。

$$\Delta\theta = \frac{\theta}{N-1} \tag{8-25}$$

综上，记圆弧上第 i 个插补点为 $P_i(u_i, v_i)$，则可得到从初始点运动至该插补点时对应旋转过的圆心角 θ_i。

$$\theta_i = (i-1)\Delta\theta\,,\quad i = 1, 2, 3, \cdots, N-1, N \tag{8-26}$$

式中，当 $i = 1$ 时，圆心角为 0°，即表示圆弧上的起始点；当 $i = N$ 时，圆心角为 θ，即表示圆弧上的终点。

因此，可得到圆弧上某一插补点 $P_i(u_i, v_i)$ 在二维平面坐标系中的坐标值。

$$\begin{aligned} u_i &= r\cos\theta_i \\ v_i &= r\sin\theta_i \end{aligned} \tag{8-27}$$

5）将得到的插补点变换到坐标系 *G-XYZ* 中

结合以上步骤可得空间圆弧上的插补点 P_i 在坐标系中的坐标表示。

$$P_i(u_i, v_i, w_i) = P_i(r\cos\theta_i, r\sin\theta_i, 0) \tag{8-28}$$

故将坐标系 *O-UVW* 中的一系列插补点变换到坐标系 *G-XYZ* 中。

$$\begin{bmatrix} x_i \\ y_i \\ z_i \\ 1 \end{bmatrix} = {}_O^G\boldsymbol{T} \begin{bmatrix} u_i \\ v_i \\ w_i \\ 1 \end{bmatrix} \tag{8-29}$$

综上，即可得到空间圆弧上所有插补点在基坐标系中的位置，即完成了空间圆弧的规划。根据圆弧上插补点的位置，结合逆运动学求解，就可得到末端执行器在每个插补点位置时机器人各个关节的角度值。

8.3.3 机器人双臂协调运动规划

机器人双臂的运动是在同一个工作空间下的，因此，需要对双臂共同的工作空间进行分析，避免双臂碰撞到一起。机器人的工作空间是指末端执行器在三维空间中可达到的最大范围。

本书中，在机器人下半身运动之后，对机器人主辅作业臂的共同工作空间进行分析，所以机器人双臂的共同基坐标系为胸部中心坐标系 $\{O\}$ 。末端执行器在基坐标系 $\{O\}$ 中的位姿是通过作业臂各个关节进行正运动学计算得到的，其中，将末端执行器的位置记为 $P(p_x, p_y, p_z)$，则可得到其与作业臂各个关节角度之间的关系。

$$P(p_x, p_y, p_z) = \text{fkine}(\theta_1, \theta_2, \cdots, \theta_n) \tag{8-30}$$

式中，(p_x, p_y, p_z) 表示末端执行器在基坐标系 $\{O\}$ 中的位置坐标； fkine() 表示正运动学函数，正运动学函数的自变量为作业臂的各个关节角度，且每个关节角度值均在其关节限度之内，即 $\theta_i \in [\theta_{i\min}, \theta_{i\max}] (i = 1, 2, \cdots, n)$； n 表示机器人关节的个数。

因此，可以将机器人的工作空间表示为

$$W[P] = \{\text{fkine}(\theta_1, \theta_2, \cdots, \theta_n); \theta_i \in [\theta_{i\min}, \theta_{i\max}]\} \subset R^3, i = 1, 2, \cdots, n \tag{8-31}$$

蒙特卡洛法的思想是首先应用随机抽样的数学方法，并在各个关节角度限度内随机遍历取值，当取值点越多时，其工作空间的精度越高。然后将选取的关节角度值进行正运动学计算，最后全部随机点的集合为机器人的工作空间。本书应用蒙特卡洛法的主要步骤如下。

（1）根据式（3-21）、式（4-20），分别得到机器人辅助作业臂末端执行器、主作业臂末端执行器在坐标系 $\{O\}$ 中的位置表达 $P_L(p_{lx}, p_{ly}, p_{lz})$、 $P_R(p_{rx}, p_{ry}, p_{rz})$。

$$
\begin{aligned}
p_{lx} &= d_5\left(s_4\left(c_3s_1+c_1s_2s_3\right)-c_1c_2c_4\right)-d\left(s_6\left(s_5\left(s_1s_3-c_1c_3s_2\right)-\right.\right.\\
&\quad \left.\left. c_5\left(c_4\left(c_3s_1+c_1s_2s_3\right)+c_1c_2s_4\right)\right)-c_6\left(s_4\left(c_3s_1+c_1s_2s_3\right)-c_1c_2c_4\right)\right)-c_1c_2d_3\\
p_{ly} &= d_5\left(s_4\left(c_1c_3-s_1s_2s_3\right)+c_2c_4s_1\right)+d\left(c_6\left(s_4\left(c_1c_3-s_1s_2s_3\right)+\right.\right.\\
&\quad \left.\left. c_2c_4s_1\right)-s_6\left(s_5\left(c_1s_3+c_3s_1s_2\right)-c_5\left(c_4\left(c_1c_3-s_1s_2s_3\right)-c_2s_1s_4\right)\right)\right)+c_2d_3s_1\\
p_{lz} &= d\left(s_6\left(c_5\left(s_2s_4-c_2c_4s_3\right)-c_2c_3s_5\right)-c_6\left(c_4s_2+c_2s_3s_4\right)\right)-\\
&\quad d_5\left(c_4s_2+c_2s_3s_4\right)-d_3s_2d_1
\end{aligned}
\tag{8-32}
$$

$$
\begin{aligned}
p_{rx} &= d_5\left(c_4\left(c_3s_1-c_1s_2s_3\right)+c_1c_2s_4\right)-c_1c_2d_3\\
p_{ry} &= -d_5\left(c_4\left(c_1c_3+s_1s_2s_3\right)-c_2s_1s_4\right)-c_2d_3s_1\\
p_{rz} &= d_1+d_5\left(s_2s_4+c_2c_4s_3\right)-d_3s_2
\end{aligned}
\tag{8-33}
$$

（2）将机器人双臂的各个关节变量限制在其最小到最大的关节范围内，利用 rand(N,1) 函数在区间(0,1)上随机抽取 N 个值，得到各个关节的角度值。

$$\theta_i = \theta_{i\min} + (\theta_{i\max} - \theta_{i\min}) \times \mathrm{rand}(N,1) \tag{8-34}$$

（3）结合机器人正运动学，分别将得到的主辅作业臂的每组关节角度值代入式（3-21）、式（4-20）中，计算得到末端执行器的位置坐标并绘制出机器人工作空间仿真图，如图 8-5 所示。

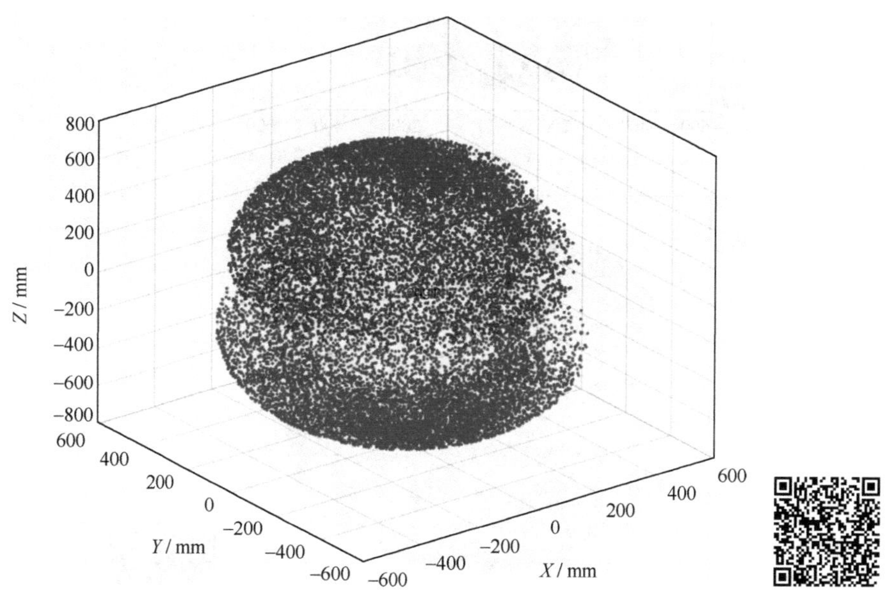

图 8-5　机器人工作空间仿真图（扫码见彩图）

图 8-5 中，N 的取值为 10000，红色表示机器人辅助作业臂末端执行器可达空间，蓝色表示机器人主作业臂末端执行器可达空间。将三维空间中的仿真图分别投影到 XOY 平面、XOZ 平面和 YOZ 平面上，如图 8-6 所示。

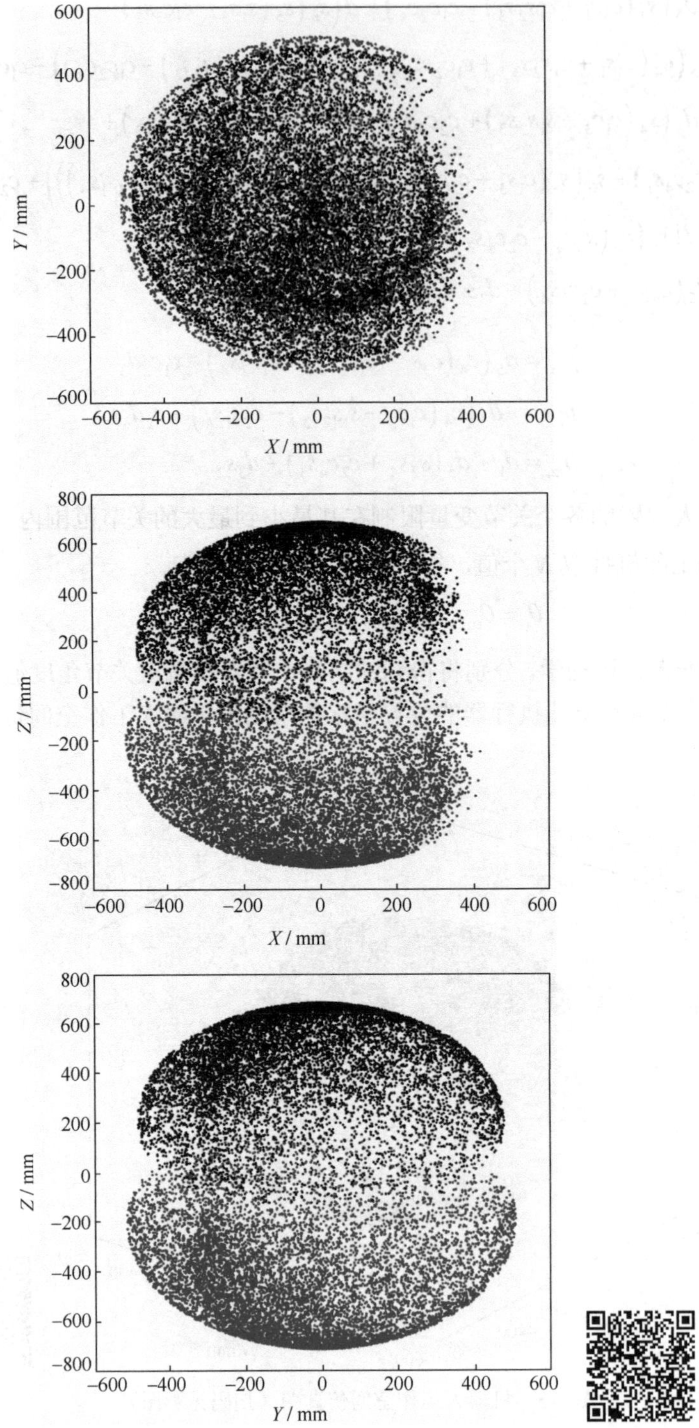

图 8-6　机器人仿真工作空间在二维平面的投影（扫码见彩图）

分析图 8-6 可得，在 *XOY* 平面（对应于机器侧视平面），机器人辅助作业臂末端执行器的可达空间范围比主作业臂末端执行器大，且该范围在主作业臂末端执行器可达空间的基础上，增加一个宽度近似为 30mm 的环状空间。*XOZ* 平面、*YOZ* 平面上机器人主辅作业臂的共同可达工作空间近似为椭球形。在 *XOZ* 平面（对应于机器人正面），主辅作业臂共同可达工作空间在 *X* 轴方向的范围为–400～290mm，在 *Z* 轴方向的范围为–120～150mm。在 *YOZ* 平面（对应于机器人从上方的俯视图平面），主辅作业臂共同可达工作空间在 *Y* 轴方向的范围为–420～415mm，在 *Z* 轴方向的范围为–120～150mm。综上可知，机器人在作业任务中，当选定双臂的共同可达工作空间位于机器人身体的正前方时，该空间上下最大距离约为 690mm，左右最大距离约为 270mm，前后最大距离约为 420mm，且在该共同可达工作空间之外，机器人双臂末端执行器之间不会产生影响。

8.4　机器人轨迹规划综合实践

8.4.1　关节空间轨迹规划

设定辅助作业臂、主作业臂分别从初始状态 (0°,0°,0°,0°,0°,0°)、(0°,0°,0°,0°,0°) 运动到目标位姿状态 (–80°,–10°,20°,–30°,12°,2°)、(–80°,–10°,20°,–30°,12°) 时，在关节空间下分别采用三次多项式、五次多项式对作业臂进行轨迹规划，如图 8-7 和图 8-8 所示。

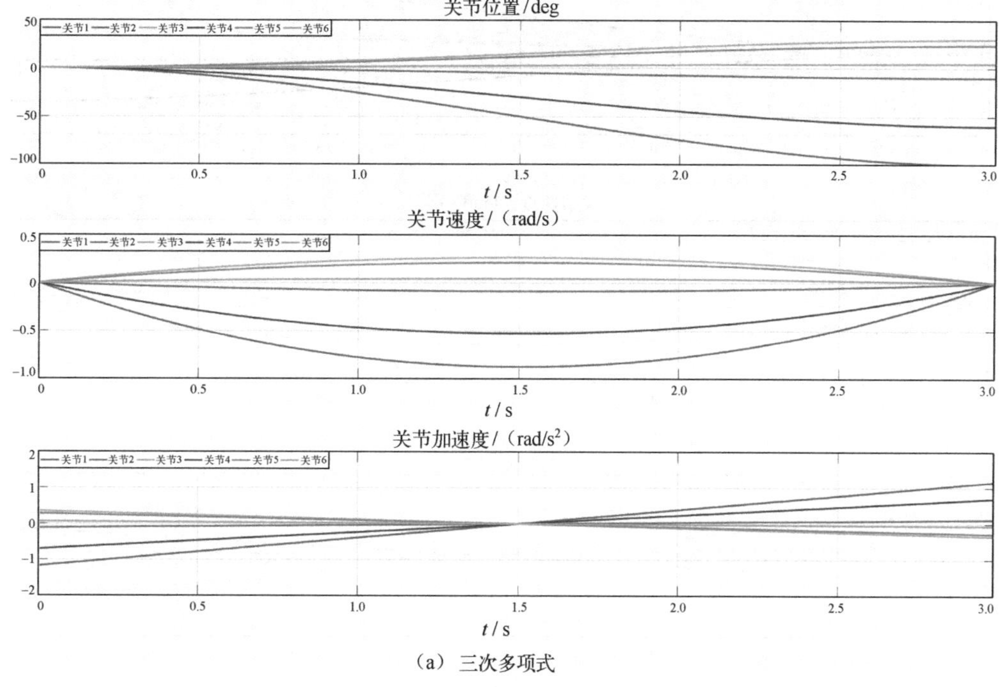

（a）三次多项式

图 8-7　关节空间中辅助作业臂轨迹规划（扫码见彩图）

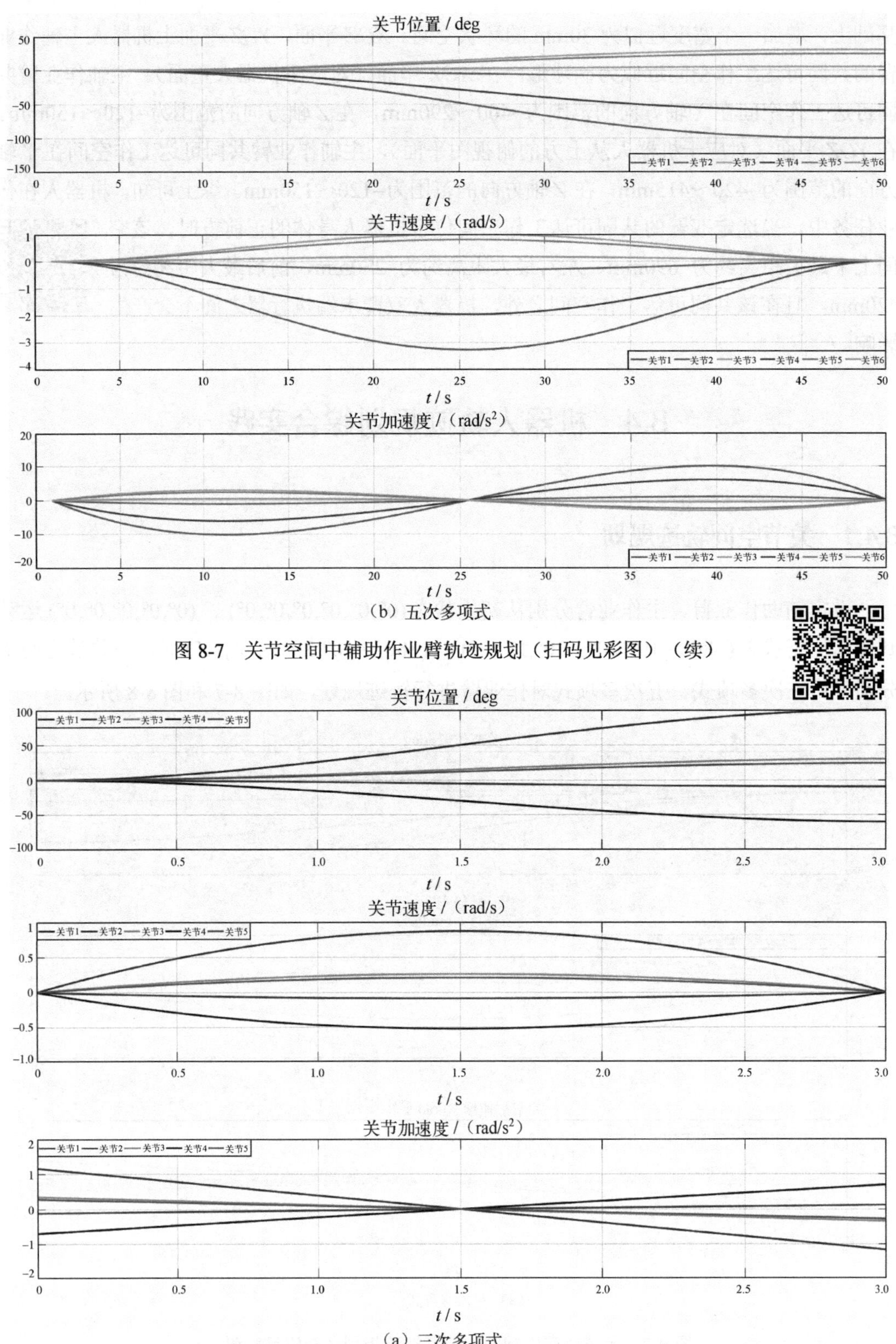

（b）五次多项式

图 8-7　关节空间中辅助作业臂轨迹规划（扫码见彩图）（续）

（a）三次多项式

图 8-8　关节空间中主作业臂轨迹规划（扫码见彩图）

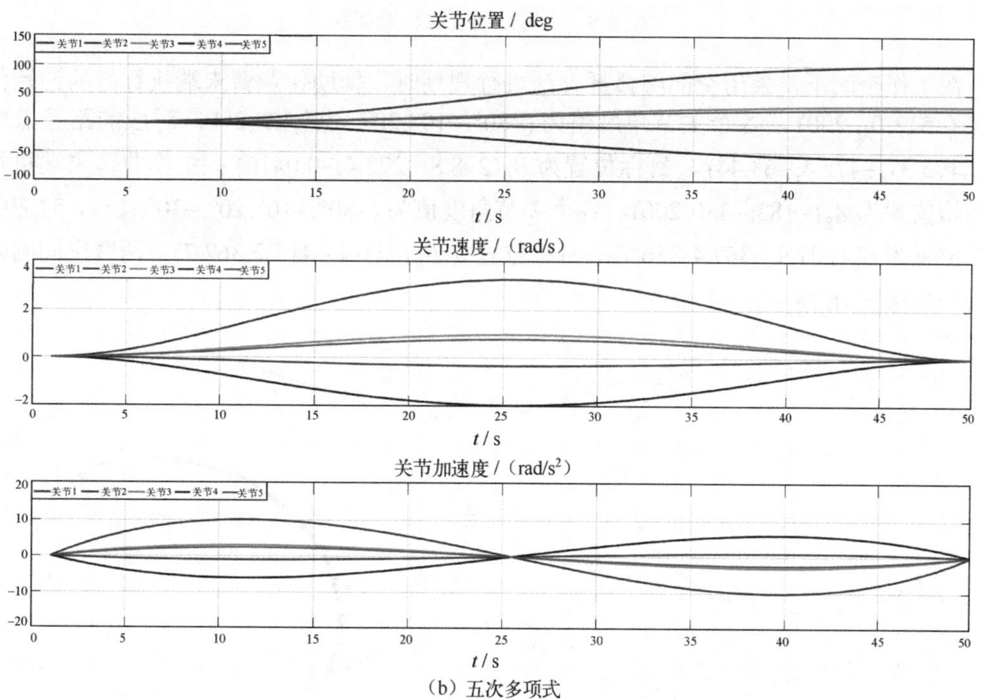

（b）五次多项式

图 8-8　关节空间中主作业臂轨迹规划（扫码见彩图）（续）

8.4.2　工作空间轨迹规划

在工作空间下，采用空间直线插补法进行规划时，辅助作业臂末端执行器的初始位置为 $A_L(-513,0,-200)$，目标位置为 $B_L(298.8,-272.4,-0.0416)$；主作业臂末端执行器的初始位置为 $A_R(-183,-330,200)$，目标位置为 $B_R(218.4,-415.7,362.7)$。双臂空间直线轨迹规划如图 8-9 所示。

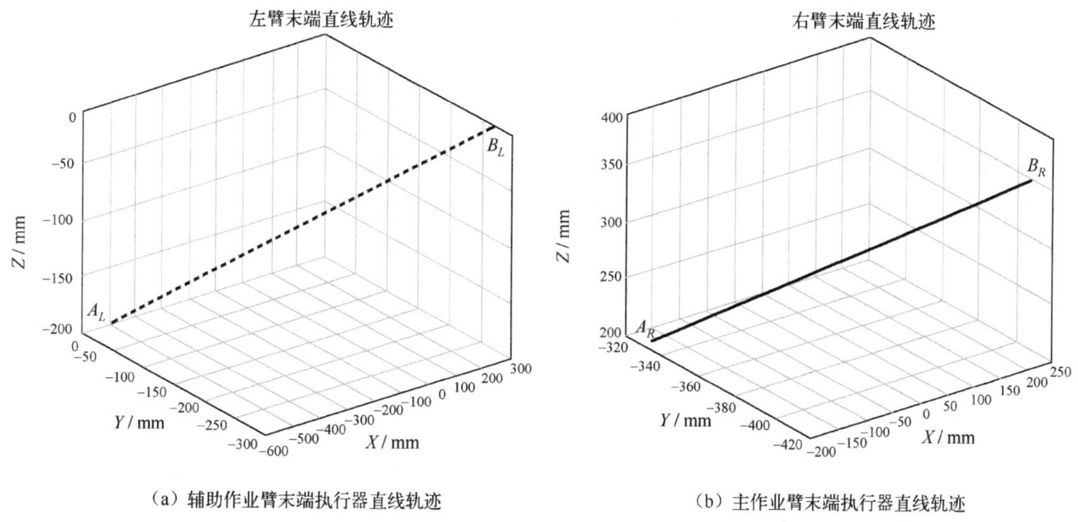

（a）辅助作业臂末端执行器直线轨迹　　（b）主作业臂末端执行器直线轨迹

图 8-9 双臂空间直线轨迹规划

在工作空间下，采用空间圆弧插补法进行规划时，辅助作业臂末端执行器的初始位置为 $A_L(-513,0,-200)$，各个关节角度值为 $(-80°,-10°,20°,-30°,12°,2°)$，对应的路径点位置为 $C_L(73.37,-472.4,-63.44)$，目标位置为 $B_L(298.8,-272.4,-0.0416)$；主作业臂末端执行器的初始位置为 $A_R(-183,-330,200)$，各个关节角度值为 $(-80°,-10°,20°,-30°,12°)$，对应的路径点位置为 $C_R(207.9,-367.4,356.7)$，目标位置为 $B_R(218.4,-415.7,362.7)$。两臂空间圆弧轨迹规划如图 8-10 所示。

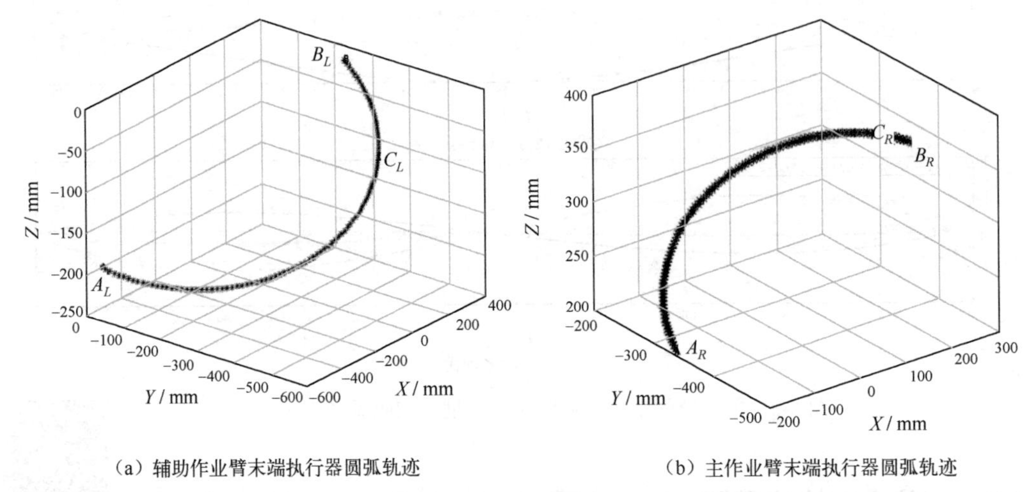

（a）辅助作业臂末端执行器圆弧轨迹　（b）主作业臂末端执行器圆弧轨迹

图 8-10 双臂空间圆弧轨迹规划

8.4.3 双臂协调抓取任务

当前，在很多复杂的作业任务中，如抓取不规则物体、装配复杂工件、搬运大型物体等，相较于单臂机器人，双臂机器人具有更强的适用性。而机器人的双臂协调控制，即在双臂不发生碰撞的基础上，对双臂的运动轨迹进行规划，驱动作业臂达到目标状态。在规划过程中，双臂之间只有针对不同的目标任务满足不同的约束条件，才能控制双臂根据规划好的轨迹运动到达目标点。

目前，机器人的双臂协调规划主要分为松协调和紧协调。其中，松协调是指在同一工作空间中，双臂独立完成各自的任务；而紧协调是指双臂在同一工作空间中，按照约束条件保持一定的规律沿预设的轨迹运动。双臂机器人在紧协调任务中是具有强耦合性的，如双臂搬运同一物体时，双臂的运动规律完全取决于目标物的期望运动规律，且不与目标物发生相对运动。

基于本实验室机器人所需实现的功能，即在辅助作业臂协助主作业臂对树冠内的果实完成抓取任务，或主作业系统不需要协助，或双臂均可以独立完成抓取目标物任务等情况下，本书对机器人的双臂进行松协调任务的研究分析。根据以上所述机器人双臂的任务中，机器人辅助作业臂末端执行器和主作业臂末端执行器的目标物并不相同，主作业臂末端执行器的目标物为待抓取的目标物，而辅助作业臂的目标物为障碍物。所以，主辅作业臂末端执行器之间没有力的约束，也没有相对运动。上述分析机器人双臂的工作空间可知，主辅作业臂末端执行器之间存在位置约束。

根据建立的机器人主辅作业臂的 DH 模型可知，机器人双臂的基坐标系均选定为机器人胸部中心坐标系 $\{O\}$，其原点记为 O。此处，将辅助作业臂、主作业臂的末端执行器固连坐标系的原点分别记为 L、R，并将双臂末端执行器所要抓取到目标物固连坐标系的原点分别记为 P_L、P_R，如图 8-11 所示。

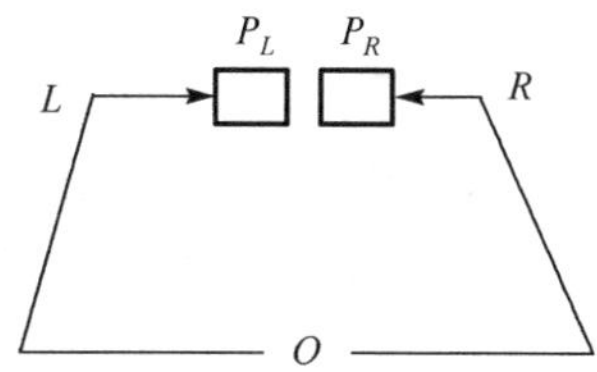

图 8-11　双臂操作示意图

如图 8-11 所示，当机器人主辅作业臂之间没有任何约束条件时，可以得到主辅作业臂的目标物在坐标系 $\{O\}$ 中的位姿矩阵 ${}_{P_L}^{O}\boldsymbol{T}$、${}_{P_R}^{O}\boldsymbol{T}$，如式（8-35）所示。

$$
\begin{aligned}
{}_{P_L}^{O}\boldsymbol{T} &= {}_{L}^{O}\boldsymbol{T}\,{}_{P_L}^{L}\boldsymbol{T} \\
{}_{P_R}^{O}\boldsymbol{T} &= {}_{R}^{O}\boldsymbol{T}\,{}_{P_R}^{R}\boldsymbol{T}
\end{aligned}
\tag{8-35}
$$

式中，${}_{P_L}^{L}\boldsymbol{T}$、${}_{P_R}^{R}\boldsymbol{T}$ 分别表示主、辅作业臂的目标物在末端执行器固连坐标系中的位姿矩阵；${}_{L}^{O}\boldsymbol{T}$、${}_{R}^{O}\boldsymbol{T}$ 分别表示主、辅作业臂末端执行器在基坐标系中的位姿矩阵。

将齐次变换矩阵拆分为 3×3 阶姿态矩阵 $\boldsymbol{R}$ 和 3×1 阶位置向量 $\boldsymbol{P}$，由 ${}_{P_L}^{L}\boldsymbol{T}$ 与 $({}_{L}^{P_L}\boldsymbol{T})^{-1}$ 相等、${}_{P_R}^{R}\boldsymbol{T}$ 与 $({}_{R}^{P_R}\boldsymbol{T})^{-1}$ 相等，可得：

$$
\begin{aligned}
{}_{P_L}^{L}\boldsymbol{T} &= \left({}_{L}^{P_L}\boldsymbol{T}\right)^{-1} = \begin{pmatrix} {}_{L}^{P_L}\boldsymbol{R}_{3\times3} & {}_{L}^{P_L}\boldsymbol{P}_{3\times1} \\ \boldsymbol{0}_{1\times3} & 1 \end{pmatrix}^{-1} = \begin{pmatrix} {}_{P_L}^{L}\boldsymbol{R} & -{}_{P_L}^{L}\boldsymbol{R}\,{}_{L}^{P_L}\boldsymbol{P} \\ \boldsymbol{0}_{1\times3} & 1 \end{pmatrix} \\
{}_{P_L}^{R}\boldsymbol{T} &= \left({}_{R}^{P_R}\boldsymbol{T}\right)^{-1} = \begin{pmatrix} {}_{R}^{P_R}\boldsymbol{R}_{3\times3} & {}_{R}^{P_R}\boldsymbol{P}_{3\times1} \\ \boldsymbol{0}_{1\times3} & 1 \end{pmatrix}^{-1} = \begin{pmatrix} {}_{P_R}^{R}\boldsymbol{R} & -{}_{P_R}^{R}\boldsymbol{R}\,{}_{R}^{P_R}\boldsymbol{P} \\ \boldsymbol{0}_{1\times3} & 1 \end{pmatrix}
\end{aligned}
\tag{8-36}
$$

可通过式（8-35）和式（8-36），得到主、辅作业臂末端执行器 P_L、P_R 在基坐标系 $\{O\}$ 中的位置表达 ${}_{P_L}^{O}\boldsymbol{P}$、${}_{P_R}^{O}\boldsymbol{P}$，如式（8-37）所示。

$$
\begin{aligned}
{}_{P_L}^{O}\boldsymbol{P} &= {}_{L}^{O}\boldsymbol{P} - {}_{P_L}^{O}\boldsymbol{R}\,{}_{L}^{P_L}\boldsymbol{P} \\
{}_{P_R}^{O}\boldsymbol{P} &= {}_{R}^{O}\boldsymbol{P} - {}_{P_R}^{O}\boldsymbol{R}\,{}_{R}^{P_R}\boldsymbol{P}
\end{aligned}
\tag{8-37}
$$

式中，${}_{L}^{O}\boldsymbol{P}$、${}_{R}^{O}\boldsymbol{P}$ 分别表示主辅作业臂末端执行器坐标系原点在基坐标系 $\{O\}$ 中的位置表达；${}_{P_L}^{O}\boldsymbol{R}$、${}_{P_R}^{O}\boldsymbol{R}$ 分别表示主辅作业臂末端执行器待抓取目标物坐标系原点在基坐标系 $\{O\}$ 中的变换矩阵；${}_{L}^{P_L}\boldsymbol{P}$、${}_{R}^{P_R}\boldsymbol{P}$ 分别表示主辅作业臂末端执行器坐标系原点在对应目标物坐标系中的位置表达。

根据以上关系可得到，当机器人双臂之间无约束条件，获取到目标物在基坐标系{O}中的姿态和位置信息，以及末端执行器在目标物坐标系中的位置信息时，便可得到末端执行器在基坐标系{O}中的位置表达。

根据式（8-35）和式（8-36），可得主辅作业臂末端执行器P_L、P_R在基坐标系{O}中的姿态变换矩阵${}^{O}_{P_L}\boldsymbol{R}$、${}^{O}_{P_R}\boldsymbol{R}$，如式（8-38）所示。

$$\begin{aligned}{}^{O}_{P_L}\boldsymbol{R} &= {}^{O}_{L}\boldsymbol{R}\,{}^{L}_{P_L}\boldsymbol{R}\\ {}^{O}_{P_R}\boldsymbol{R} &= {}^{O}_{R}\boldsymbol{R}\,{}^{R}_{P_R}\boldsymbol{R}\end{aligned} \tag{8-38}$$

式中，${}^{O}_{L}\boldsymbol{R}$、${}^{O}_{R}\boldsymbol{R}$分别表示主辅作业臂末端执行器坐标系原点在基坐标系{O}中的变换矩阵；${}^{L}_{P_L}\boldsymbol{R}$、${}^{R}_{P_R}\boldsymbol{R}$分别表示主辅作业臂末端执行器待抓取目标物坐标系原点在末端执行器坐标系中的变换矩阵。

根据式（8-38）可知，当获取到主辅作业臂末端执行器分别在基坐标系{O}和末端执行器坐标系中的姿态变换矩阵时，就可以得到末端执行器在基坐标系{O}中的姿态信息。

综上，当机器人双臂之间没有任何约束条件时，即可根据上述得到的末端执行器位置和姿态信息求出作业臂逆解。

本书使用双臂机器人，根据其工作空间的分析，对双臂末端执行器最终到达待抓取目标物时两者之间的相对位姿进行约束，约束条件如式（8-39）所示。

$$\begin{aligned}{}^{O}_{P_R}\boldsymbol{P} - {}^{O}_{P_L}\boldsymbol{P} &= \boldsymbol{P}_1\\ {}^{O}_{P_R}\boldsymbol{R} &= {}^{O}_{P_L}\boldsymbol{R}\boldsymbol{R}_1\end{aligned} \tag{8-39}$$

式中，$\boldsymbol{P}_1$是一个3×1阶矩阵，表示双臂末端执行器最终状态时的位置约束；$\boldsymbol{R}_1$是一个3×3阶矩阵，表示双臂末端执行器最终状态时的姿态约束。

根据式（8-38）、式（8-39）中的约束条件，可得到：

$$\begin{aligned}{}^{O}_{L}\boldsymbol{P} &= {}^{O}_{R}\boldsymbol{P} + {}^{O}_{P_L}\boldsymbol{R}\,{}^{P_L}_{L}\boldsymbol{P} - \boldsymbol{P}_1 - {}^{O}_{P_R}\boldsymbol{R}\,{}^{P_R}_{R}\boldsymbol{P}\\ {}^{O}_{L}\boldsymbol{R} &= {}^{O}_{R}\boldsymbol{R}\,{}^{R}_{P_R}\boldsymbol{R}\boldsymbol{R}_1\,{}^{P_L}_{L}\boldsymbol{R}\end{aligned} \tag{8-40}$$

本书不考虑辅助作业臂末端执行器与主作业臂末端执行器之间姿态的约束关系，仅考虑位置约束条件。当辅助作业臂与主作业臂协调，或辅助作业臂、主作业臂均独立完成抓取任务时，为了避免双臂产生碰撞，根据实际情况，在机器人身体正前方空间中，双臂末端执行器在是基坐标系{O}的x轴或y轴、z轴方向上的距离差值不小于50mm，即式(8-39)中$\boldsymbol{P}_1$的x、y、z坐标值的绝对值只有一个不小于50mm即可。

故根据上文中规划的无碰撞路径，主作业臂末端执行器沿着该路径运动时可以实时地确定末端执行器在基坐标系{O}中的位姿信息，当与辅助作业臂末端执行器的位置约束条件$\boldsymbol{P}_1$也已知时，即可根据式（8-40）得到辅助作业臂末端执行器在基坐标系{O}中的位姿信息，并可应用求解辅助作业系统逆运动学的方法，得到作业臂各个关节运动到目标点时的角度值。

8.5 本章小结

本章在已知作业臂末端执行器无碰撞路径的基础上，确定了末端执行器到达目标点时作业臂末端执行器的最终跟踪路径，对作业臂的其他连杆进行了避障规划，并根据确定的无碰撞路径对作业臂的各个关节角，在关节空间中分别采用三次多项式、五次多项式进行了轨迹规划；在工作空间中分别采用位置直线插补、空间位置圆弧插补方法进行了轨迹规划；利用蒙特卡洛法分析双臂工作空间，并基于松协调任务研究了双臂的协调作业。

习题 8

8.1 何谓轨迹规划？简述轨迹规划的方法并说明其特点。

8.2 假设一台机器人具有 6 个转动关节，其关节运动均按三次多项式规划，要求经过两个中间路径点后停在一个目标位置。试问要想描述该机器人关节的运动，共需要多少个独立的三次多项式？要确定这些多项式，需要多少个系数？

8.3 单连杆机器人的转动关节，从 $\theta=-5°$ 静止开始运动，要想在 4s 内使该关节平滑地运动到 $\theta=180°$ 位置停止。试按下述要求确定运动轨迹。

（1）设计并实践关节运动以三次多项式插值方式规划。

（2）设计并实践关节运动以抛物线过渡的线性插值方式规划。

8.4 简述轮式关节空间和工作空间轨迹规划的异同点。

思政内容

第 9 章　机器人控制综合设计与实践

9.1　概　　述

前面几章讲述了机器人感知系统、目标识别、运动规划及轨迹规划等方面的内容，是本章机器人控制的基础。机器人控制（Robot Control），顾名思义，就是机器人控制系统为使机器人完成各种任务和动作所采用的各种控制手段。机器人控制系统是机器人的大脑，其功能是通过接收来自传感器的检测信号，并按照所希望的方式使机器人达到预定的状态。机器人控制系统对机器人的性能起着决定性影响，在一定程度上影响着机器人的发展，因此，拥有一个功能完善、灵敏可靠的控制系统是机器人与设备协调动作、共同完成作业任务的关键。

本章讲述机器人控制综合设计与实践，主要内容包括机器人驱动器空间控制、关节空间控制和工作空间控制的设计与实践。其中，9.2 节讲述机器人控制理论基础；9.3 节讲述机器人控制综合设计，主要包括机器人驱动器空间控制综合设计、机器人关节空间控制综合设计、机器人工作空间控制综合设计等内容；9.4 节介绍机器人控制综合实践；9.5 节总结本章的主要内容。

9.2　机器人控制理论基础

机器人系统是冗余的、多变量非线性控制系统，同时又是复杂的耦合动态系统，且每个控制任务本身具有各自动力学任务。在研究中，通常把机器人控制系统简化为若干低阶子系统来描述，包括控制器、控制变量、控制层次及控制技术等几个方面。

9.2.1　机器人控制器

机器人的控制可等效为其各子系统的控制与传动问题。从关节（或连杆）角度看，可把机器人的控制器分为单关节（连杆）控制器和多关节（连杆）控制器两种。对于前者，设计时应考虑稳态误差的补偿问题；对于后者，则应考虑耦合惯量的补偿问题。机器人的控制取决于其“大脑”，即处理器的研制。随着实际工作情况的不同，可以采用各种不同的控制方式，从简单的编程自动化、小型计算机控制到微处理机控制等。机器人控制系统的结构也可以大不相同，从单处理机控制到多处理机分级分布式控制。对于后者，每台处理机执行一个指定的任务，或者与机器人某个部分（如某个自由度或轴）直接联系。

9.2.2　机器人控制变量

以机器人平台中的作业臂为例，其各关节的控制变量如图 9-1 所示。如果要让机器人抓取目标物 A，那么就必须要知道末端执行器在任意时刻相对于目标物 A 的状态，如位置、姿态和开闭状态等。目标物 A 的位置是由它所在的环境在绝对坐标系的一组坐标轴给出的，设这组坐标轴叫作任务轴（R）。末端执行器的状态是由这组坐标轴的数值或参数表示的，而这些参数是向量 $\boldsymbol{X}$ 的分量。想要控制机器人进行作业，我们的任务就是要控制向量 $\boldsymbol{X}$ 随时间变化的情况，即 $\boldsymbol{X}(t)$，它表示末端执行器在空间的实时位置。只有当关节 θ_1 至 θ_6 移动时，$\boldsymbol{X}$ 才变化。我们用向量 $\boldsymbol{\Theta}(t)$来表示关节变量 θ_1 至关节变量 θ_6 。

各关节在力矩 $\boldsymbol{c}_1$ 至 $\boldsymbol{c}_6$ 的作用下运动，这些力矩构成向量 $\boldsymbol{C}(t)$。向量 $\boldsymbol{C}(t)$由各传动电机的力矩向量 $\boldsymbol{T}(t)$经过变速机送到各个关节，而这些电机在电流或电压向量 $\boldsymbol{V}(v)$所提供的动力作用下，由一台或是多台微处理机控制产生力矩向量 $\boldsymbol{T}(t)$。因此，对于一个机器人系统的控制，本质上就是对下列双向方程式的变换控制。

$$\boldsymbol{V}(t) \leftrightarrow \boldsymbol{T}(t) \leftrightarrow \boldsymbol{C}(t) \leftrightarrow \boldsymbol{\Theta}(t) \leftrightarrow \boldsymbol{X}(t) \tag{9-1}$$

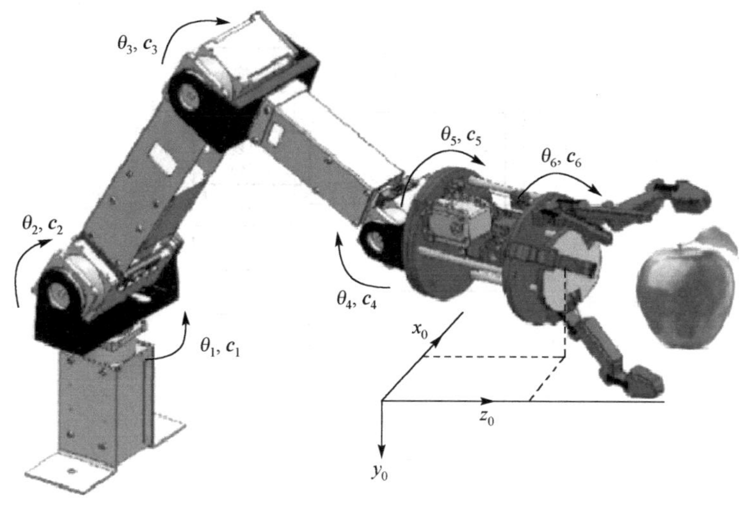

图 9-1　机器人作业臂各关节的控制变量

9.2.3　机器人控制层次

根据机器人功能的实现，其主要控制层次可以分为三个控制级，即人工智能级、控制模式级和伺服系统级，如图 9-2 所示。

（1）第一级：人工智能级。如果命令一个机器人“抓取目标物 A”，那么如何执行这个任务呢？首先必须确定，该命令的成功执行至少是因机器人为该命令产生向量 $\boldsymbol{X}(t)$，也就是末端执行器相对目标物 A 的运动。该层级控制包含与人工智能有关的所有可能问题，如词汇和自然语言理解、规划的产生及任务描述等。然而，目前人工智能级的控制仍处于研究阶段，在机器人上的应用还不够多，还有许多实际问题有待解决。

（2）第二级：控制模式级。控制模式级能够建立起控制向量 $\boldsymbol{X}(t)$和电机力矩向量 $\boldsymbol{T}(t)$ 间的双向关系，该控制级中有多种可供采用的控制模式，且两向量间关系可由式（9-2）所列关系表示。

$$\boldsymbol{T}(t) \leftrightarrow \boldsymbol{C}(t) \leftrightarrow \boldsymbol{\Theta}(t) \leftrightarrow \boldsymbol{X}(t) \tag{9-2}$$

上述 4 个向量分别对应于机器人不同结构系统模型：$\boldsymbol{T}(t)$ 对应于机器人传动装置模型；$\boldsymbol{C}(t)$ 对应于关节式机械系统的机器人模型；$\boldsymbol{\Theta}(t)$ 对应于任务空间内的关节变量与被控制值间的关系模型；而 $\boldsymbol{X}(t)$ 则对应于工作空间内的机器人模型。然而，它们在工程实际中对应于各种不同问题。

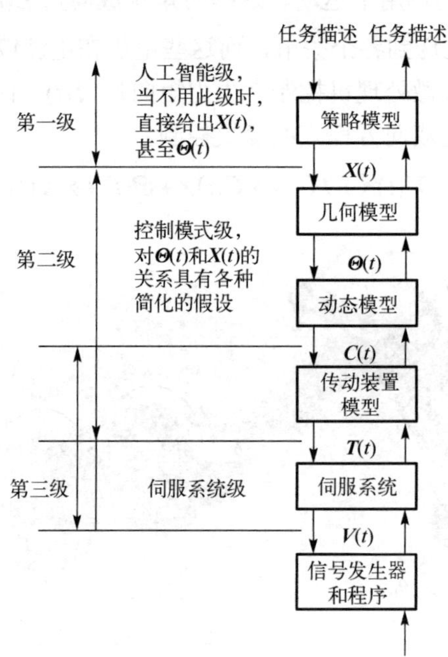

图 9-2 机器人的主要控制层级

控制模式级的第一个问题是系统动力学问题。该模式级存在许多困难，其中包括：首先，无法知道如何正确地建立各连接部分的机械误差，如干摩擦和关节的挠性；其实，即使能够考虑这些误差，但其模型将包含数以千计的参数，而且处理机将无法以适当的速度执行所有必需的在线操作；此外，无法知道控制对模型变换的响应，同时，模型越复杂，对模型的变换就越困难，尤其是当模型具有非线性时，困难将更大。

（3）第三级：伺服系统级。伺服系统级关心的是机器人的一般实际问题。在伺服系统中通常需注意两个方面问题：首先，控制第一级和第二级并非总是截然分开的，且是否把传动机构和减速机构包括在第二级也是重要课题。

当前发展趋向是研究具有组合减速机构的电机，虽然该电机可直接安装在机器人关节上，但该做法又需进一步解决惯性力矩和减速比问题。此外，还需要注意的问题是，一般伺服系统是模拟系统，但目前模拟系统已被越来越普遍的数字控制伺服系统代替。因此，要得到一个满意的方法，所提出的假设可能是不同的。这些假设取决于操作人员所具有的有关课题的知识深度及机器人的应用场合。

9.2.4　机器人控制技术

对于机器人末端执行器所期望的几何路径，可以利用逆运动学计算关节运动，再将关节运动代入运动方程则可知执行器的指令，最终应用所得指令使机器人沿着所期望的路径，理想地移动末端执行器。然而，因为存在外部干扰或系统未建模原因，机器人将不会按照期望的路径移动。因此，这里我们希望机器人控制技术最小化或者消除路径移动偏差。

总体来讲，机器人控制技术可分为开环控制、闭环控制两大类。首先，如果动力学模型是精确完备的，没有“噪声”或其他干扰存在，由轨迹生成器给定机器人期望轨迹$\boldsymbol{\Theta}_{\mathrm{d}}$、$\dot{\boldsymbol{\Theta}}_{\mathrm{d}}$和$\ddot{\boldsymbol{\Theta}}_{\mathrm{d}}$后，可通过控制系统对机器人进行控制。设$\boldsymbol{\Theta}_{\mathrm{d}}=\boldsymbol{\Theta}(t)$的期望路径是时间的函数，则使机器人服从期望的运动所要求的转矩可通过式（9-3）计算。

$$\boldsymbol{\tau}=\boldsymbol{M}(\boldsymbol{\Theta}_{\mathrm{d}})\ddot{\boldsymbol{\Theta}}_{\mathrm{d}}+\boldsymbol{V}(\boldsymbol{\Theta}_{\mathrm{d}},\dot{\boldsymbol{\Theta}}_{\mathrm{d}})+\boldsymbol{G}(\boldsymbol{\Theta}_{\mathrm{d}}) \tag{9-3}$$

机器人基于式（9-3）能够稳定地工作，那么沿着期望轨迹连续力矩求解公式，执行器控制转矩$\boldsymbol{\tau}$可以产生期望路径$\boldsymbol{\Theta}_{\mathrm{d}}$，这就是开环控制算法，即基于一个已知的期望路径和运动方程计算控制指令，然后控制指令作用于系统则会产生期望的路径。机器人高阶开环控制系统框图如图 9-3 所示。

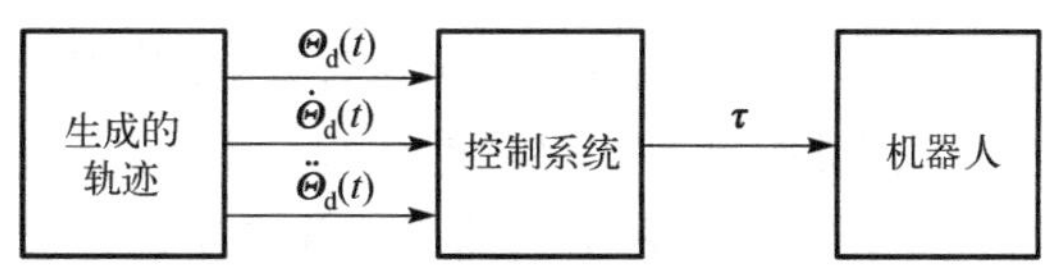

图 9-3　机器人高阶开环控制系统框图

然而，这种控制方式并没有利用关节传感器的反馈，即式（9-3）是期望轨迹$\boldsymbol{\Theta}_{\mathrm{d}}$和$\dot{\boldsymbol{\Theta}}_{\mathrm{d}}$的函数，而不是实际轨迹$\boldsymbol{\Theta}$的函数。因此，该动力学模型不完备，且不可避免地存在外在干扰，从而使得开环控制方式并不实用。为解决此问题，控制系统需要根据伺服误差函数计算驱动器需要的转矩，即需要采用闭环控制。

闭环控制是指利用系统反馈进行控制，其设计的核心问题是，保证设计的闭环系统满足特定的性能要求，而其中最基本的标准是系统稳定性要求，也就是机器人在一些“中度”干扰下，按照各种期望轨迹运动时，系统始终保持“较小”误差。在现实中，机器人可以利用位置传感器、速度传感器、加速度传感器或力传感器直接或间接测量关节变量，转换到关节空间，从而提供连杆相对于坐标系的关节运动信息。图 9-4 给出轨迹生成器和机器人间的关系，即机器人从控制系统接收到一个关节转矩向量$\boldsymbol{\tau}$，传感器允许控制器读取关节位置向量和关节速度向量，进行闭环控制。

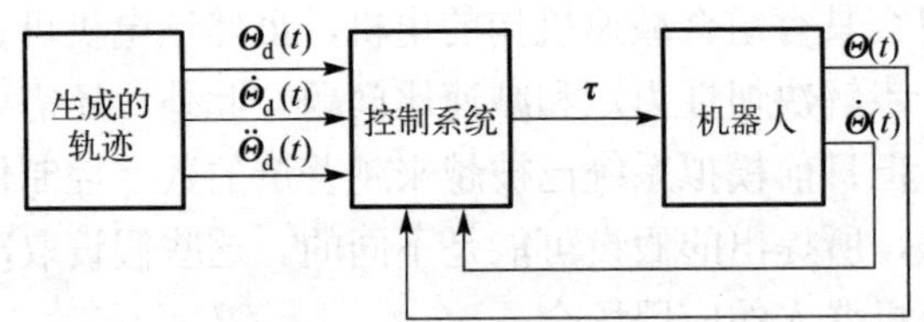

图 9-4　机器人高阶闭环控制系统框图

高性能机器人闭环控制的唯一方法，就是利用机器人传感器的反馈进行控制。该反馈一般通过比较期望位置和实际位置之差，以及期望速度和实际速度之差来计算伺服误差：

$$\boldsymbol{E}=\boldsymbol{\Theta}_{\mathrm{d}}-\boldsymbol{\Theta},\ \dot{\boldsymbol{E}}=\dot{\boldsymbol{\Theta}}_{\mathrm{d}}-\dot{\boldsymbol{\Theta}} \tag{9-4}$$

这样控制系统就能够根据伺服误差函数计算驱动器需要的转矩，通过计算驱动器的转矩来减少伺服误差。比较常见的机器人控制方法有如下几类。

（1）反馈线性化或计算机转矩控制技术。该类技术是一种基于模型的控制方法，主要通过定义控制规律获得用于偏差指令的线性微分方程，然后使用线性控制进行设计。虽然反馈线性化技术已成功应用于机器人，但其所设计的控制规律是建立在机器人标称模型基础上的。然而，由于参数不确定性或干扰的存在，该方法并不能保证机器人控制的稳健性。

（2）线性控制技术。最简单的机器人控制技术，就是基于操作点运动方程线性化而设计线性控制器。比例、积分、微分及它们的任何综合都是常用的线性控制技术，但该类技术只能局部地决定机器人的稳定性。

（3）自适应控制技术。自适应控制技术是一种用于控制不确定性或时变机器人的技术，通常对于低自由度机器人比较有效。

（4）鲁棒自适应控制技术。该类控制方法是基于标称模型加一些不确定性而设计的，其中不确定性可以出现在诸如末端执行器载荷之类的任何参数中。

（5）增益调度控制技术。该类控制方法将线性控制技术应用于机器人非线性动力学中。在增益调度中，通常选择大量控制点以覆盖机器人操作范围，然后对于每个控制点，通过对机器人动力学进行线性时变近似，设计线性控制器，最后在控制点间插入或调度控制器参数。

9.3　机器人控制综合设计

为便于读者对机器人控制过程的理解，本节以第 2 章介绍的机器人平台为例，从驱动器空间控制系统设计、关节空间控制系统设计、工作空间控制系统设计三个方面，对机器人综合设计过程进行介绍。该机器人平台主要由仿人双臂系统、3-RPS 并联系统、全向移动底盘、感知系统等部分组成；机器人的控制系统则由上位机、嵌入式控制系统、电机驱动模块、直流电机、数字舵机、传感器等模块组成。为了使机器人平台能够全向移动，其底盘安装 4 个麦克纳姆轮。实验室自制仿人机器人如图 9-5 所示。

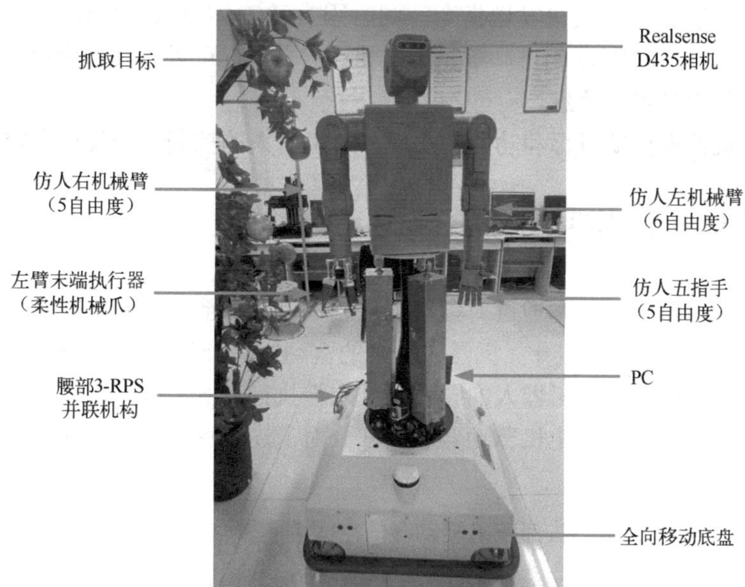

图 9-5 实验室自制仿人机器人

为达到控制机器人的目的，在为机器人平台配备好各种硬件设备后，还需要设计相应的控制系统和软件系统，配合该硬件系统实现机器人控制。以该机器人平台为例，基于嵌入式系统设计机器人的控制系统，其整体设计框架如图 9-6 所示。

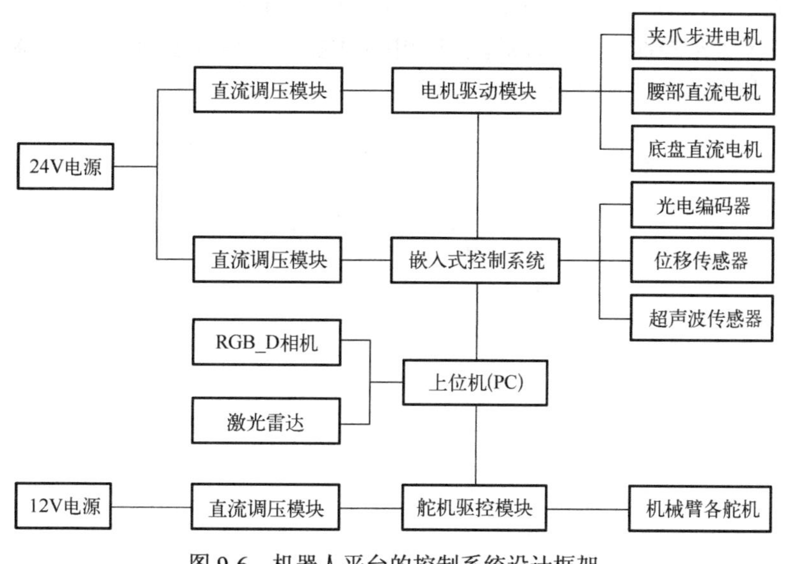

图 9-6 机器人平台的控制系统设计框架

如图 9-6 所示，该控制系统设计框架中有两种不同规格的供电电源。其中 24V 电源主要通过直流调压模块为电机驱动模块和嵌入式控制系统，以及相应电机、传感器供电，而 12V 电源则通过直流调压模块为作业臂的数字舵机及驱控模块供电。直流调压模块的功能是将电源电压调节到合适的电压以供其他模块使用，电机驱动模块的功能是接收嵌入式控制系统的指令并控制电机运转。此外，系统中的上位机为 PC，可通过串口通信的方式向嵌入式控制系统和舵机驱控模块发送指令，同时因为 PC 本身具有电源，所以将 PC 通过 USB3.0 接口直接与 RGB_D 相机、激光雷达相连接，不仅可以为其直接供电，也有利于接收并处理图像及激光点云信息。

下面通过机器人预期目标和功能的实现，对机器人的控制综合设计内容进行介绍。

9.3.1 机器人驱动器空间控制综合设计

驱动器空间控制的目的是通过对驱动器进行控制，并通过驱动器与 PC 间的稳定通信，从而完成某种驱动器动作。其中，机器人平台的驱动器可分为三大类，分别为主辅作业臂、头部所采用的舵机驱动器，机器人的腰、足及末端执行器等所采用的步进电机驱动器，以及全向移动底盘配备的直流电机驱动器。本部分对上述三种驱动器空间的控制设计分别进行介绍。

1. 机器人主辅作业臂、头部舵机驱动器的空间控制

舵机是机器人，尤其是小型机器人旋转关节中的常用部件。一般情况下，各种品牌型号舵机的外形差不多，但由于内部齿轮组安装方式的原因，其输出轴都是偏向一边的。舵机是一个带有角度反馈的自动控制系统，如图 9-7（a）所示，除了外壳，其核心组成部分主要包括直流电机、减速齿轮组、角度传感器和控制电路四部分。舵机的工作原理流程如图 9-7（b）所示，首先，控制电路接收外部角度控制信号，判断直流电机的转动方向；然后，驱动直流电机转动，通过减速齿轮组将动力传至舵机摆臂；接着，角度传感器检测当前角度信息并反馈给控制电路；最后，控制电路根据外部角度控制信息，判断是否已经达到指定角度，如果达到，则停止转动，否则继续转动。

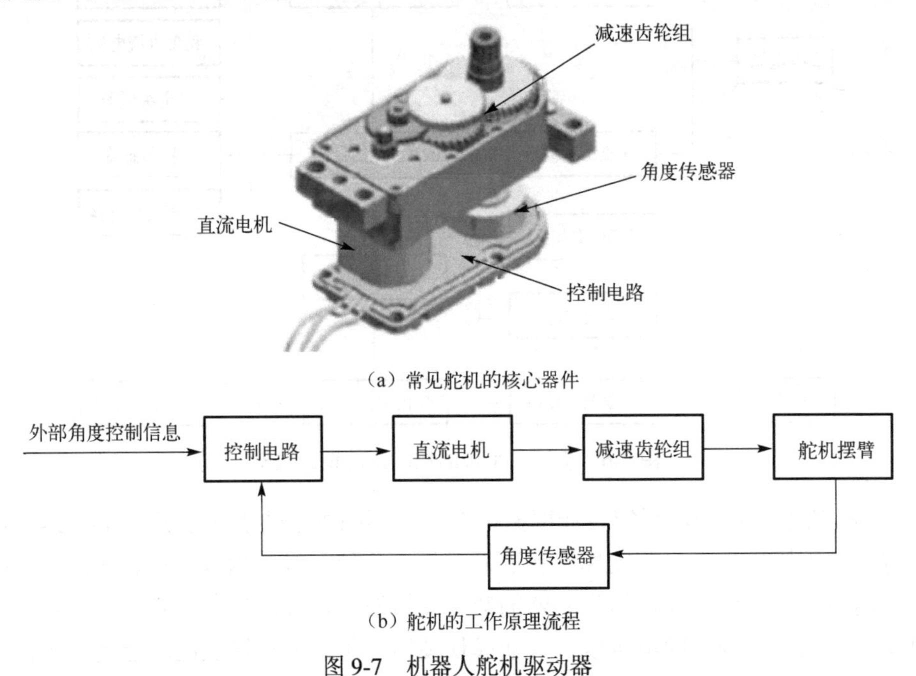

（a）常见舵机的核心器件

（b）舵机的工作原理流程

图 9-7 机器人舵机驱动器

机器人平台主要通过各类传感器感知外界环境信息。为使其能更好地感知环境及自身的情况，机器人平台配备了多种传感器作为其感知系统，包括视觉传感器、位移传感器、光电编码器、激光雷达等。为了准确地获取目标的位置并完成抓取，机器人平台的头部安装了相机作为视觉传感器，采集外界的彩色图像信息和深度图像信息；同时，其头部还安装了如图 9-8 所示的两个舵机，从而使其头部具有左右和上下转动的两个自由度。其中上下转动的角度范围为±30°，而左右摇头的旋转角度范围为±90°。

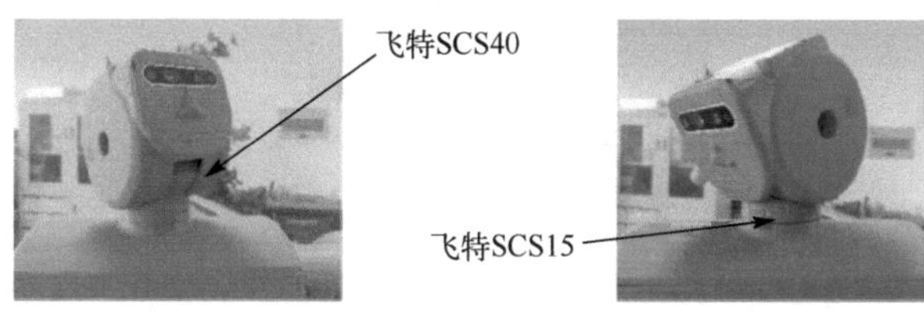

图 9-8　机器人舵机驱动器

此外，为增大机器人工作空间，机器人平台主辅作业臂及头部关节共配有 13 个关节自由度，且每个关节都需要运动控制。但由于机器人整体结构十分紧凑，内部空间小，因此，我们同样采用数字舵机作为各关节的动力输出；由于作业臂不同关节所需输出力矩不同，这里选择多种型号的舵机作为关节动力单元，在满足机器人关节所需动力的同时，也减少关节动力的浪费问题，提高机器人的续航能力。机器人平台选用了图 2-7 所示的串行总线智能舵机和图 2-8 所示的 ARM 32 位单片机主控制板，位置感应采用 360°12 位精度的磁铁感应角度方案，以及具有较强抗干扰能力的 RS485/CAN 方式通信电平。在实际控制中，可以将所有舵机串联，并设定每个舵机的 ID 编号，利用一根数据线通过串口通信的方式与各个舵机进行双向通信，在控制舵机的同时，还可以获取舵机的位置、温度、速度和电压反馈信息，从而实现机器人系统的稳定控制。

2．机器人腰、足及末端执行器等步进电机驱动器空间控制

步进电机是一种将电脉冲转换为角位移的执行机构，具有控制简单可靠，成本低的特点，主要用于开环位置控制系统。它在机器人平台中，主要用于机器人的腰、足、爪等关节部位。以机器人平台腰部为例，如图 9-9 所示，其采用 3-RPS 并联结构，驱动连杆的底部被固定于静平台，连杆顶端通过球铰关节与动平台固定。三根驱动连杆呈 120°对称分布，内部为滚珠丝杠螺母结构，可以通过驱动电机来控制连杆的长度。该设计使得 3-RPS 并联机构可以看成一个具有 3 个自由度的（2 个转动、1 个移动）串联分支，因此，可以通过步进电机来控制 3-RPS 并联机构的三串联分支运动，进而实现机器人的前后弯腰、左右弯腰和升降功能。

步进电机有永磁（Permanent Magnet，PM）式、反应式或可变磁阻（Variable Reluctance，VR）式，以及混合（HyBrid，HB）式三种。其中 PM 式步进电机转子是永磁体，定子是绕组，在定子电磁铁和转子永磁体之间的排斥力和吸引力的作用下转动，步距角一般为 7.5°～90°。VR 式步进电机用齿轮状的铁芯作为转子，定子是电磁铁。在定子磁场中，转子始终转向磁阻最小的位置，步距角一般为 0.9°～15°，VR 式步进电机基本上已被淘汰。HB 式步进电机是 PM 式和 VR 式步进电机的复合形式，其在转子永磁体和定子电磁铁的表面上加工出许多轴向齿槽，产生转矩的原理与PM式步进电机相同，转子和定子的形状与VR式步进电机相似，步距角一般为0.9°～15°。HB式步进电机则混合了PM式和VR式步进电机的优点，目前应用最为广泛。

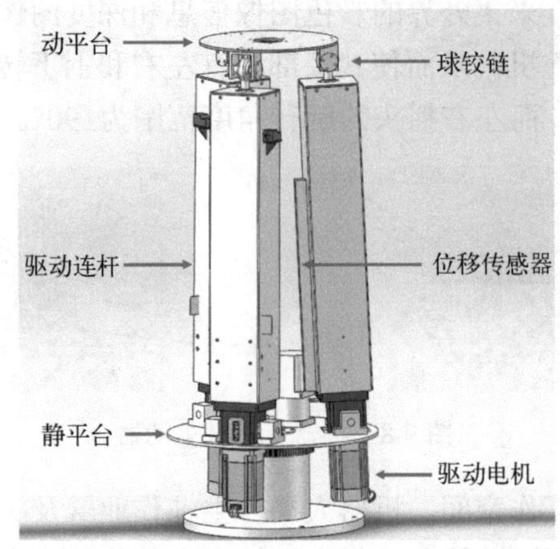

图 9-9　机器人腰部所使用的3-RPS并联结构

由于步进电机能直接接收数字量信号，所以其被广泛应用于数字控制系统中。当步进驱动器接收到一个脉冲信号时，它就驱动步进电机按设定的方向转动一个固定的角度（步进角），因此可以通过控制电机脉冲的个数来控制角位移量，从而达到准确定位的目的；同时可以通过控制脉冲频率来控制电机转动的速度和加速度，从而达到调速的目的。步进电机简单的控制电路可以通过各种逻辑电路来实现，如由门电路和触发器等组成脉冲分配器，这种控制方法采用硬件的方式，而且一旦确定，很难改变控制方案。要改变系统的控制功能一般都要重新设计硬件电路，灵活性较差。而近年来，随着软件技术的快速发展，以微型计算机为核心的计算机控制系统为步进电机的控制开辟了新的途径，因此利用计算机的软件或软、硬件相结合的方法成为第二种选择，这也大大增强了步进电机系统的功能，提高了系统的灵活性和可靠性。

3．机器人全向移动底盘直流电机的空间控制

直流电机由电机主体和驱动器两部分组成，工作时主要通过换向器将直流转换成电枢绕组中的交流，从而使电枢产生一个恒定方向的电磁转矩。直流电机可无级调速，调速方便且范围宽，低速性能好，运行平稳，转矩和转速容易控制。在机器人平台中，直流电机主要应用于机器人全向移动底盘的运动控制，从而保证机器人能够灵活、稳定且高精度地在室内环境下自主作业。

机器人全向移动底盘采用图 9-10（a）所示的麦克纳姆轮作为驱动轮。为实现对机器人移动的准确控制，对机器人全向移动底盘进行了建模和运动学解算，如图 9-10（b）和图 9-10（c）所示。图 9-10（b）中蓝色线条代表鼓状辊子，其方向表示鼓状辊子的安装方式；图 9-10（c）中红色实线表示机器人底盘运动时鼓状辊子与地面产生的摩擦力，虚线则表示力的分解。若将小车整体看成刚体，则刚体运动可以线性分解成三个分量，即 y 轴平移（前后）、x 轴平移（侧移）、z 轴旋转（自旋）。其中，每个轮子对应的电机模块独立工作，4 个轮子独立驱动可以实现机器人全向移动，并且能够反馈编码器的值。使用CAN

总线进行通信，并将 USB 或 WIFI 模块连接到 CAN 总线上，上位机就可以收发数据了。4 个伺服驱动子模块独立挂载到 CAN 总线上，嵌入式芯片 STM32F405 作为主控芯片，由电机和对应的编码器和伺服驱动器组成闭环控制系统。机器人底盘驱动器全向驱动模块如图 9-11 所示。

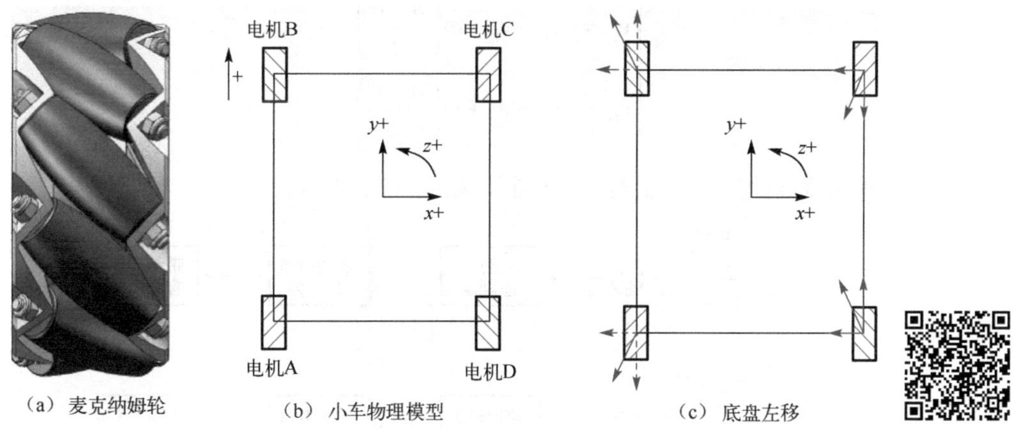

（a）麦克纳姆轮　（b）小车物理模型　（c）底盘左移

图 9-10　机器人底盘驱动器（扫码见彩图）

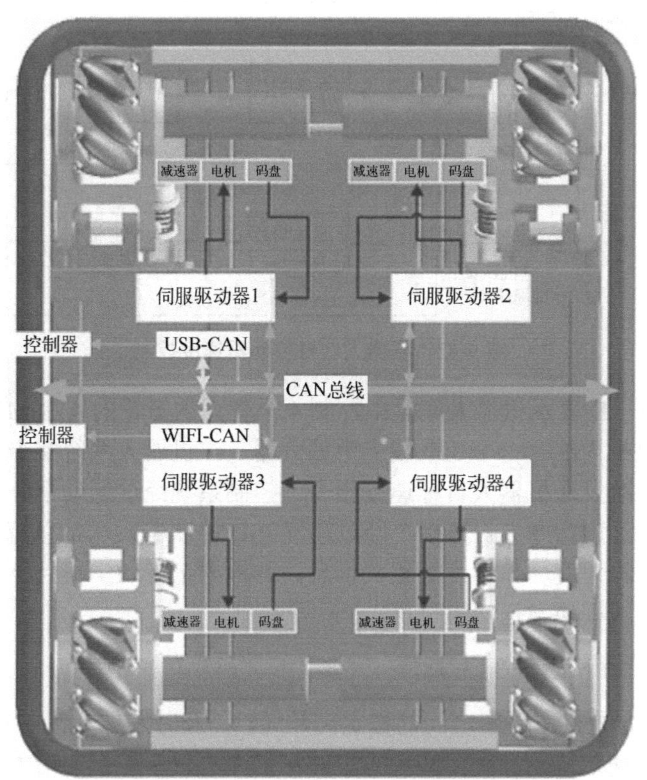

图 9-11　机器人底盘驱动器全向驱动模块

假设机器人底盘长度为 a、宽度为 b，4 个麦克纳姆轮的转速分别为 v_A、v_B、v_C、v_D，根据平面上小车的运动信息可以求解出 4 个麦克纳姆轮的转速：

$$\begin{cases} v_{\mathrm{A}} = -v_x + v_y - \omega\left(\dfrac{a+b}{2}\right) \\ v_{\mathrm{B}} = +v_x + v_y - \omega\left(\dfrac{a+b}{2}\right) \\ v_{\mathrm{C}} = -v_x + v_y + \omega\left(\dfrac{a+b}{2}\right) \\ v_{\mathrm{D}} = +v_x + v_y + \omega\left(\dfrac{a+b}{2}\right) \end{cases} \tag{9-5}$$

电机的目标速度送给底层控制器进行控制，如图 9-12 所示。

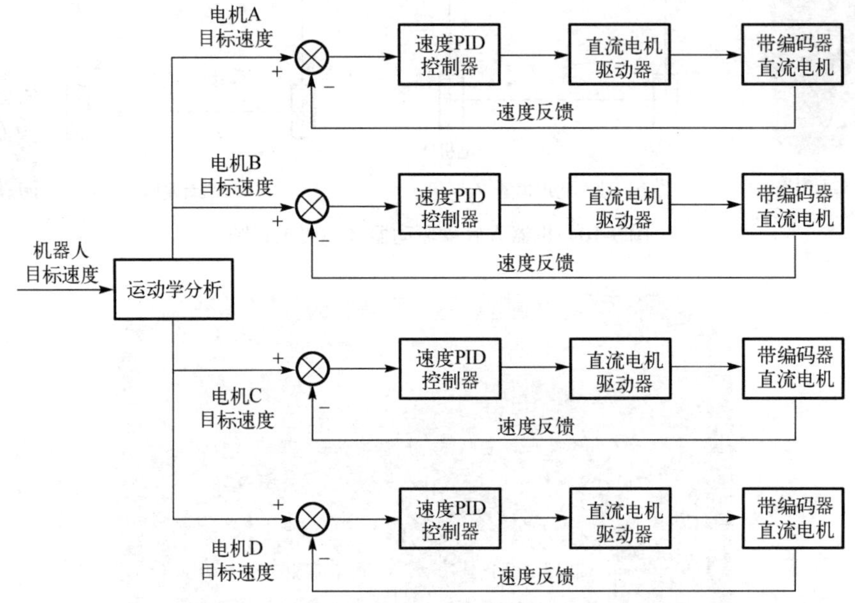

图 9-12　机器人底盘驱动器速度控制

图中，电机 A～D 表示机器人底盘中控制 4 个麦克纳姆轮的 4 台 MD60 行星直流减速电机，每台直流电机均配有一个 500 线光电编码器。在机器人系统整个速度控制过程中，上位机向嵌入式系统发送机器人目标速度指令；控制系统经过运动学分析后，将指令分解为各个电机的目标速度指令；将该指令经过速度 PID 控制器发送给直流电机驱动器。通过光电编码器检测电机角度、角速度等相关信息，并根据正运动学得到小车的位置、速度，然后通过串口或无线模块发送给上位机。

4．机器人驱动器的 PC 控制与通信

为实现 PC 与各电机驱动器之间的稳定高效通信，及时发送或读取各电机、舵机信息，结合各个控制部分通信特点，采用两种方案对机器人电机、舵机通信方案进行设计。机器人驱动器的 PC 通信模型如图 9-13 所示。首先，针对机器人双臂、头部舵机通信需求，采用信号拓展板与舵机控制板直连的方案进行连接，以此减少冗余信号线，同时减少线路成本。舵机与上位机通信协议采用串行总线方案，PC 或控制器发出指令包，舵机返回应答包。一个通信网络中允许有多个舵机，每个舵机都分配有唯一 ID 号。控制指令中包含 ID 信息，

只有匹配上 ID 号的舵机才能完整接收这条指令，并返回应答信息。一帧控制指令数据分为 1 位起始位、8 位数据位和 1 位停止位，无奇偶校验位，共 10 位。经测试，通信频率可达 38400bit/s～1Mbit/s，满足通信需求。

其次，对机器人腰、足、末端执行器步进电机及小车伺服电机设计嵌入式主控板。所有步进电机与伺服电机控制与通信均通过嵌入式主控板与上位机进行交互。为减少线路，主控板与上位机（或 PC）之间的通信方式采用 TCP/IP 协议。借助 TCP/IP 协议稳定可靠的通信架构，上位机通过底层 Socket 可与各步进电机和小车伺服电机相连的嵌入式主控板进行稳定通信。

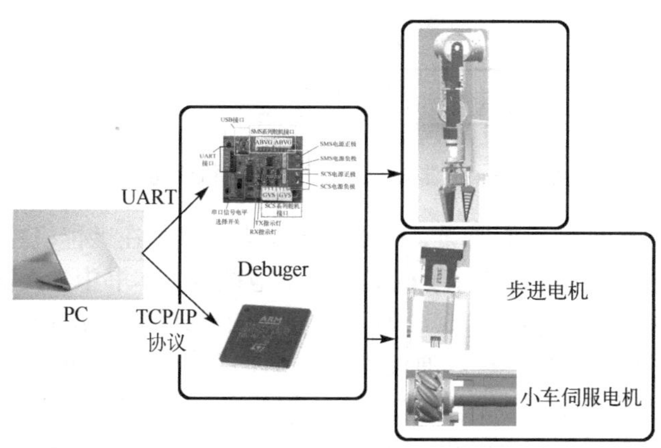

图 9-13　机器人驱动器的 PC 通信模型

为实现机器人平台的控制系统，图 9-14 所示的 STM32 系列控制器被用作机器人嵌入式控制系统的控制单元芯片。该芯片工作频率高，内置高速存储器，具有多个 USART、USB、CAN 接口。同时，STM32 系列控制器使用广泛，易于编程，可以便捷地通过 UART 串口与上位机进行通信。

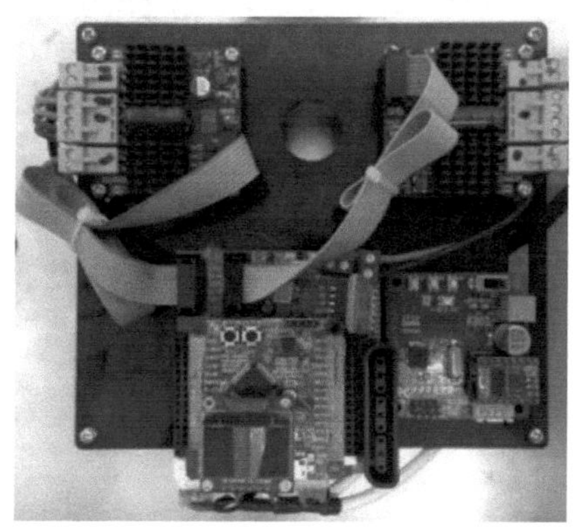

图 9-14　安装于机器人平台底盘的控制器

而对于机器人平台的电机驱动模块，则采用了图 9-15 所示的双路隔离直流电机驱动器。该电机驱动模块的每路接口都支持三线控制使能、正反转及制动，使能信号可外接 PWM，正反转控制信号可串联限位开关，具有尺寸小、电机电压范围大、双路电机接口的特点，非常适合机器人平台的作业特性。

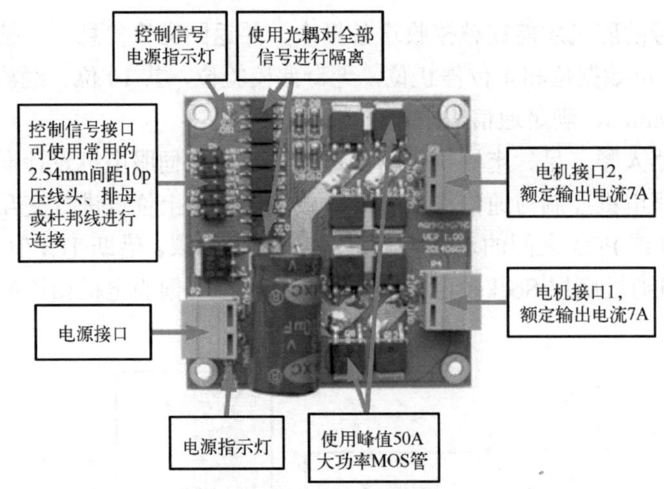

图 9-15　机器人 Labor 采用的电机驱动模块

此外，为更直观方便地控制所设计的仿人机器人，我们在上位机控制程序基础上，通过 Qt 开发了人机交互软件，并进行了机器人的本地控制。本书中涉及的机器人平台设计，均是在 Ubuntu 18.04 系统下利用 Qt5.12 程序开发框架设计完成的，所设计的人机交互界面为图 9-16 所示的“ROS 通信”栏。通过“ROS 通信”栏，用户可以自行配置相关信息，同时还可以管理软件与 ROS 节点管理器的连接和断开；界面中的“数据记录”栏可以记录使用者的操作指令，并反馈控制结果；“ROS 控制节点”栏可以管理上位机各 ROS 节点的运行与结束；“腰部控制”栏可以对 3-RPS 并联系统进行杆长/角度控制；“机器人底盘控制”栏可以对机器人底盘进行速度/位置控制；“机械臂控制（角度）”栏可以对机器人的各关节进行控制。

图 9-16　机器人的本地软件交互界面

9.3.2　机器人关节空间控制综合设计

机器人关节运动的执行由能够实现系统期望运动的电机/舵机来完成，而机器人应用中使用最多的电机/舵机是伺服电机。在伺服电机中，由于无刷直流伺服电机的控制灵活性高，损耗小，因此得到了广泛应用。与永磁直流伺服电机不同，无刷直流伺服电机由转子、定子及静态整流器组成。无刷直流伺服电机的转子是产生磁通量的旋转线圈，是由磁陶或稀土制成的永磁体。无刷直流伺服电机的定子是由多相线圈制成的固定电枢。静态整流器基于电机轴上的位置传感器提供的信号，将转子运动的函数生成电枢线圈相位的馈入序列。在无刷直流伺服电机中，通过转子位置传感器可以找到与磁场正交的线圈，然后磁场作用于这一线圈，产生转子的旋转。转子旋转以后，电子控制模块使得磁场依次与定子的各项绕组产生作用，通过这样的方式，电枢磁场始终与定子磁场正交。关节执行系统的组成如图 9-17 所示。

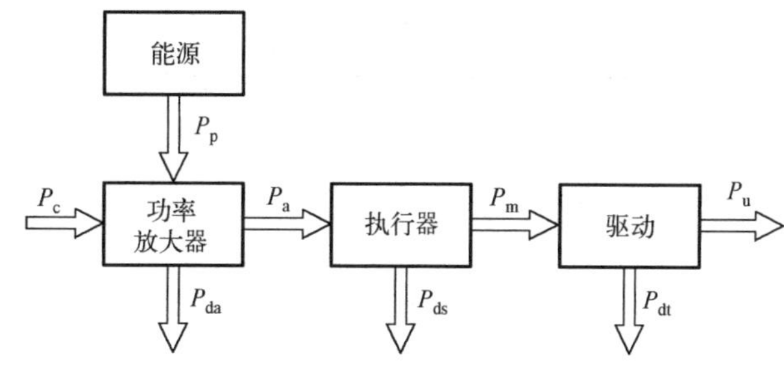

图 9-17　关节执行系统的组成

在全局输入/输出关系方面，P_c 表示与控制规律信号相关的（通常是电的）功率，而 P_u 表示关节所需以驱动运动的机械功率。中间联系表征提供给发动机（电动、液压或气动）的功率 P_a、由一次能源提供的与 P_a 物理性质相同的功率 P_p，以及由发动机产生的机械功率 P_m。此外，P_{da}、P_{ds} 和 P_{dt} 表示分别由放大器、发动机和传动装置在执行转换中耗费的功率损失。为了选择执行系统的组成，从由构成机械功率 P_u 所需的描述关节运动的力和速度出发是有价值的。

功率放大器具有调节任务，在控制信号的作用下，功率流由一次能源提供而且必须被传输到执行器以执行期望的运动。换句话说，放大器从能源中获取与控制信号成比例的部分可用功率，然后按照适当的力和流量将这些功率传送到发动机。放大器的输入是从一级能源 P_p 获取的功率，这些功率与控制信号 P_c 相关联。总功率一部分被传送到执行器（P_a），一部分被耗散掉（P_{da}）。对无刷直流伺服电机，电压（电流）是交流的，电压和频率值由放大器的控制信号确定，以使电机执行期望的运动。对于关节运动通常需要的功率范围（千瓦级），使用通过脉宽调制（PWM）技术进行适当切换的晶体管放大器。它们可以使功率转化率 $P_a/(P_p+P_c)$ 超过 0.9，以及使功率增益 P_a/P_c 达到 10^6 级。其中，用于控制无刷直流伺服电机的是 DC-AC 变换器（Inverters，逆变器）。能源的任务是向放大器提供一级功率，这是执行系统工作所必需的。对于伺服电机，电源通常由一个变压器和一个典型无控桥式整流器组成。它们允许将分配器提供的交流电转换为大小适当的需要输入功率放大器的直流电。

从建模观点出发，配置位置传感器的无刷直流伺服电机和配置换向器的永磁直流伺服电机可以用相同的微分方程加以描述，电枢电路如图 9-18 所示。在 s 复数域内，电压方程为

$$V_a = (R_a + sL_a)I_a + V_g \tag{9-6}$$

$$V_g = k_v \Omega_m \tag{9-7}$$

式中，V_a 和 I_a 分别表示电枢电压和电流；R_a 和 L_a 分别表示电枢电阻和电感系数；V_g 表示反电动势，它通过电压常数 k_v 与角速度 Ω_m 成正比；k_v 由电机具体结构与线圈磁通量决定。

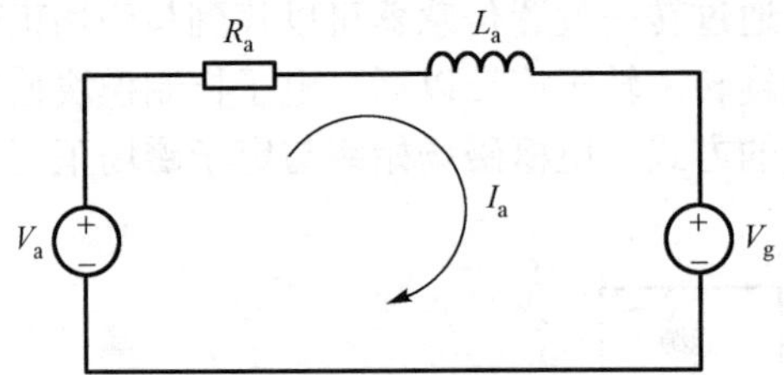

图 9-18 电枢电路

无刷直流伺服电机的力学平衡由下列方程描述：

$$\boldsymbol{C}_m = (sI_m + F_m)\Omega_m + \boldsymbol{C}_1 \tag{9-8}$$

$$\boldsymbol{C}_m = \boldsymbol{k}_t I_a \tag{9-9}$$

式中，$\boldsymbol{C}_m$ 和 $\boldsymbol{C}_1$ 分别表示驱动力矩和负载力矩；I_m 和 F_m 分别表示转动惯量和电机轴上的黏滞摩擦系数；转矩常数 $\boldsymbol{k}_t$ 在标准国际单位上与补偿电机的 k_v 数值相等。

为了量化描述在伺服电机和驱动关节之间使用传动装置所带来的影响，可以参考通过一对半径为 r_m 和 r 的圆柱齿轮构成的机械副，机械齿轮示意图如图 9-19 所示。假定运动副是理想的（没有间隙），并将伺服电机旋转轴和相应关节轴连接起来。

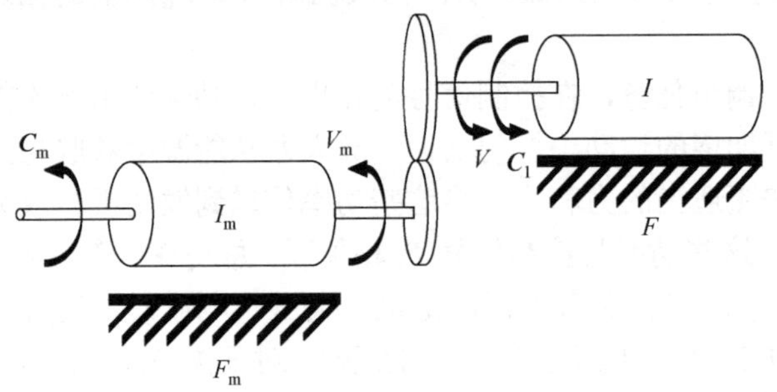

图 9-19 机械齿轮示意图

对于伺服电机，假定伺服电机转子由绕其旋转轴的转动惯量 I_m 和黏滞摩擦系数 F_m 表征；I 和 F 分别表示载荷的转动惯量和黏滞摩擦系数。假定齿轮的转动惯量和黏滞摩擦系数被包含在伺服电机（半径为 r_m 的齿轮）和载荷（半径为 r 的齿轮）相应的参数中。令 $\boldsymbol{C}_m$ 表示伺服电机的驱动转矩，$\boldsymbol{C}_1$ 表示施加到载荷的负载转矩。同样，令 ω_m 和 θ_m 分别表

示伺服电机轴的角速度和位置，而 ω 和 θ 表示载荷的相应量。最后，$\boldsymbol{f}$ 表示两个齿轮的齿咬合时的交换力。

齿轮的减速比定义为

$$k_{\mathrm{r}}=\frac{r}{r_{\mathrm{m}}}=\frac{\theta_{\mathrm{m}}}{\theta}=\frac{\omega_{\mathrm{m}}}{\omega} \tag{9-10}$$

因为在运动副中没有打滑，有

$$r_{\mathrm{m}}\theta_{\mathrm{m}}=r\theta \tag{9-11}$$

对机器人伺服电机与关节耦合的情形，齿轮减速比的值远大于 1（$r_{\mathrm{m}} \ll r$），典型的值是从几十到几百。两个齿轮之间的交换力 $\boldsymbol{f}$ 产生一个在伺服电机轴上的负载力矩 $\boldsymbol{f}r_{\mathrm{m}}$ 和对载荷旋转运动的驱动力矩 $\boldsymbol{f}r$。伺服电机和载荷的力学平衡分别为

$$\boldsymbol{C}_{\mathrm{m}}=I_{\mathrm{m}}\dot{\omega}+F_{\mathrm{m}}\omega_{\mathrm{m}}+\boldsymbol{f}r_{\mathrm{m}} \tag{9-12}$$

$$\boldsymbol{f}r=I\dot{\omega}+F\omega+\boldsymbol{C}_{1} \tag{9-13}$$

为了描述关于伺服电机角速度的运动，考虑式（9-10），结合式（9-12）和式（9-13）给出伺服电机的力学平衡方程：

$$\boldsymbol{C}_{\mathrm{m}}=I_{\mathrm{eq}}\dot{\omega}_{\mathrm{m}}+F_{\mathrm{eq}}\omega_{\mathrm{m}}+\frac{\boldsymbol{C}_{1}}{k_{\mathrm{r}}} \tag{9-14}$$

其中

$$I_{\mathrm{eq}}=I_{\mathrm{m}}+\frac{I}{k_{\mathrm{r}}^{2}} \qquad F_{\mathrm{eq}}=F_{\mathrm{m}}+\frac{F}{k_{\mathrm{r}}^{2}} \tag{9-15}$$

在齿轮具有大减速比情形下，式（9-14）和式（9-15）描述了载荷的转动惯量和黏滞摩擦系数是如何按减速因子 $1/k_{\mathrm{r}}^{2}$ 反映到伺服电机轴的。相反，负载力矩由因子 $1/k_{\mathrm{r}}$ 而减小，如果这个力矩以非线性方式依赖于θ，则大减速比将使其趋向于线性化动态方程。

不考虑机械手的特定机械类型，控制动作（关节执行元件的广义力）是在关节空间中实现的。在这样的实际情况下，设计一种通用的关节空间控制的总体方案，如图 9-20 所示。该方案控制结构采用闭环，可利用反馈带来的种种好处，即模型不确定下的稳健性，从而减小干扰影响。总的来说，关节空间问题实际上是很清晰的。首先，机器人运动学逆解是将运动需求 x_{d} 从工作空间变换到关节空间中对应的运动θ_{d}上。然后，关节空间控制方案的设计是在用真实运动θ跟踪参考输入。然而这种方法的缺点在于关节空间控制方案不影响工作空间变量 x_{e}，x_{e} 通过机器人的机械结构以开环形式控制。很明显结构的任何不确定因素（结构公差、标定缺失、齿轮隙、弹力）或末端执行器相对于目标姿态的信息的任何不精确都会引起工作空间变量精确度降低。

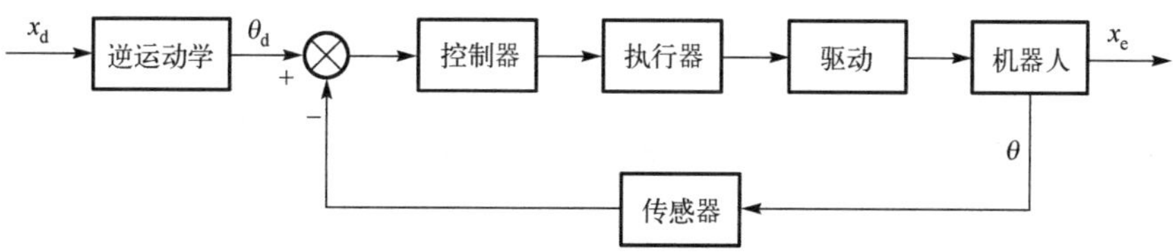

图 9-20　关节空间控制的总体方案

由于机器人平台的多关节控制是一个多输入多输出（MIMO）问题，建模较为困难，需用向量表示关节位置、速度和加速度，因此，工程实际中通常不采用假设的非线性控制或基于模型的控制方法，在此采用 PID 控制器作为关节空间控制的控制器来解决这个问题。PID 控制器是按反馈控制系统偏差的比例（Proportional）、积分（Integral）和微分（Differential）规律进行控制的调节器，简称为 PID 调节器。

$$P(t)=K_{\mathrm{P}}\left\{e(t)+\frac{1}{T_{\mathrm{I}}}\int e(t)\mathrm{d}t+T_{\mathrm{D}}\frac{\mathrm{d}e(t)}{\mathrm{d}t}\right\} \tag{9-16}$$

PID 参数的整定就是合理地选择 PID 三参数。从系统的稳定性、响应速度、超调量和稳态误差等各方面考虑问题，PID 三参数的作用如下。

① 比例参数 K_{P} 的作用是加快系统的响应速度，提高系统的调节精度。当 K_{P} 取值增大时，系统的响应速度加快，系统的调节精度增高，但是系统易产生超调，系统的稳定性变差。当 K_{P} 取值减小时，系统的响应速度减慢，系统的调节精度降低，调节时间变长，系统的动静态性能变差。

② 积分作用参数 T_{I} 的一个最主要作用是消除系统的稳态误差。T_{I} 越大，系统的稳态误差消除得越快，但 T_{I} 也不能过大，否则在响应过程的初期会产生积分饱和现象。若 T_{I} 过小，系统的稳态误差将难以消除，影响系统的调节精度。另外，在控制系统的前向通道中只要有积分环节就总能做到稳态无静差。从相位的角度来看，一个积分环节就有 90° 的相位延迟，也许会破坏系统的稳定性。

③ 微分作用参数 T_{D} 的作用是改善系统的动态性能，其主要作用是在响应过程中抑制偏差向任何方向的变化，对偏差变化进行提前预报。但 T_{I} 不能过大，否则会使响应过程提前制动，延长调节时间，并且会降低系统的抗干扰性能。上面介绍了 PID 三参数的意义，下面将介绍实际应用中的两种 PID 控制算法。

1. 数字 PID 位置型控制算法

$$\int_0^n e(t)\mathrm{d}t=\sum_{j=0}^{n}E(j)\Delta t=T\sum_{j=0}^{n}E(j) \tag{9-17}$$

$$\frac{\mathrm{d}e(t)}{\mathrm{d}t}\approx\frac{E(k)-E(k-1)}{\Delta t}=\frac{E(k)-E(k-1)}{T} \tag{9-18}$$

$$P(k)=K_{\mathrm{P}}\left\{E(k)+\frac{T}{T_{\mathrm{I}}}\sum_{j=0}^{k}E(j)+\frac{T_{\mathrm{D}}}{T}[E(k)-E(k-1)]\right\} \tag{9-19}$$

2. 数字 PID 增量型控制算法

$$P(k-1)=K_{\mathrm{P}}\left\{E(k-1)+\frac{T}{T_{\mathrm{I}}}\sum_{j=0}^{k-1}E(j)+\frac{T_{\mathrm{D}}}{T}[E(k-1)-E(k-2)]\right\} \tag{9-20}$$

$$P(k)=P(k-1)+K_{\mathrm{P}}[E(k)-E(k-1)]+K_{\mathrm{I}}E(k)+K_{\mathrm{D}}[E(k)-2E(k-1)+E(k-2)] \tag{9-21}$$

$$\begin{aligned}\Delta P(k) &= P(k) - P(k-1) \\ &= K_{\mathrm{P}}[E(k) - E(k-1)] + K_{\mathrm{I}}E(k) + K_{\mathrm{D}}[E(k) - 2E(k-1) + E(k-2)]\end{aligned} \tag{9-22}$$

通过设计 PID 控制器对作业臂的关节空间进行控制，使得作业臂跟踪期望的关节角度、角速度、角加速度等运动学参数，提高关节空间控制精度和响应速度，解决由于作业臂的数学模型的不精确性和结构的不确定性所导致的工作空间精度降低的问题。

9.3.3　机器人工作空间控制综合设计

在以上控制方案中，总是假设可以得到以关节位置、速度和加速度的时间序列表示的期望轨迹，从而控制方案的误差可以在关节空间中表达。通常运动是在工作空间指定的，使用运动学逆解算法将工作空间参量转换为相应的关节空间参量。除了正运动学的逆解，还需要一阶和二阶微分运动学逆解将期望的末端执行器位置、速度和加速度转换为相应关节级的量，因此运动学逆解过程增加了计算负担。由于这个原因，当前机器人控制系统通过运动学逆解计算关节位置，然后用数值微分计算速度和加速度。而在关节空间直接完成的控制方案是与之不同的方式。若运动以工作空间变量的形式描述，则被测关节空间变量可根据正运动学关系转换为对应的工作空间变量。比较期望输入与重构变量，可完成反馈回路设计，其中轨迹的逆解由反馈回路中合适的坐标转换代替。由于需要完成许多反馈回路的计算（某种程度上代表了运动学逆解函数），所有的工作空间控制方案都会带来相当大的计算需求。相对数值实现而言，计算需求的负担主要来自采样时间，这可能引起整个控制系统性能的下降。

针对以上问题，有必要介绍工作空间控制的总体方案，如图 9-21 所示。工作空间控制问题力求采用整体方法，这样的方法会带来更高的计算复杂性，注意，运动学逆解现在已嵌入反馈控制回路中。在概念上，工作空间控制的优点是重视对工作空间变量直接作用的可能性，但在某种程度上这种优点只是潜在的，因为工作空间变量的测量经常难以直接实现，而是从被测关节空间变量经运动学方程正解而来的。这种方案在考虑机器人与环境之间控制交互的情况下很有必要采用。实际上，关节空间控制方案仅能满足自由空间的运动控制。当机器人的末端执行器受到环境约束（如末端执行器与弹性环境接触）时，必须对位置与接触力都进行控制，这时工作空间控制方案较为方便。因此下面将介绍一些解决方法，这些方法虽然是用于运动控制的，但是给出了力/位置控制策略的前提。

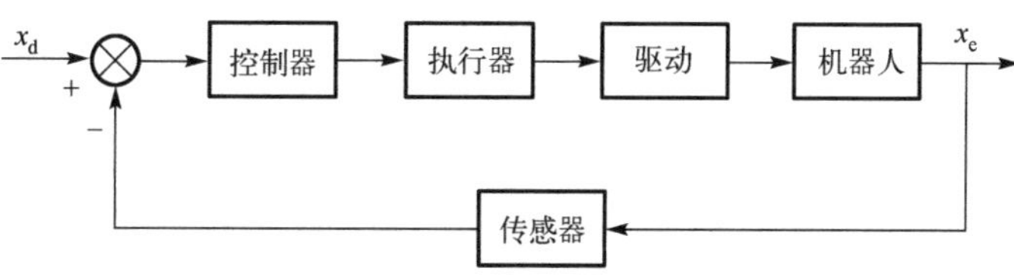

图 9-21　工作空间控制的总体方案

如上所述，工作空间控制方案是以指定工作空间轨迹的输入值与相应机器人输出的测量值之间的直接比较为基础的。故控制系统可以合并一些从工作空间（在此空间中定义误差）到关节空间（在此空间中生成控制广义力）的变换作用。可以采用的控制方案被称作逆雅可比矩阵控制，逆雅可比矩阵控制方框图如图 9-22 所示。该方案中，对末端执行器在工作空间中的姿态 x 和相应的期望值 x_d 进行比较，从而计算出工作空间偏差 Δx。假设该偏差对优良的控制系统而言足够小，Δx 可通过机器人逆雅可比矩阵转换为相应的关节空间偏差 $\Delta\theta$。这样在偏差量的基础上，通过适当的反馈增益矩阵可以计算产生控制输入的广义力。其结果可使 $\Delta\theta$ 及相应的 Δx 减小。换句话说，逆雅可比矩阵控制使整个系统直观表现为一个在关节空间中有 n 个广义弹簧单元的机械系统，其常值刚度由反馈增益矩阵确定。这些系统的作用是使偏差趋于零。如果增益矩阵是对角形式的，广义弹簧单元相当于 n 个独立的弹性元件，分别对应每一关节。

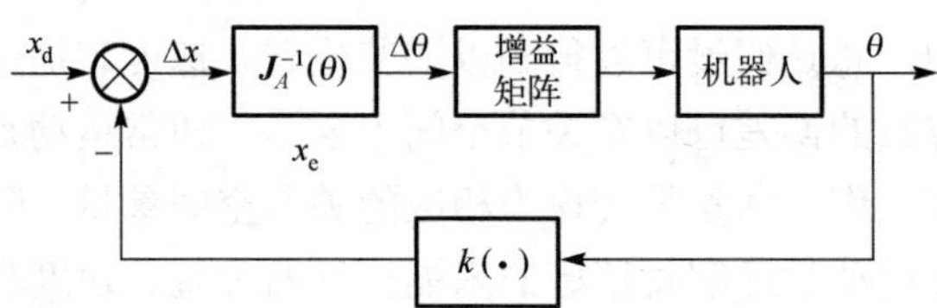

图 9-22　逆雅可比矩阵控制方框图

在概念上可类比的方案是所谓的转置雅可比矩阵控制，转置雅可比矩阵控制方框图如图 9-23 所示。在这种情况下，工作空间误差首先用增益矩阵处理，方框的输出可视为广义弹簧单元产生的弹性力，弹性力在工作空间中的功能是减小或消除位置偏差 Δx。换句话说，所得的力驱动末端执行器沿着减小 Δx 的方向运动。该工作空间的力可通过转置雅可比矩阵变换为关节空间的广义力，以实现需要的响应。

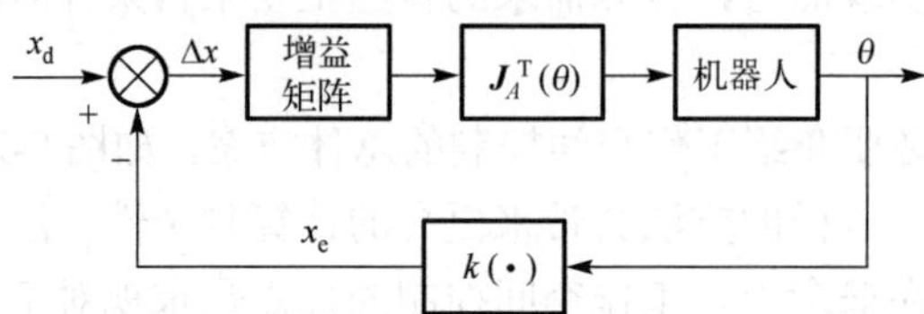

图 9-23　转置雅可比矩阵控制方框图

逆雅可比矩阵控制方案与转置雅可比矩阵控制方案都以直观的方式导出，与这两种等价的数学求解方法重力补偿 PD 控制还能解决这两种方案不保证可以对系统稳定性和轨迹跟踪精度有效的问题。

要顺利完成机器人控制任务，基本条件之一是具备处理机械手与外部环境之间交互作用的能力。有效描述交互作用的物理量是机械手末端执行器的接触力。通常不希望接触力数值过高，因为可能会造成机器人末端执行器和被作业目标都产生压力。因而机器人与外部环境交互过程中的工作空间运动控制方案的研究十分重要。对许多要求机器人末端执行器成功地操作目标物或在平面执行某些工作的实际任务，机器人与环境的交互控制至关重要。典型的例子包括抛光、清理毛刺、车床加工与装配。实际上，因为可能出现的情况变化多端，对机器人可能完成的工作进行完整的分类是不可行的，而且这种分类对找到实现环境交互控制的一般性策略也没有什么实际用处。在交互作用中，环境会对末端执行器所采用的几何路径产生约束。只有在任务准确规划的前提下，才能通过运动控制成功实现与环境的交互任务。这依次需要机器人（运动学和动力学）和环境（几何特性、机械特征）的准确模型。足够精确的机器人建模是有可能实现的，但对环境的详细描述则很难得到。

要实现机械部件与一个位置的匹配，应保证部件的相对定位精度比部件的机械公差大一个数量级，这就足以理解任务规划精确性的重要性了。只要一个部件的绝对位置确切已知，机械手可以以相同精度引导其他部件运动。在实践中，规划误差可能导致出现接触力，接触力将引起末端执行器偏离期望轨迹。另外，控制系统将试图使这类偏离量减小。这样最终将导致接触力增大，直到关节执行元件达到饱和或者触点损坏。环境刚性和位置控制精度越高，上述所描述的情形越可能出现。若在交互中能保证柔性响应，则可以克服这种缺点。

从以上讨论中可以清楚地发现，接触力是以最完整形式描述交互状态的物理量。为此，要提高交互控制的性能，需要得到有效的力测量值。交互控制方案可被分为实现间接力控制与直接力控制两类。两类主要的区别在于，前者通过运动控制完成力控制，而无须力反馈回路闭合；相反，后者能将接触力控制到期望值，借助了力反馈回路的闭合性。交互控制方案主要有柔量控制方案、阻抗控制方案、力控制方案及混合力/运动控制方案。

9.4 机器人控制综合实践

9.3 节对机器人控制系统整体设计进行了分析，重点讲述了机器人驱动器空间、机器人关节空间、机器人工作空间控制系统设计过程。对于机器人控制系统，在确定机器人控制系统及其参数后，就可以开始着手机器人控制系统的实践。本节基于机器人平台实例，对其控制系统实践过程进行举例讲述。

9.4.1 机器人驱动器空间控制综合实践

通过前面两节的讨论，我们已经对机器人关节空间控制、机器人工作空间控制及具体实践过程进行了举例说明，并对机器人完成抓取任务所需的目标识别定位、逆运动学算法进行了分析，而本节则是以实际的机器人为实验对象，来测试机器人平台在实验教学中的应用。本节内容主要分两部分：①设计机器人控制界面完成机器人控制实验，并验证机器人的各项完整功能；②编写机器人 C/C++控制程序，利用 ROS 节点通信方式验证机器人的各项运动。

首先，为了增强人机交互性，对机器人进行有效控制，可先为其设计控制界面。本节采用 Qt 5.12 进行机器人控制界面的设计，对机器人各关节进行控制，并查看目标识别结果和相关图像。本地控制界面如图 9-24 所示，界面每一按钮所对应的键函数也采用 ROS 节点的方式进行数据通信，如此可以同时完成本节两部分内容中核心程序的编写，增强控制程序的可移植性。

图 9-24 中，当需要控制机器人某些关节时，会启动相应的 ROS 节点，并通过拖动滑条来设置机器人各关节角度值。而当单击“执行”按钮时，本地控制界面会发出相应的话题，并通过 ROS 消息回调机制向各控制节点发送指令。在图 9-24 右下角的终端界面中，可以看出相关话题被成功发布。此时，各控制节点会按照通信协议向各关节电机控制器发送对应指令包，从而实现对机器人关节的控制。图 9-25 所示为机器人对某一控制指令的执行效果。

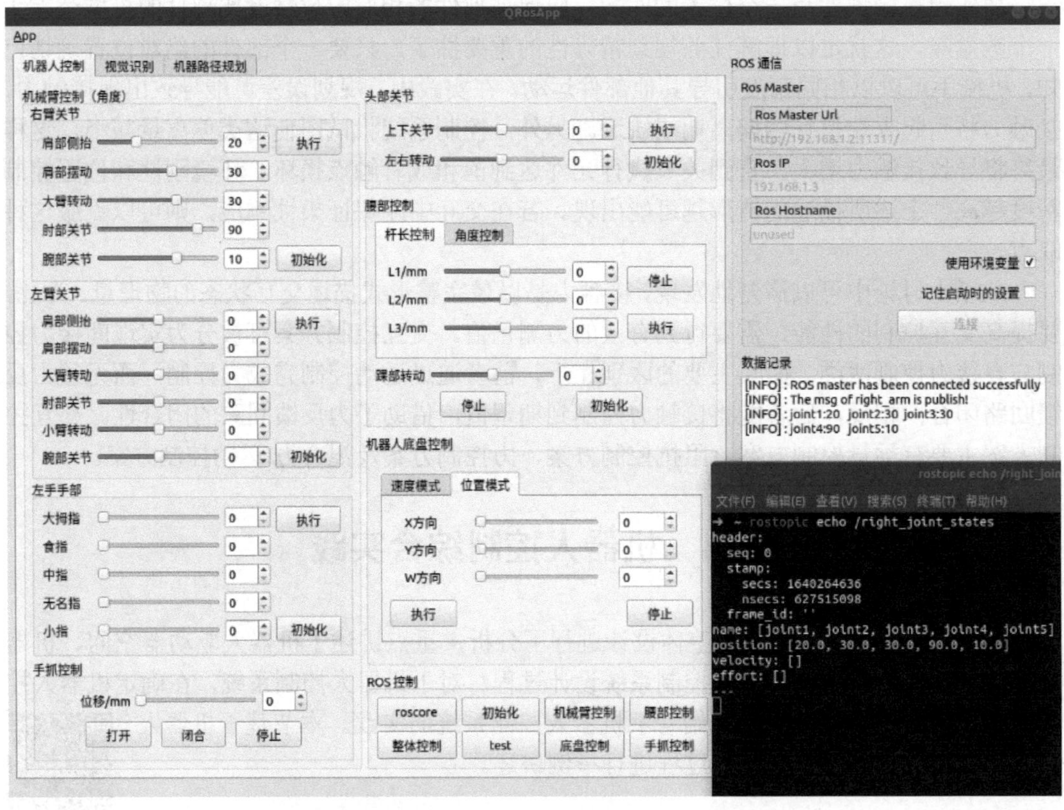

图 9-24 本地控制界面

图 9-25 机器人对某一控制指令的执行效果

驱动器控制程序伪代码如图 9-26 所示。从伪代码可以看出，当本地控制界面发出控制指令时，相对应的 ROS 节点会不断发送驱动器可识别的数据帧；当驱动器接收到数据帧时，通过拆包解析可以获得期望位置与期望速度等运动控制信息；最后驱动器调整电流等控制单元使电机/舵机运动至相应位置完成驱动器空间内的控制过程。

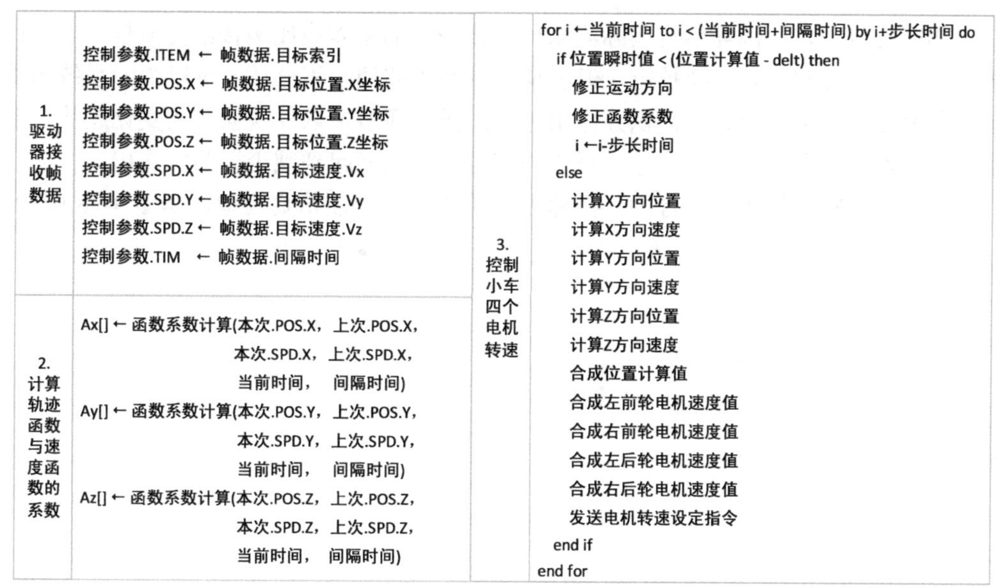

<table>
<tr><td>1.
驱动器接收帧数据</td><td>控制参数.ITEM ← 帧数据.目标索引
控制参数.POS.X ← 帧数据.目标位置.X坐标
控制参数.POS.Y ← 帧数据.目标位置.Y坐标
控制参数.POS.Z ← 帧数据.目标位置.Z坐标
控制参数.SPD.X ← 帧数据.目标速度.Vx
控制参数.SPD.Y ← 帧数据.目标速度.Vy
控制参数.SPD.Z ← 帧数据.目标速度.Vz
控制参数.TIM ← 帧数据.间隔时间</td><td rowspan="2">3.
控制小车四个电机转速</td><td rowspan="2">for i ←当前时间 to i < (当前时间+间隔时间) by i+步长时间 do
if 位置瞬时值 < (位置计算值 - delt) then
修正运动方向
修正函数系数
i ←i-步长时间
else
计算X方向位置
计算X方向速度
计算Y方向位置
计算Y方向速度
计算Z方向位置
计算Z方向速度
合成位置计算值
合成左前轮电机速度值
合成右前轮电机速度值
合成左后轮电机速度值
合成右后轮电机速度值
发送电机转速设定指令
end if
end for</td></tr>
<tr><td>2.
计算轨迹函数与速度函数的系数</td><td>Ax[] ← 函数系数计算(本次.POS.X，上次.POS.X，本次.SPD.X，上次.SPD.X，当前时间，间隔时间)
Ay[] ← 函数系数计算(本次.POS.Y，上次.POS.Y，本次.SPD.Y，上次.SPD.Y，当前时间，间隔时间)
Az[] ← 函数系数计算(本次.POS.Z，上次.POS.Z，本次.SPD.Z，上次.SPD.Z，当前时间，间隔时间)</td></tr>
</table>

图 9-26　驱动器控制程序伪代码

9.4.2　机器人关节空间控制综合实践

通过前面章节的学习，我们已基本了解机器人的正、逆运动学求解过程：通过建立机器人运动学模型和运动学方程，求得机器人末端执行器在工作空间的位姿（末端执行器期望位姿），之后由逆运动学算法求解机器人各关节角度。在成功求解出各关节期望角度后，就可以通过对各关节的控制，使机器人末端执行器能够稳、准、快地达到期望位姿。在控制器设计中，以 PID 控制为代表的机器人经典控制算法，具有易于实现、稳健性好、可靠性高的特点。

因此，本节给出机器人单关节 PID 和模糊 PID 的关节跟踪控制，并进行仿真分析。这里，我们将采用的仿真工具用于机构仿真的平台，该平台可以直观地构建机器人三维模型，并且封装了底层的运动学代数模型和动力学微分方程，使用简便，避免了烦琐的力学分析。此外，仿真平台还为 SolidWorks 三维建模软件预留了插件接口，可以通过相关插件，将机器人的 SolidWorks 三维模型以 XML 的格式导入仿真平台。

PID 控制算法易于实现，可靠性高，被广泛应用于各种领域的控制系统，其工作过程就是，将实际测量值与期望值的偏差的比例、积分、微分通过线性组合，产生控制量，对被控对象进行控制，由式（9-21）得出的 PID 控制器的结构如图 9-27 所示。

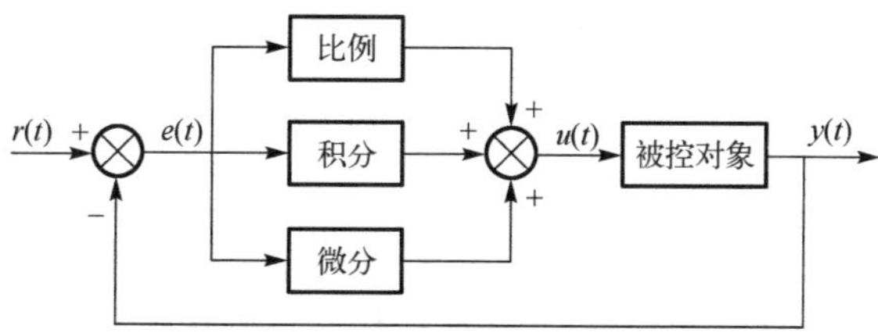

图 9-27　PID 控制器的结构

在 PID 控制中，比例环节将实际测量值与期望值的偏差成比例传给控制信号，当比例系数越大时，系统的上升时间越短，但易使系统产生超调；积分环节可以消除系统的稳态误差，当积分时间常数越大时，积分作用越弱；微分环节可以反映偏差的变化趋势，从而在系统中引入一个有效的超前信号，减少调节时间，也能起到减少振荡的作用。

本节在仿真软件的仿真平台中，搭建了单关节 PID 控制仿真模型，如图 9-28 所示。

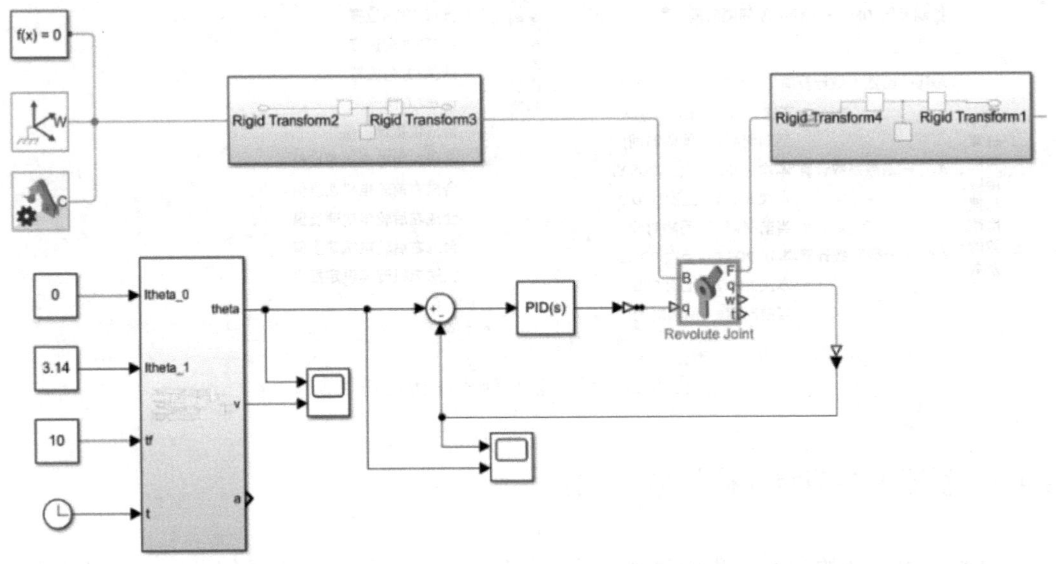

图 9-28　单关节 PID 控制仿真模型

根据试凑法，我们再通过多次实验，即可确定模糊 PID 控制器参数为 $\Delta K_{\mathrm{P}}=10$，$\Delta K_{\mathrm{D}}=5$，$\Delta K_{\mathrm{I}}=0$，并得到了该关节在期望轨迹输入和单位阶跃输入时运动轨迹的响应曲线，如图 9-29 所示。

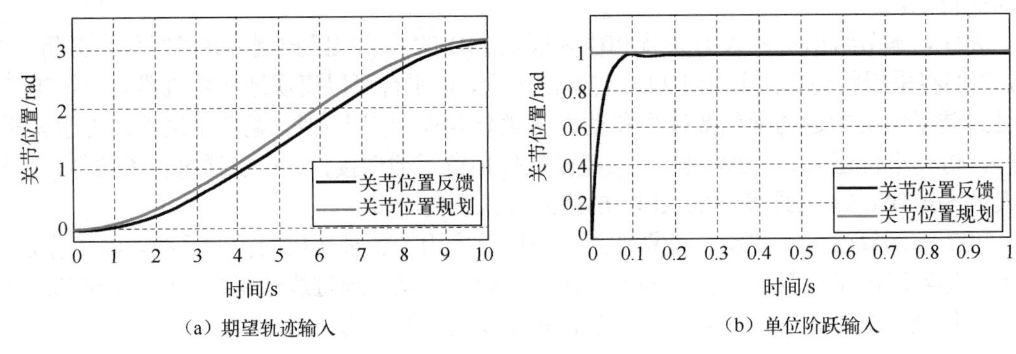

图 9-29　PID 控制器中该关节运动轨迹响应曲线

由于机器人关节具有非线性和耦合特性，经典 PID 控制无法满足这种特性需求。模糊 PID 是满足该种特性需求的较为有效的方法之一。下面我们对模糊 PID 算法进行简单介绍。与 PID 控制算法相似，模糊 PID 算法以误差 e 和误差变化 ec 作为输入，可以满足不同时刻的 e 和 ec 对 PID 参数自整定的要求，并利用模糊规则在线对 PID 参数进行修改，模糊 PID 控制器的结构如图 9-30 所示。

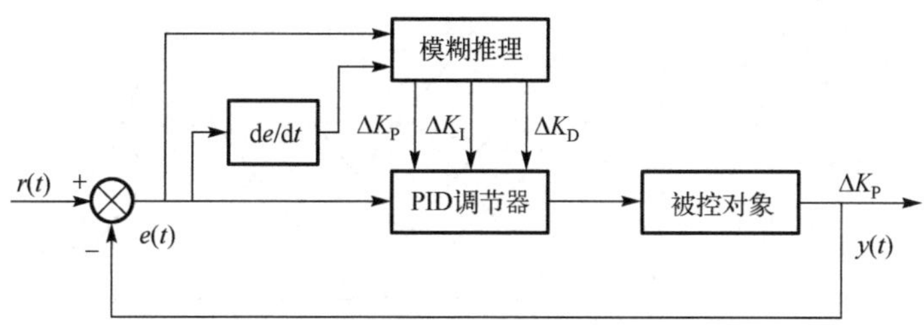

图 9-30　模糊 PID 控制器的结构

模糊化环节把测量输入的精确量转化为模糊量，输入信号映射到相应论域上的一个点后，将其转换为该论域上的一个模糊子集，并用其隶属函数进行定义。模糊推理是模糊控制的核心，主要依据模糊逻辑中的蕴含关系及推理规则进行推理，之后进行解模糊化操作，将模糊推理得到的控制量变换为实际可控的精确量。

在模糊 PID 控制器中，将 e 和 ec 作为输入量，则三个参数的调节量 ΔK_P、ΔK_I、ΔK_D 作为输出。本节机器人控制示例中，将 e、ec 与三个调节量 ΔK_P、ΔK_I、ΔK_D 均各自划分为 7 个模糊等级，即{NM,NB,Z,NS,PS,PB,PM}，也就是是{负中,负大,零,负小,正小,正大,正中}。同时，在仿真软件的模糊模块中，根据上述的模糊等级划分，并查询模糊控制规则表，可建立模糊推理系统框图，如图 9-31 所示。

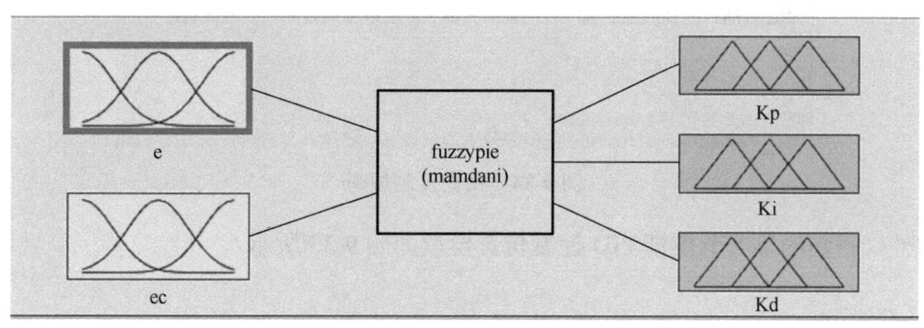

图 9-31　模糊推理系统框图

误差 e 与误差变化 ec 的隶属度函数相同，论域为{−3,3}，如图 9-32 所示。

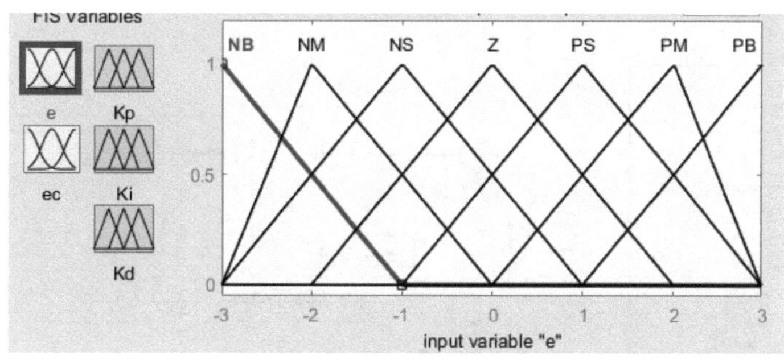

图 9-32　误差 e 的隶属度函数

比例系数 K_P 的隶属度函数与积分系数 K_I、微分系数 K_D 的隶属度函数相同，论域为{−4.5,4.5}，如图 9-33 所示。

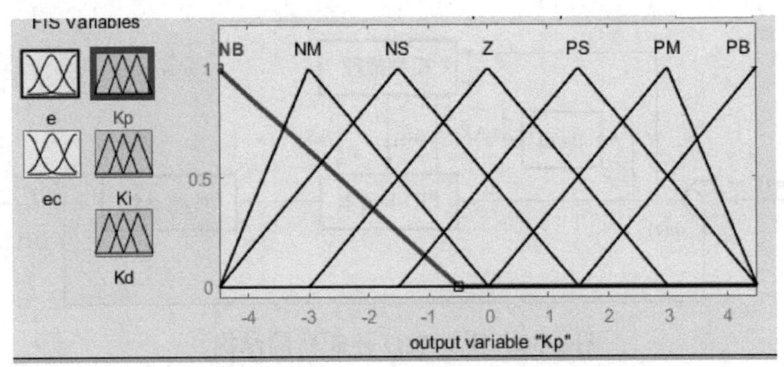

图 9-33　比例系数 K_P 的隶属度函数

同时，根据模糊规则控制表，共制定出 49 条模糊控制规则，如图 9-34 所示。

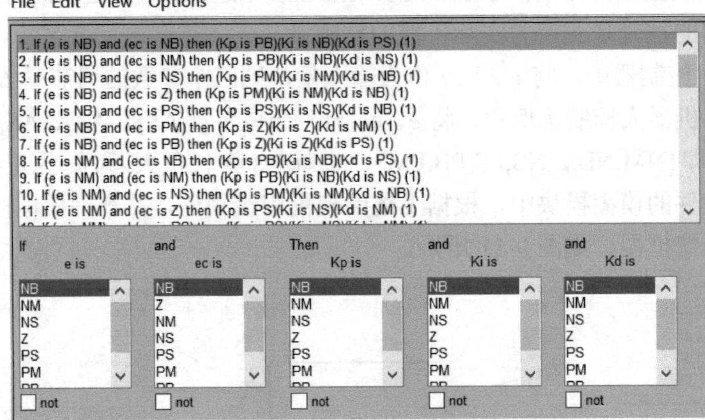

图 9-34　模糊控制规则

此外，搭建的单关节模糊 PID 控制仿真模型如图 9-35 所示。

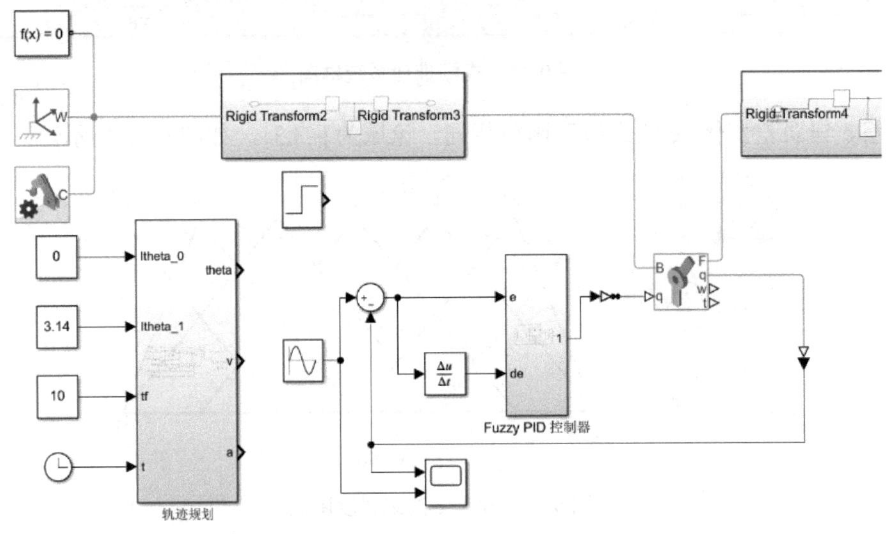

图 9-35　搭建的单关节模糊 PID 控制仿真模型

在图 9-35 中，模糊 PID 控制模块如图 9-36 所示。

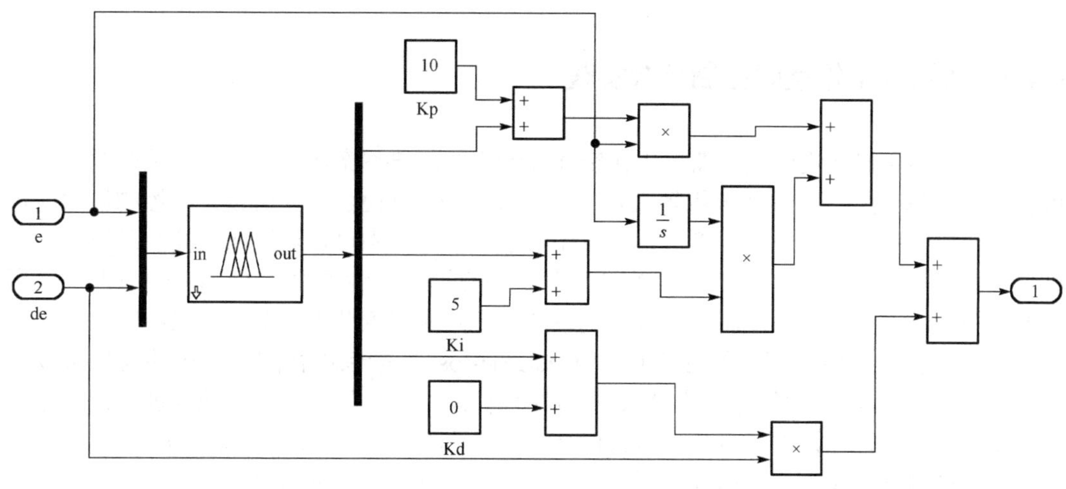

图 9-36　模糊 PID 控制模块

通过仿真实验，可以得到该关节在期望轨迹输入和单位阶跃输入时运动轨迹的响应曲线，如图 9-37 所示。

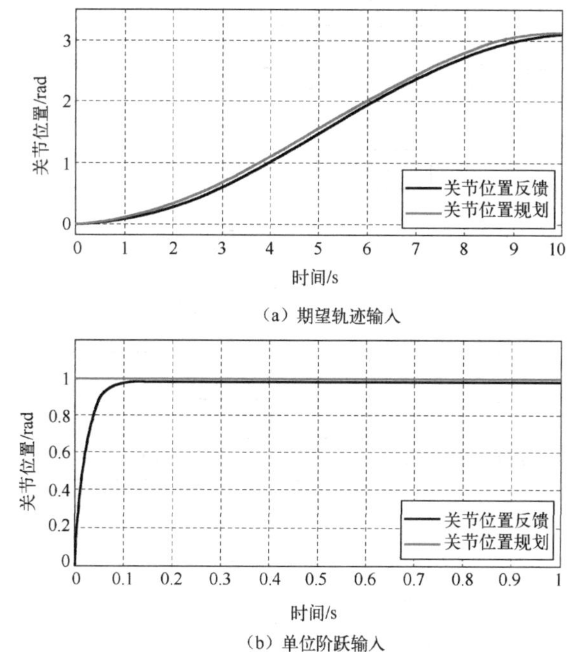

图 9-37　模糊 PID 控制器中该关节运动轨迹响应曲线

由图 9-29 和图 9-37 对比结果可以看出，在当前给定的 PID 参数设置下，对于期望轨迹输入，通过 PID 控制算法和模糊 PID 算法均能很好地跟踪输入轨迹。而对于单位阶跃输入，PID 控制算法的响应曲线存在抖动的情况，而模糊 PID 算法的响应曲线相对更为平滑。综上所述，在上述给定的 PID 参数设置下，模糊 PID 算法在减小振动方面较 PID 控制算法有一定的优势。

在实践过程中，各控制单元将 PID 封装进驱动控制单元中，因此其控制过程与驱动器控制过程相同：通过 ROS 节点发送数据帧，各控制单元可自我进行位置闭环控制。

9.4.3 机器人工作空间控制综合实践

机器人自主抓取实验是机器人工作空间控制实践的典型案例。整个控制系统逻辑过程可以用图 9-38 进行说明。在该机器人自主抓取过程中，可通过前文所设计的控制界面向机器人发送抓取指令。此外，若机器人具备无线通信系统，则可以通过网络控制系统远程向机器人发送抓取指令。此外，基于 ROS 系统的节点通信特性配置，还可以编写图 9-39 所示的相关控制节点。在该控制系统节点关系图中，圆圈代表节点，箭头代表各节点之间消息的传递过程。其中，相机管理节点由 realsense-ros 功能包进行配置，该功能包可以将 RGB_D 相机获取的图像信息转为 ROS 标准图像信息，为目标检测和图像处理提供彩色及深度图像信息；目标识别节点由 darknet-ros 功能包进行配置，可以接收 ROS 标准图像信息，并通过训练的权重文件识别目标，给出图像中的目标预测框信息。

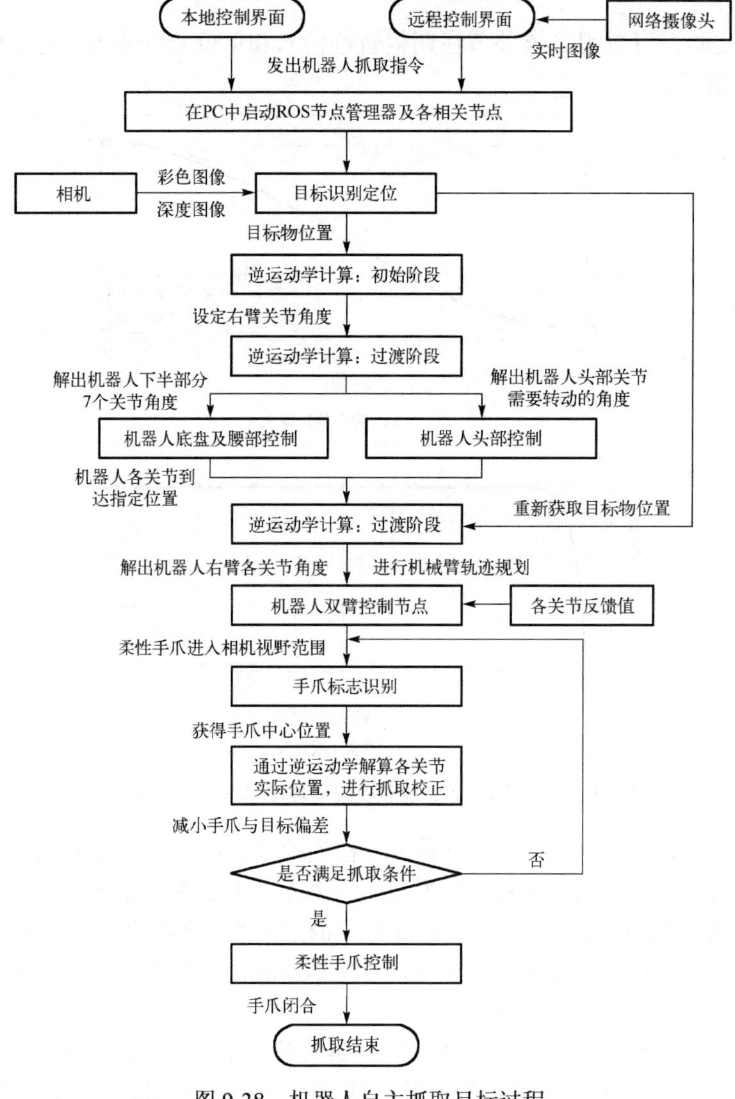

图 9-38 机器人自主抓取目标过程

图 9-38 中各节点控制系统均可自行编写控制程序，而目标定位节点则可由已学过的识别算法确定，并输出待识别目标的三维位置；逆解节点 1 可由前面学过的逆解算法，进行初始化和过渡阶段各关节变量的求解；而逆解节点 2 则对应于机器人的头部关节求解算法；逆解节点 3 对应于作业臂逆解算法的执行阶段；机器人末端执行器校正节点则对应于机器人求逆解的相关方法。余下的控制节点则根据相关的通信协议，完成对机器人各关节的控制。

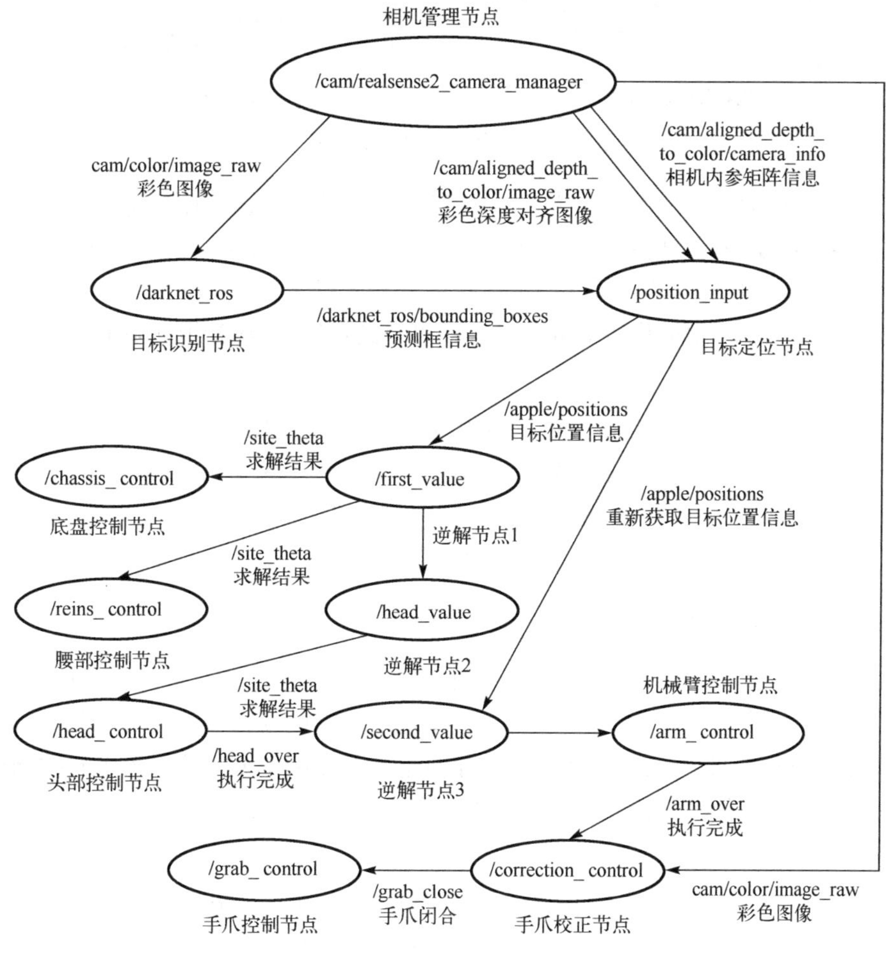

图 9-39　ROS 系统中各节点关系

上例通过一次实际机器人抓取实验，验证了机器人自主识别抓取过程。

1. 获取目标位姿信息

当机器人收到抓取目标的指令后，首先需要启动 ROS 节点管理器及各相关节点，包括相机管理节点、目标识别/定位节点、逆运动学算法节点、各关节控制节点、手爪校正节点。此时，需要保持机器人各关节均处于初始状态，机器人初始状态及此时的目标识别结果如图 9-40 所示。

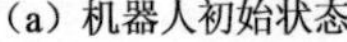

（a）机器人初始状态

（b）目标识别结果

图 9-40　机器人自主抓取实验（第一步）

由前面所学过的目标位姿获取方法，通过机器人双目相机得到待抓取目标 A 在相机坐标系下的位置为 $P_A=(P_{cx},P_{cy},P_{cz})=(52.65,196.67,1140.12)$，将该位置信息与双目视觉识别得到的 50 组位姿信息结合，即可得其中一组目标 A 在相机坐标系下的位姿 ${}_A^C\boldsymbol{T}$ 。最后，结合移动小车平台在坐标系中的位姿矩阵计算，即可得到目标 A 在基坐标系下的位姿 ${}_A^G\boldsymbol{T}$ ，如式（9-23）所示。

$$
{}_A^G\boldsymbol{T}=\begin{bmatrix} 0.5362 & -0.7736 & 0.3377 & 20.15 \\ 0.5831 & 0.05031 & -0.8108 & 1394.10 \\ 0.6102 & 0.6317 & 0.4781 & 1260.08 \\ 0 & 0 & 0 & 1 \end{bmatrix} \tag{9-23}
$$

2．计算机器人下半部分各关节角度

本实验中，假设当 $P_{cy}=196.67>0$ 时，目标物位于相机下方，此时设定机器人主作业臂各关节角度，即令 $\theta_1=10°$ ，$\theta_2=10°$ ，$\theta_3=30°$ ，$\theta_4=10°$ ，$\theta_5=-60°$ 。则根据目标物在机器人胸部中心坐标系中的位姿、机器人上半身运动学模型中末端执行器中心的期望位姿，以及式（9-23）给出的坐标标注，再利用坐标变换可以求出腰部分离点在大地坐标系下的一个目标位姿 ${}_W^G\boldsymbol{T}_{\text{float}}$ ，如式（9-24）所示。

$$
{}_W^G\boldsymbol{T}_{\text{float}}=\begin{bmatrix} 0.643 & -0.7655 & 0.02507 & 209.6 \\ 0.7658 & 0.6424 & -0.02955 & 1084.0 \\ 0.006516 & 0.0382 & 10.9992 & 809.3 \\ 0 & 0 & 0 & 1 \end{bmatrix} \tag{9-24}
$$

根据机器人建立的连杆坐标系及机械臂的逆解和式（9-24），可以得到 50 组机器人下半部分各关节角度的解，为保证机器人关节工作空间充足，需要去除一部分不满足关节限度要求的解，再分析各关节角度的约束条件，如式（9-25）所示。

$$
\begin{cases} d_y\leqslant p_{cz},\ -90°\leqslant\theta_3\leqslant 90°,\ -90°\leqslant\theta_4\leqslant 90° \\ -100\text{mm}\leqslant h_z\leqslant 100\text{mm},\ -30°\leqslant\theta_6\leqslant 30°,\ -30°\leqslant\theta_7\leqslant 30° \\ -100\text{mm}\leqslant l_1\leqslant 100\text{mm},\ -100\text{mm}\leqslant l_2\leqslant 100\text{mm},\ -100\text{mm}\leqslant l_3\leqslant 100\text{mm} \end{cases} \tag{9-25}
$$

式中，d_y 为机器人底盘在 Y 轴方向上移动的距离；θ_3 和 θ_4 分别为机器人底盘绕自身转过的角度和机器人足部旋转关节转过的角度；h_z、θ_6、θ_7 分别为并联结构的上下移动距离、前后弯腰角度、左右弯腰角度；l_1、l_2、l_3 为并联机构的杆长变化值。在 h_z、θ_6、θ_7 和 l_1、l_2、l_3 之间，可依据并联结构的逆运动学进行相互转换。此外，d_x 为机器人底盘在 X 轴方向上移动的距离。

同时，为了保证实际操作过程中机器人的稳定性，需要尽量减小机器人前后弯腰及左右弯腰的角度。因此，本节在满足关节约束条件的 8 组逆解中，选择一组使机器人并联机构的三连杆长度变化差值最小的解，即选择令 $\Delta l = |l_1 - l_2| + |l_1 - l_3| + |l_2 - l_3|$ 为最小值时的解，由此可求得机器人下半部分各关节值，如式（9-26）所示。

$$\begin{cases} d_x = 209.62\text{mm} \\ d_y = 898.48\text{mm} \\ \theta_3 = 0° \\ \theta_4 = 49.99° \\ h_z = -55.71 \\ \theta_6 = 2.19° \\ \theta_7 = 0.37° \end{cases} \tag{9-26}$$

式（9-26）中，根据机器人并联机构变换关系，可将 h_z、θ_6、θ_7 转换为并联机构的杆长变化值，通过计算可得到 $l_1 = -52.73$，$l_2 = -59.35$，$l_3 = -55.06$。同时，根据式（9-26）所得数据，还可以控制机器人下半部分各关节运动到相应的角度，则此时机器人状态及相机获取的图像如图 9-41 所示。

（a）机器人状态

（b）相机获取的图像

图 9-41　机器人自主抓取实验（第二步）

3．重新获取目标位置

为了重新获取目标位置，可根据目标位姿在相机视野中的坐标、相机在地球坐标系中的相对坐标，可由目标位姿求出机器人头部两个关节此时应运动的角度，即 $\alpha_1 = -22.31°$（头部俯仰时，抬头为正），$\alpha_2 = -18.53°$（头部转动时，逆时针转头为正）；最终可由计算结果得到机器人头部关节转动的相应角度，则机器人头部转动前后的状态如图 9-42 所示。

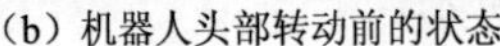

（b）机器人头部转动前的状态

（b）机器人头部转动后的状态

图 9-42 机器人自主抓取实验（第三步）

同时，通过目标位置输出节点还可重新获取目标位置信息。此时，目标 A' 在相机坐标系下的位置为 $P'_A=(p'_{cx},p'_{cy},p'_{cz})=(-11.74,44.22,337.21)$。因为目标位置对机器人抓取影响较大，故此处仅考虑目标位置，则可令目标 A' 在相机坐标系下位置 $\boldsymbol{R}$ 为一单位矩阵。同时，再根据末端执行器的中心与基坐标系中的位姿对应关系，也可以对应计算出目标 A' 在机器人胸部中心坐标系 $\{O\}$ 下的位姿 ${}^{G}_{A'}\boldsymbol{T}$，结果如式（9-27）所示。

$$
{}^{G}_{A'}\boldsymbol{T}=\begin{bmatrix} 0.1206 & -0.9251 & -0.3599 & -2.277 \\ 0.294 & 0.3796 & -0.8772 & -352.1 \\ 0.9482 & 0 & 0.3178 & 86.99 \\ 0 & 0 & 0 & 1 \end{bmatrix} \tag{9-27}
$$

4．求解机器人上半部分各关节值

为提高机器人抓取精度，可通过机器人各关节的数值法来求解机器人上半部分 5 个关节角度。在本例中，我们将迭代初值设置为 $\theta_1=10°$，$\theta_2=10°$，$\theta_3=30°$，$\theta_4=10°$，$\theta_5=-60°$，并将系统的定位精度设置为 $\mathrm{eps}=0.01$，那么通过 4 次迭代，即可求得机器人 5 个关节值，如式（9-28）所示。

$$
\begin{cases} \theta_1=41.48° \\ \theta_2=0.54° \\ \theta_3=-27.127° \\ \theta_4=-7.743° \\ \theta_5=-28.01° \end{cases} \tag{9-28}
$$

根据式（9-28）求解得到的机器人 5 个关节值和关节空间下机器人轨迹规划控制方法，对机器人各关节进行轨迹规划，从而控制机器人上半部分 5 个关节移动到相应角度，则此时机器人上半部分（主作业臂）各关节的轨迹规划结果及相机获取的图像如图 9-43 所示。

5．机器人抓取作业控制过程

根据图 9-38 中作业臂抓取控制流程可知，当机器人各关节根据轨迹规划结果开始运动时，各关节控制器可以通过读取各关节反馈值，并依据机器人关节的空间控制方法，使得各关节尽可能按照期望轨迹移动。而当末端执行器接近目标时，此时相机已经可以获取末端执行器的图像，下面我们需要做的就是采用机器人抓取作业的控制方法，这样末端执行器校正节点可识别出末端执行器中心点 B 在相机坐标系下的位置，由此可通过作业臂执行各关节的运动学方法，求解出机器人各关节的实际位置；机器人控制系统根据输入的各关节轨迹规划结果，通过关节控制方法来减少误差。当末端执行器中心与目标的位置偏差满足抓取要求时，机器人控制过程结束，可以控制末端执行器手指闭合，成功抓取目标。

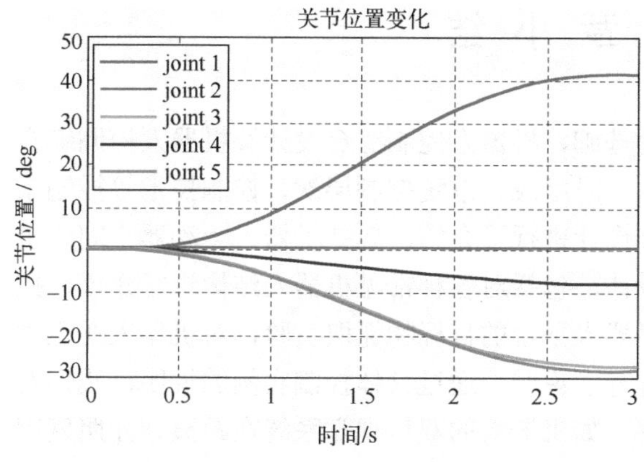

（a）机器人上半部分（主作业臂）各关节的轨迹规划结果

（b）相机获取的图像

图 9-43　机器人自主抓取实验（第四步）（扫码见彩图）

此外，由于本例中仿真目标物的平均直径约为 80mm，我们所设计的机器人末端执行器张开直径约为 120mm，因此，在实验中，即使末端执行器中心与目标存在较小的偏差，机器人末端执行器还是可以成功抓取目标的。通过本例的多次实验验证，结果表明，在相机坐标系下，当末端执行器与目标在各坐标轴上的偏差小于 15mm 时，并不需要继续校正末端执行器位姿，此时末端执行器便可以成功抓取目标。该实验结果表明，在作业臂的设计中可根据被抓取对象的实际尺寸，以及实验或控制系统所允许误差，为作业臂执行机构预留一定余量。对于本次实验而言，机器人的末端执行器校正过程及末端执行器闭合抓取目标状态如图 9-44 所示。

（a）机器人末端执行器校正过程

（b）末端执行器闭合抓取目标状态

图 9-44　机器人自主抓取实验（第五步）

6. 机器人完成抓取

当机器人末端执行器手指闭合，成功抓取到目标物后，机器人会恢复到初始状态，并存放已经抓取成功的目标物，从而进行下一次抓取任务。经过以上的机器人对目标物抓取过程的实验验证，说明在实验室环境下，通过目标识别算法及逆运动学算法，可实现机器人的自主抓取功能。

9.5 本 章 小 结

在本章中，我们学习了机器人控制理论基础、机器人控制综合设计及机器人控制综合实践。首先，本章介绍了机器人控制系统的一般组成、系统控制层次、控制技术等控制系统设计基础概念。然后，对机器人控制综合设计进行了介绍，包括机器人驱动器空间、机器人关节空间、机器人工作空间的一般化设计，包括对各种常见机器人结构进行建模、控制系统设计、控制方法的介绍。最后，用机器人平台的目标物抓取实验，对机器人在驱动器空间、关节空间、工作空间的控制实践进行了说明。通过具体控制实例的说明，我们对一些影响机器人控制系统的因素加深了理解，如机器人的双目视觉系统在距离、光照度因素及作业臂设计余量等不同条件时，抓取控制成功率及精度等。通过对本章内容的学习，我们不仅加深了对机器人控制系统的理解，也对所学习的控制理论和方法进行了综合运用。

习 题 9

9.1 何为分解运动控制？为什么要进行分解运动控制？

9.2 设计并实践分解运动控制的思路及实现方法。

9.3 分解运动加速度控制的目标是什么？怎样实现？

9.4 论述机器人关节空间控制与工作空间控制的异同点。

9.5 分别设计并实践一个 6 自由度机器人的关节空间闭环控制算法和工作空间闭环控制算法。

思政内容

第 10 章　机器人综合实践

10.1　概　　述

本章主要对本书所涉及的算法进行实践训练，主要包括 4 个方面：①视觉 SLAM 三维环境构建的性能分析实践训练；②目标物、环境障碍物识别及障碍物三维重建实践训练；③二维空间中移动机器人运动规划实践训练；④三维空间中作业臂运动规划实践训练。

10.1.1　软、硬件系统介绍

本章综合实践是在第 2 章介绍的平台上进行的，如图 10-1 所示，该机器人头部装载 Intel Realsense D435 摄像头，底部小车采用麦克纳姆轮结构设计，灵活性和机动性较强，可以实现任意方向上的旋转和平移，能够在较小的空间内灵活移动，有利于小车路径规划的实现。小车上搭载笔记本电脑，作为核心处理器，CPU 为 Intel core i7，CPU@GHz，GPU 为 GeForce GTX1660s，性能较佳，能够迅速处理多种信息。机器人整体采用串并混合结构，自由度多，末端执行器的工作空间大，有利于目标的抓取。

图 10-1　机器人平台实物图

10.1.2 软件系统

实验中使用的软件系统已经在 2.3 节中介绍了。ROS 系统是一个兼容性强、通用性广、开源性好的机器人软件开发系统。该系统能够完美地兼容 C++、Python 等多种编程语言，同时还支持 RVIZ、gazebo 等多种仿真工具，能够很好地解决机器人在控制过程中由于代码冗余，难以进行仿真实验带来的问题。同时，随着越来越多的研究工作者和团队对 ROS 进行开发，且大都属于开源性质，有利于本书学习者的实践训练，ROS 软件系统框架结构如图 10-2 所示。

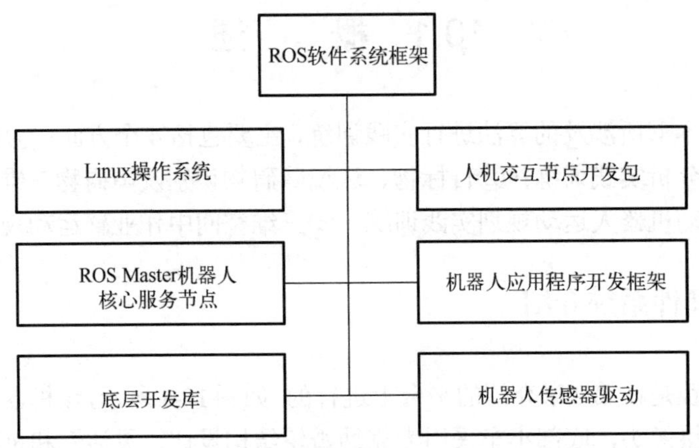

图 10-2　ROS 软件系统框架结构

10.2　SLAM 系统性能分析

10.2.1　Tum 数据集性能测试分析

Tum 数据集是德国 Computer Vision Lab 公布的 RGB_D 数据集，其中包括了办公室、大厅、工厂等多种纹理丰富的场景，涵盖了缓慢移动、旋转等多种相机运动，共 39 个数据包，是一个十分强大的数据集。同时，该数据集提供了 Python 工具，可以通过对比该数据集中的 ground truth（由 8 台高帧率跟踪摄像头捕捉得到的 SLAM 系统中相机真实位姿，在这里被认为相机的绝对姿态）来分析实验结果。每个数据包中都包括：

（1）rgb.txt、depth.txt，记录彩色图片、深度图片相对应的采集时间和文件名；

（2）rgb/、depth/，存放彩色图片、深度图片的文件夹；

（3）groundtruth.txt，SLAM 系统中相机的真实位姿，其格式为（time,x,y,z,qx,qy,qz,qw），其内容代表了每张图片的采集时间戳、x、y、z 三个位置，以及姿态的四元数。

对于 SLAM 的性能，有两种常见的度量标准，分别是绝对轨迹误差（ATE，Absolute Trajectory Error）与相对位姿误差（RPE，Relative Pose Error）。绝对轨迹误差是全局衡量由算法估计出来的相机位姿与相机真实位姿之间的差距，通常用均方根误差（RMSE，Root Mean Square Error）来量化计算，RMSE 的计算公式如式（10-1）所示。

$$\text{ATE}_{\text{RMSE}}(\hat{X},X)=\sqrt{\frac{1}{n}\sum_{i=1}^{n}\left[\textbf{trans}\left(\hat{X}_i\right)-\textbf{trans}\left(X_i\right)\right]^2} \tag{10-1}$$

式中，$\hat{X}=\left\{\hat{X}_1,\hat{X}_2,\cdots,\hat{X}_n\right\}$为相机的估计运动序列；$X=\left\{X_1,X_2,\cdots,X_n\right\}$为相机的真实运动序列；**trans** 为相机位姿的平移向量。

相对位姿误差是局部衡量由算法估计出来的相机位姿与相机真实位姿之间的差距，它表示的是相同两个时间戳上的位姿变化量的差值。其计算公式如式（10-2）所示。

$$\text{RPE}=\frac{1}{n}\sum_{ij}\left(\delta_{ij}-\hat{\delta}_{ij}\right)^2 \tag{10-2}$$

式中，$\delta_{ij}=x_i-x_j$为相机真实位姿在某段时间的差值；$\hat{\delta}_{ij}=\hat{x}_i-\hat{x}_j$为相机估计位姿在某段时间的差值。

相对位姿误差适用于系统的平移，而绝对轨迹误差适用于整个 SLAM 系统的性能评估。本书就以 ATE 作为衡量标准，选取如下几个数据集进行误差测试，如图 10-3～图 10-6 所示。

（1）Fr1_xyz：该数据集中包含相机沿着主轴方向缓慢平移的运动数据，可以测试相机水平运动的位姿估计性能。

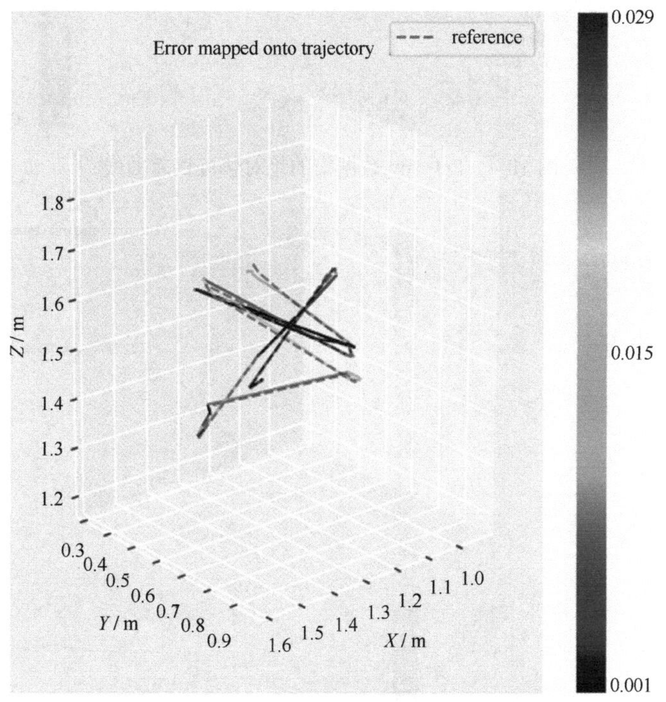

图 10-3　Fr1_xyz 数据集的绝对轨迹误差曲线

（2）Fr1_rpy：该数据集中包含相机绕三个主轴缓慢旋转的运动数据，可以测试相机旋转运动的位姿估计性能。

（3）Fr2_desk 和 Fr2_large_with_loop：这两个数据集中都包含起点终点重合的信息，可以测试 SLAM 系统的闭环检测性能。

图 10-3 中，虚线代表相机的真实轨迹曲线，由各种颜色构成的实线代表相机的估计轨迹曲线，颜色从蓝到红，代表误差从小到大的趋势。

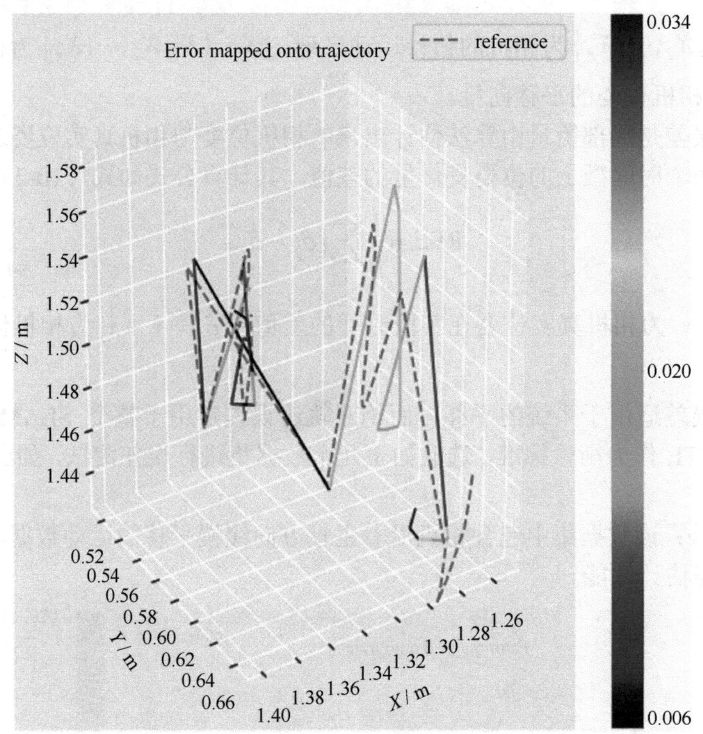

图 10-4 Fr1_rpy 数据集的绝对轨迹误差曲线

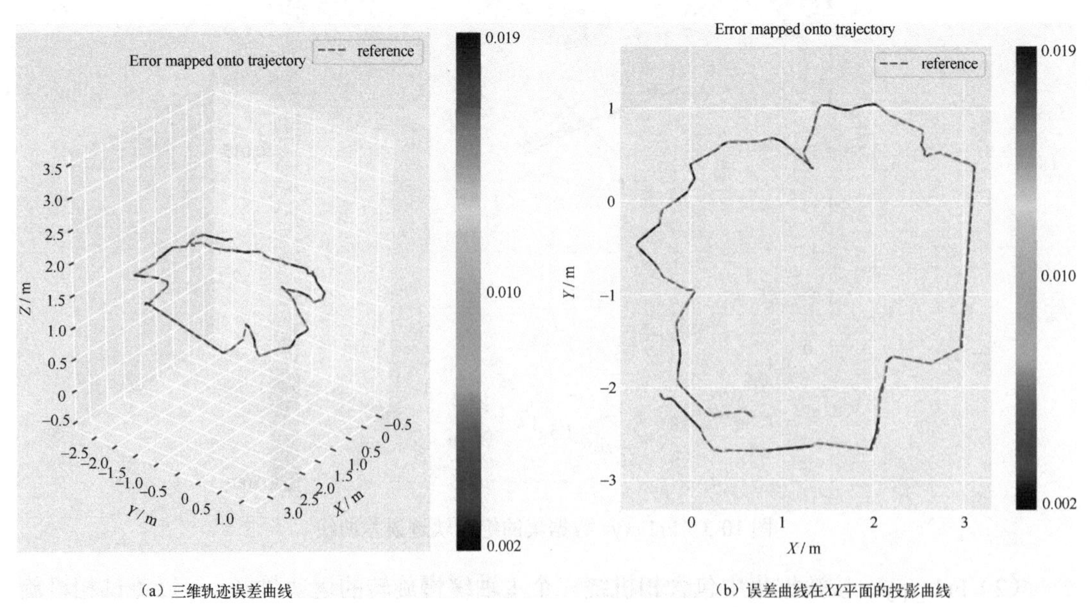

图 10-5 Fr2_desk 数据集的绝对轨迹误差曲线

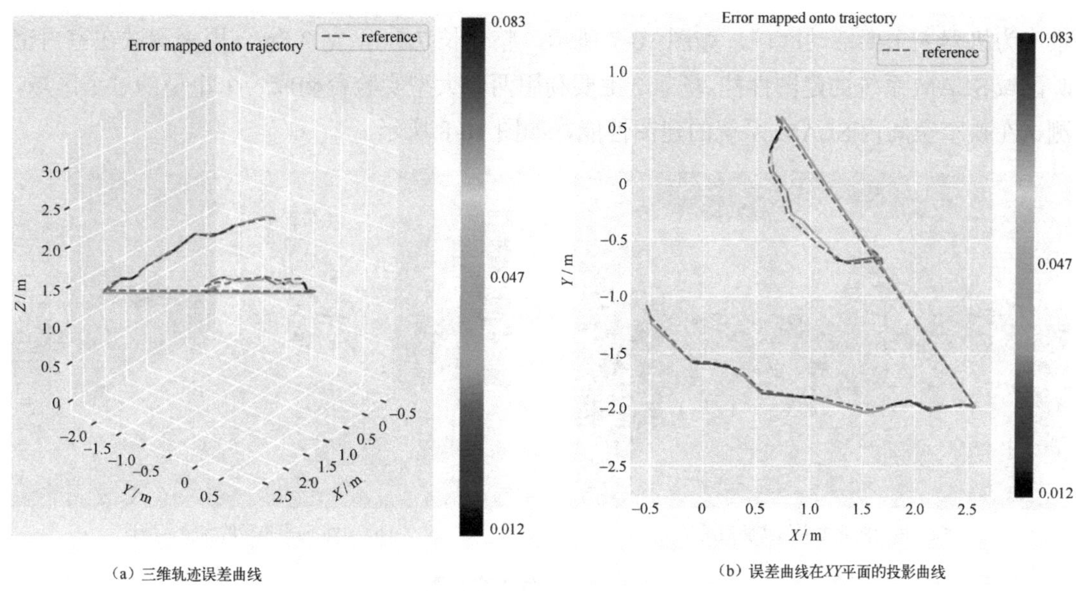

（a）三维轨迹误差曲线　　（b）误差曲线在XY平面的投影曲线

图 10-6　Fr2_large_with_loop 数据集的绝对轨迹误差曲线

由图 10-3～图 10-6 直观来看，所有估计出的相机轨迹曲线几乎都能够与真实相机的轨迹曲线重合，从侧面反映了本书设计的 SLAM 系统较为合理。为更加直观地说明，统计了各数据集下轨迹的最大误差、最小误差、平均误差和均方根误差，如表 10-1 所示。

表 10-1　4 种数据集下的误差统计

数据集	Fr1_xyz	Fr1_rpy	Fr2_desk	Fr2_large_with_loop
最大误差/m	0.028541	0.033733	0.018738	0.083014
最小误差/m	0.001205	0.005759	0.001989	0.011727
平均误差/m	0.009597	0.017513	0.010680	0.043901
均方根误差/m	0.011384	0.019127	0.010436	0.047421

对比表 10-1 可以看到，本书设计的 SLAM 系统有如下几点表现：①在较为平缓的平移或旋转场景中，最大误差小于 0.05m，均方根误差都在 0.02m 以下，达到了厘米级别的要求；②在第三个较小的闭环场景中，最大误差和均方根误差均小于 0.02m，在图 10-5 中也能够观察到在该场景中明显地测量到了闭环回路，表明本书中闭环回路环节能够有效实现；③在 Fr2_large_with_loop 场景中，系统出现了较大的误差，最大误差达到了 0.08m，均方根误差达到 0.047m，这是因为在该场景中存在跟踪丢失的现象，同时存在较大的光照影响，对特征点的提取产生较大的影响。但是在较大场景中，0.05m 的精度也基本满足移动机器人的导航需求。

通过 tum 数据集验证后得出，本书设计的 SLAM 系统在误差精度这一指标中达到了 0.02m，满足实验要求。

10.2.2　建图实验

三维地图场景为西北工业大学自动化学院智能机器人综合实验室，建图场景环境：场景 1 为机器人主要活动区域，如图 10-7 所示，整体长 7.5m，宽 3.5m，用来测试在室内空旷区域 SLAM 系统的建图性能。场景 2 主要利用两个大型实验台构成一个小型的过道区域，测试在狭窄空间内 SLAM 系统的建图性能，如图 10-8 所示。

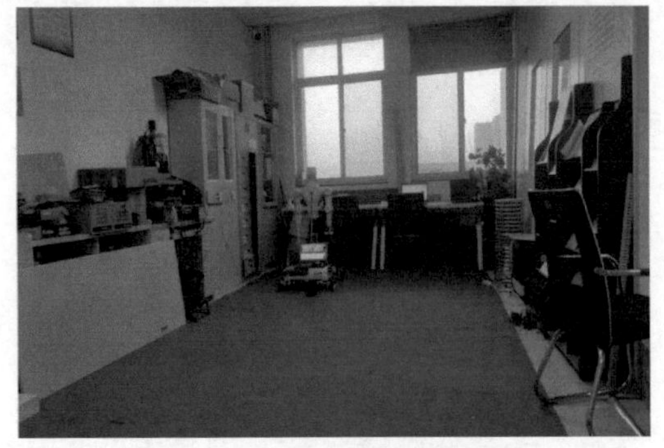

（a）由南向北拍摄的实验室场景

（b）由北向南拍摄的实验室场景

图 10-7　场景 1 实拍图

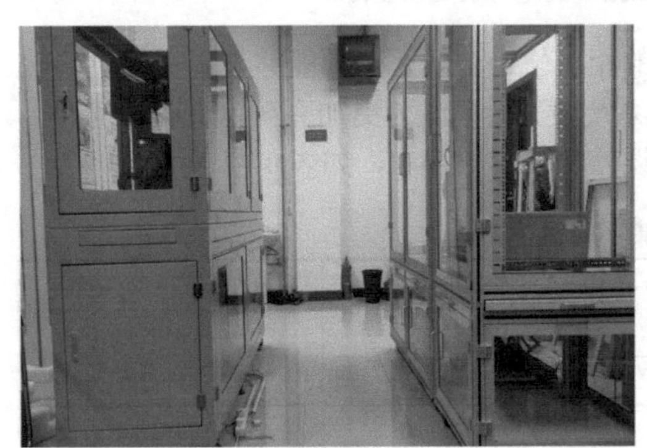

（a）实验台西侧拍摄场景

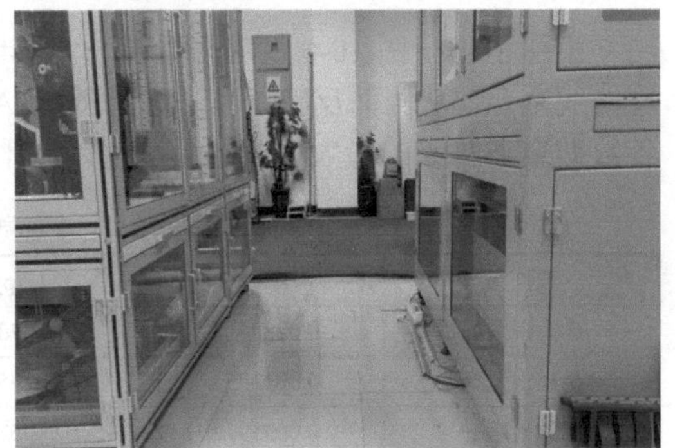

（b）实验台东侧拍摄场景

图 10-8　场景 2 实拍图

对场景 1、2 分别构建点云地图，如图 10-9、图 10-10 所示。

图 10-9　场景 1 中构建的点云地图

图 10-10　场景 2 中构建的点云地图

场景 1 主要扫描了机器人头部高度（1.4m）以下的空间范围，如图 10-9 所示。进行该次实验时，移动机器人围绕实验室扫描了 2 圈，耗时共计 200s 左右，得到了 313 幅关键帧图像。可以看到本书中的 SLAM 系统整体上能够较好地重构地面环境及周围环境。点云图中的桌子、椅子、实验台等均能清晰看到，重建效果良好。

在场景 2 中，如图 10-10 所示，可以清晰看到由两个大型实验台构成的狭窄过道，较为明显，同时图中上半部分均为墙壁，重建效果更为突出。而在左右两侧方框范围内，点云有发散的趋势，这是因为该处区域为透明玻璃，引起红外光透射，导致深度测量不准确。在点云地图中会出现一些“空”区域，这些区域是由于摄像头没有扫到或者未处于关键帧内引起的。从整体上看，本书中的 SLAM 系统能够适应狭窄的过道空间。

利用 MeshLab 工具对两个场景中的单个物体进行估计值测量，得到的数据如表 10-2 所示。

表 10-2　物体估计值与实际值差距

测量类别	实验柜子长度	绿色地毯宽度	狭窄过道宽度	沙发宽度	沙发高度
估计值/m	2.341	3.04	1.185	0.915	0.817
实际值/m	2.30	3.00	1.20	0.90	0.80
绝对误差/m	+0.041	+0.04	−0.015	+0.015	+0.017
相对误差/%	1.7	1.3	1.25	1.6	2.1

由表 10-2 可以看出，本书中的 SLAM 系统相对误差均在 2%左右，即 2cm 的绝对误差，同时随着测量物体长度的增加，累积误差也会越来越大，但基本也维持在 2%左右。这样的精度能够满足机器人的导航规划作业。

在实验过程中，由于点云图存储过大，包含大量的冗余信息，存储和读取速度都会降低，会影响机器人后续路径规划的执行速度，无法满足路径规划的实时性要求，故本书利用八叉树地图的形式存储和更新地图。以场景 1 为例，将分辨率设置为 2cm、5cm，进行八叉树建图分析，得到图 10-11 和图 10-12。

图 10-11　场景 1 对应的分辨率为 2cm 的八叉树地图

图 10-12　场景 1 对应的分辨率为 5cm 的八叉树地图

由图 10-11 和图 10-12 可以看到，八叉树地图也能够较好地展示实际场景的位置关系。对场景 1 进行了多次重构实验，得到了点云地图和八叉树地图的存储大小，如表 10-3 所示。

表 10-3　不同形式的地图存储大小

地图形式	点云地图	带色彩的八叉树地图	无色彩的八叉树地图
第一次实验地图大小	324.5MB	17.5MB	648KB
第二次实验地图大小	274.9MB	17.7MB	676KB
第三次实验地图大小	250.3MB	17.2MB	694KB

由表 10-3 可以看到，采用点云地图形式，存储空间在 MB 级别以上，采用八叉树地图形式，存储空间在 KB 级别（带色彩的八叉树地图仅仅是为了直观显示，并无实际的应用价值）。证明了八叉树地图具有较小的存储空间，这就意味着具有较快的读取速度。结合本书中的 SLAM 系统相对误差约为 2%，故采用分辨率为 2cm 的八叉树进行建图，最终场景 1 的建图结果如图 10-13 所示。

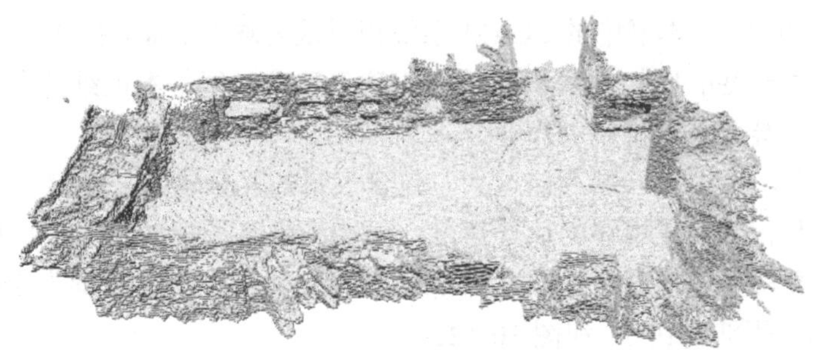

图 10-13　最终场景 1 的建图结果

10.3　目标物识别及三维环境重建实践

10.3.1　实验数据集及相关参数说明

1. 数据集说明

利用 I-YOLOv3 算法进行目标物和环境障碍物识别，首先需要采集图片作为实验数据集进行训练测试。本书共采集了 1000 张图片作为源数据，其中，在正常光照场景下采集 325 张，在高强度光照场景下采集 258 张，在弱光照场景下采集 203 张，在暗光场景下采集 214 张，在不同场景下采集的图片如图 10-14 所示。在不同光线下进行训练，可以增强神经网络的稳健性和泛化能力。摄像头拍摄距离均在 1.0～2.0m。

（a）正常光照场景

（b）高强度光照场景

（c）弱光照场景

（d）暗光照场景

图 10-14　在不同场景下采集的图片

2. 标注及训练过程参数说明

获取数据集后，需要对所有的图片进行标注操作，即标注出图片中目标物和环境障碍物的位置及相关类别属性。本书利用 LabelImage 标注工具进行标注工作，针对目标物和环境障碍物分别采取不同的标注方法，具体内容如图 10-15 所示。然后将类别和位置信息保存到 xml 文件夹中，用作神经网络的输入文件。

对于环境障碍物的标注，若直接使用大标注框进行标注，则其会包含大量的背景信息，严重降低训练效果。如区域①、⑤，分别用一个大标注框将整个环境障碍物框住，这样的标注框内环境障碍物较多，不利于训练。本书采用类似于②、③、④这样的小标注框对环境障碍物进行标注。使用这样的标注框能够最大限度地减小外围信息对网络训练时的影响。而对于目标物，直接利用常规矩形框进行标注即可。

统计训练集总体信息如下：①每张图片中平均含有 3.6 个目标物标注，9.5 段环境障碍物标注，共计 3600 多个目标物样本和 9500 多段环境障碍物样本；②训练集图片共计 774 张，测试集图片共计 226 张，比例近似为 3∶1。为了比较相关性能，所有实验条件均相同，同步训练 YOLOv3 算法及本书提出的 I-YOLOv3 算法。训练过程参数如表 10-4 所示。

（a）环境障碍物标注示意图

（b）目标物标注示意图

图 10-15 标注示意图

表 10-4 训练过程参数

相关配置	参数
运行环境及相关库版本	CUDA10.1，cuDNN7.6.5，OpenCV3.4.7
训练算法	I-YOLOv3，YOLOv3
弹性模量/GPa	120～145
动量系数	0.9
权重衰减系数	0.001
最大训练批量数	12000
Steps=9600,10800	Scales=0.1,0.1
学习率	0.001

10.3.2 目标物、环境障碍物识别效果

图 10-16 和图 10-17 分别展示了通过 I-YOLOv3 算法识别出来的目标物和环境障碍物效果图，其中，为了突出目标物识别效果，识别环境障碍物的框没有显示；为了突出环境障碍物识别效果，识别目标物（苹果）的框没有显示。

图 10-16 目标物识别效果图

图 10-17 环境障碍物识别效果图

由图 10-16 和图 10-17 可以看到，本书使用的算法能够较好地进行目标物和环境障碍物的识别。下面将利用各个指标进行性能测试。

10.3.3 神经网络性能测试

1. loss 值分析

在神经网络中，loss 值是通过损失函数（Loss Function）进行计算的，它用来评估算法模型中预测值和真实值是否一致，可以表现模型的拟合效果。损失函数也是神经网络中需要优化的目标函数，对神经网络的训练其实就是优化最小损失函数的过程。通常情况下，loss 值越小，代表算法的训练效果越好，算法模型的稳健性越好。记录模型训练时的日志文件，对其进行可视化处理，画出其 loss 变化曲线，如图 10-18 所示。

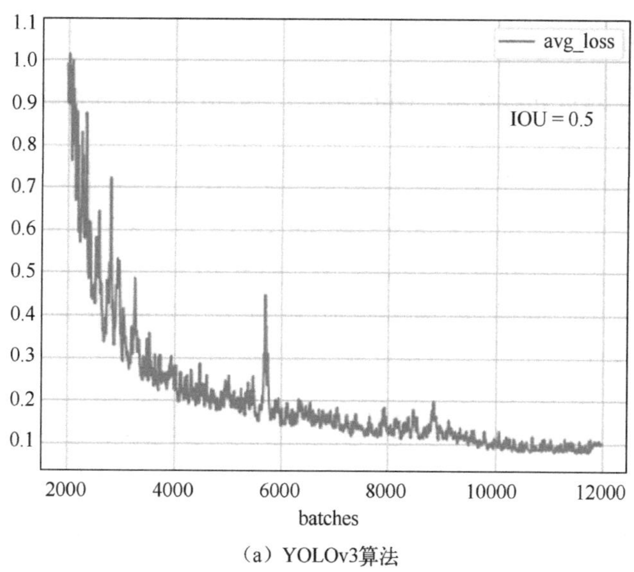

（a）YOLOv3算法

图 10-18 两种算法的 loss 曲线

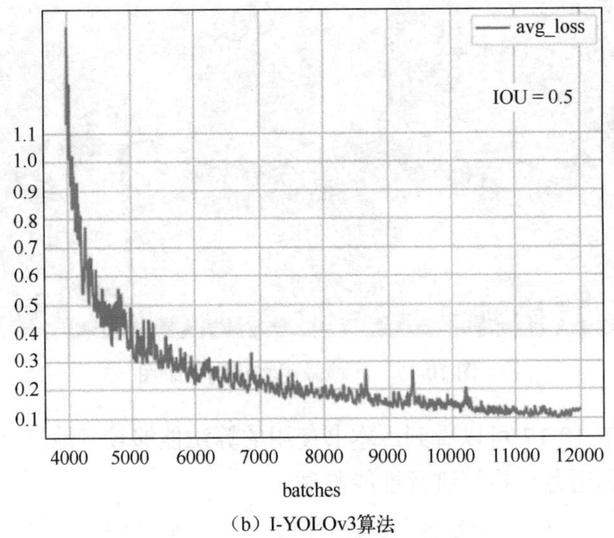

（b）I-YOLOv3算法

图 10-18 两种算法的 loss 曲线（续）

I-YOLOv3 算法的 loss 值在前 5000 次迭代前能够迅速减小，从 1 以上迅速降低到 0.3 左右；在 5000 次迭代后渐渐稳定；在 10000 次迭代后稳定保持在 0.1 左右。YOLOv3 算法的 loss 值在前 4000 次迭代前能够迅速拟合，从 1.0 左右迅速降低到 0.2 左右；在 4000 次迭代后逐步收敛到 0.1 左右。在迭代的前期（5000 次迭代前），YOLOv3 算法的 loss 值下降速度明显更快；在迭代的中期（5000～10000 次），I-YOLOv3 算法曲线的振荡幅度更小，曲线更加平滑，说明拟合得更稳定；在迭代的后期（10000 次后），两种算法的 loss 值均稳定处于 0.1 左右。整体上讲，I-YOLOv3 算法在 loss 这一指标上已经达到了与 YOLOv3 算法同等的效果。

2. *P-R* 曲线分析

P-R 曲线表示了精度和召回率之间的关系。一般情况下，该曲线的横轴坐标为召回率（Recall），纵轴坐标为精度（Precision），该曲线的积分表示某一类物体识别的平均精度（AP）。而 AP 值是算法性能的重要衡量标准。AP 值在目标检测中，对于模型定位、分割均有非常大的作用。mAP（mean of Average Precision）表示多类物体的平均精度均值。

首先介绍一下精度、召回率和 AP 的定义，如表 10-5 所示，在预测的时候，我们把正确地将正例分类为正例表示为 TP；把错误地将正例分类为负例表示为 FN；把正确地将负例分类为负例表示为 TN；把错误地将负例分类为正例表示为 FP。

表 10-5 混淆矩阵

真实情况	预测情况	
	正例	负例
正例	TP	FN
负例	FP	TN

根据上述矩阵，可以定义精度和召回率，给出本书中 mAP 的计算，如式（10-3）所示。

$$P = \frac{\text{TP}}{\text{TP} + \text{FP}}$$

$$R = \frac{\text{TP}}{\text{TP} + \text{FN}} \tag{10-3}$$

$$\text{mAP} = \frac{1}{C}\sum_{k=1}^{N} P(k)\Delta R(k)$$

每条 *P-R* 曲线对应一个阈值。本书中选取阈值为 0.5。将 IOU 值大于 0.5 的称为正例，IOU 值小于 0.5 的称为负例。通过对 *P-R* 曲线积分得到 AP 值，用来比较 I-YOLOv3 算法和 YOLOv3 算法的性能。本书中训练得到的 *P-R* 曲线如图 10-19、图 10-20 所示。

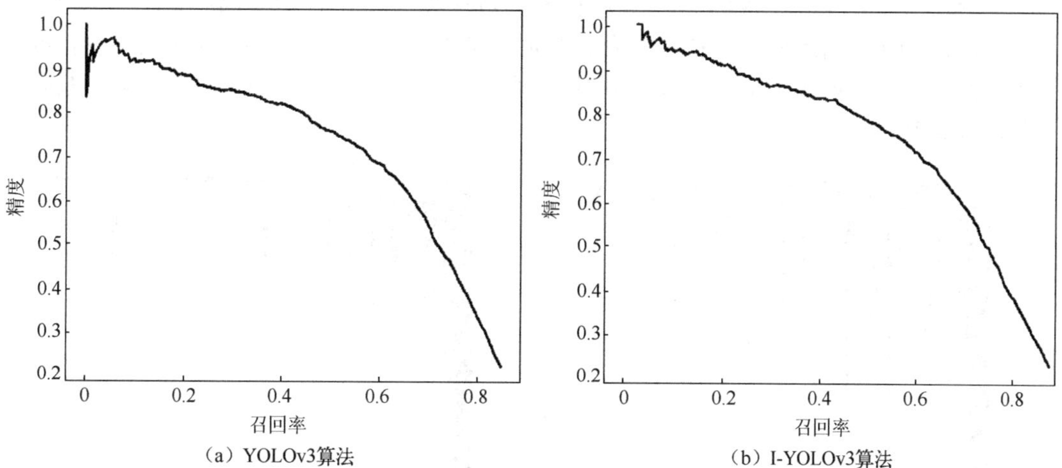

图 10-19　两种算法的环境障碍物 *P-R* 曲线

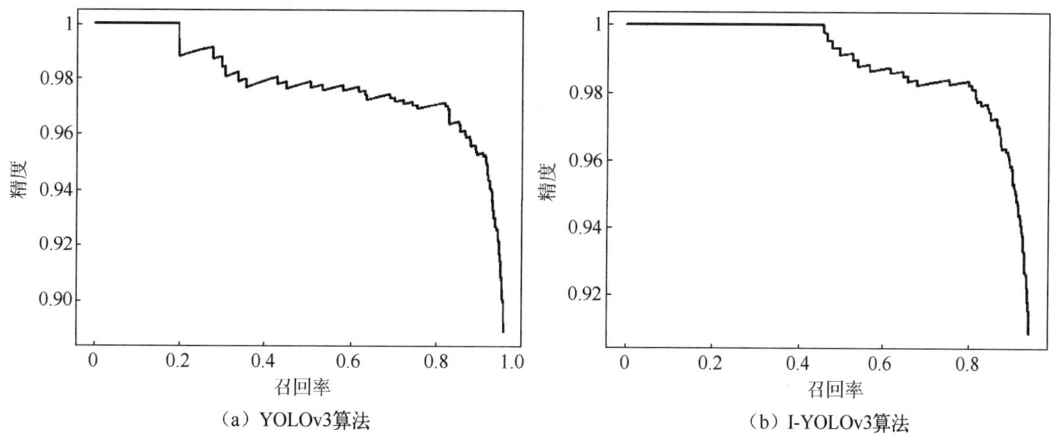

图 10-20　两种算法的目标物 *P-R* 曲线

对图 10-19 和图 10-20 中的 4 条 *P-R* 曲线分别进行积分，得到的结果如表 10-6 所示。

表 10-6　两种算法预测精度

精度	YOLOv3 算法	I-YOLOv3 算法	增加幅度
目标物识别精度	91.54%	95.55%	4.01%

续表

精度	YOLOv3 算法	I-YOLOv3 算法	增加幅度
环境障碍物识别精度	62.5%	70.2%	7.7%
mAP	76.02%	82.21%	6.19%

由表 10-6 中数据可得，I-YOLOv3 算法相对于 YOLOv3 算法，在环境障碍物、目标物预测的精度上，均有了较为明显的提升，说明本书对 YOLOv3 算法的改进是正确的，能够为后续“目标物抓取”提供精准的信息。

3. IOU 曲线分析

观察图 10-21 得到，I-YOLOv3 算法和 YOLOv3 算法的 IOU 曲线都能够在一定次数的迭代之后，IOU 数值近似稳定在 1 左右。但是，I-YOLOv3 算法的 IOU 曲线的突变程度明显更加低于 YOLOv3 算法，曲线更加稳定。因此，I-YOLOv3 算法的位置预测更加精确，预测效果更好。

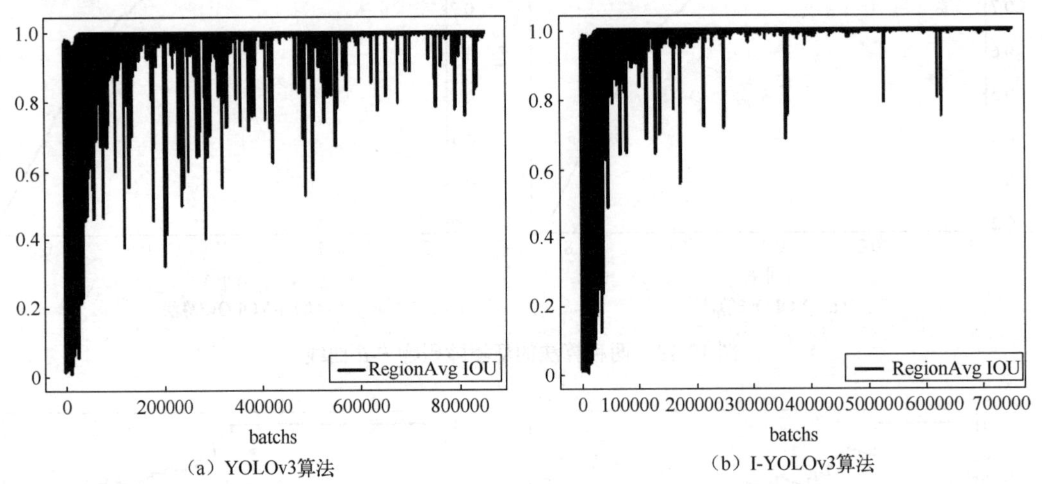

(a) YOLOv3算法　　(b) I-YOLOv3算法

图 10-21　两种算法的 IOU 曲线

综上所述，本书提出的 I-YOLOv3 算法在各个指标上均超过了 YOLOv3 算法，且具有较为明显的提升效果。

10.3.4　环境障碍物三维重建实验

1. 最小外接矩形的获取

以一张包含环境障碍物的图片为例，按照本节的最小外接矩形获取步骤，流程如图 10-22 所示。

通过一系列图像处理后，已经能够获取到预测环境障碍物的最小外接矩形。图 10-22 中，利用 I-YOLOv3 算法在图中共预测出 10 个预测框，最小预测框大小为 30×35。通过图像处理后，共得到了 10 个最小外接矩形，没有丢失预测框信息，表明文中所采用的阈值、腐蚀膨胀系数较为合理，且每个最小外接矩形基本紧贴环境障碍物的边缘，说明本书实现的利用最小外接矩形代替神经网络预测框的方法是可行的。

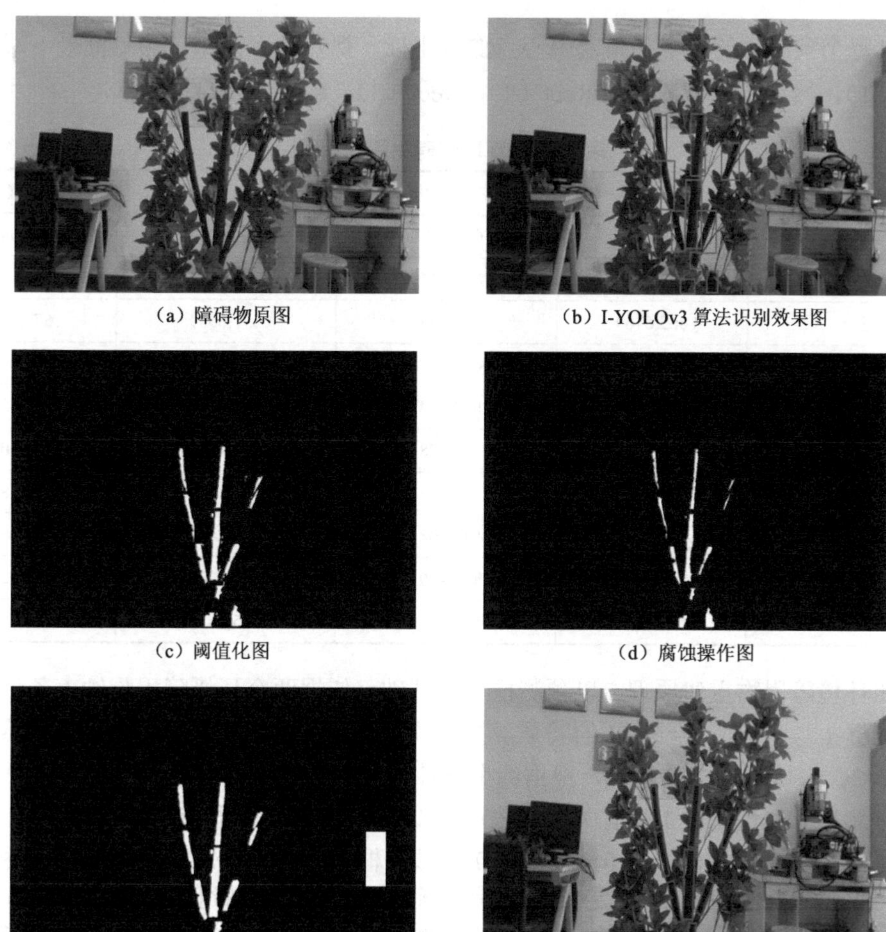

（a）障碍物原图　　（b）I-YOLOv3 算法识别效果图

（c）阈值化图　　（d）腐蚀操作图

（e）膨胀操作图　　（f）环境障碍物的最小外接矩形图

图 10-22　环境障碍物识别流程图

2. 多参数条件约束验证及拟合实验

为直观对实验数据进行说明，在最小外接矩形预测图中，对每个预测框进行标注，结果如图 10-23 所示。

图 10-23　环境障碍物标注图

记录每个预测框的 4 个拐角及中心点像素坐标。拐点顺序：每个预测框最下端的拐点为 Rect（1），然后顺时针依次为 Rect（2）、Rect（3）、Rect（4）。

表 10-7　环境障碍物拐点信息

预测框	Rect（1）	Rect（2）	Rect（3）	Rect（4）
1	（643,717）	（610,717）	（610,680）	（643,680）
2	（732,714）	（698,714）	（698,661）	（732,661）
3	（665,646）	（647,643）	（651,608）	（674,610）
4	（628,601）	（607,607）	（582,504）	（602,498）
5	（661,597）	（629,594）	（632,416）	（667,422）
6	（689,584）	（671,578）	（707,494）	（729,507）
7	（566,488）	（541,376）	（564,372）	（586,484）
8	（664,412）	（643,408）	（660,248）	（681,251）
9	（765,413）	（749,409）	（781,320）	（801,324）
10	（539,361）	（526,256）	（545,252）	（557,357）

按照环境障碍物重建原理，以预测框 1 为基础，依据两个环境障碍物约束条件，依次判断预测框 1 与剩下所有预测框的关系，得到预测框 3、4、5、6、7 满足条件。然后分别以预测框 3、4、5、6、7 为基础，根据约束条件，得到与预测框 3 满足关系的有预测框 6，考虑到预测框 6 与预测框 1 也有关系，故这一步中不再对预测框 6 进行后续判断。与预测框 4 满足关系的有预测框 7、10，预测框 7 与预测框 1 有关系，故预测框 7 在这一步中不再进行判断。与预测框 5 满足关系的有预测框 9，此时得到三个数组 $V_1=\{1,3,6\}$，$V_2=\{1,5,9\}$，$V_3=\{1,4,7\}$。然后进行下一步判断，判断预测框 6、7、9，得到与预测框 7 满足关系的是预测框 10，与预测框 6 满足关系的是预测框 8。这样就可以得到三个数组 $V_1=\{1,3,6,8\}$，$V_2=\{1,5,9\}$，$V_3=\{1,4,7,10\}$，这时以预测框 1 为基础的预测框全部搜索完毕，剩下单独预测框 2，独立成为一个数组。最后通过三次多项式进行环境障碍物拟合，V_1、V_2、V_3 拟合的步长分别为 39.2、44.1、51.2（单位为像素），最终得到的结果如图 10-24 所示。

图 10-24　环境障碍物拟合效果图

3. 重建性能评估

对 50 张图片进行环境障碍物重建实验，其中部分结果如图 10-25 所示。

（a）　（b）　（c）

图 10-25　部分环境障碍物拟合图（扫码见彩图）

由图 10-25 可以看到，经过环境障碍物识别和重建两个过程后，图像中的环境障碍物大部分都能够得到较好的拟合，但是也会出现拟合偏差的情况。拟合偏差大体上可以分为两类：第一类如图 10-25（a）中红色框所示，可以看到环境障碍物右侧部分没有完全拟合，这是因为隶属于该环境障碍物的同组两个相邻预测框距离较远，引起拟合的误差，但是环境障碍物的整体形状已拟合出来，这种误差影响不大；第二类如图 10-25（c）中蓝色框所示，蓝色框中的环境障碍物实际为黄色框中的环境障碍物的分支，但是由于环境障碍物存在遮挡严重的情况，不满足环境障碍物重建的两个约束条件，出现环境障碍物隔断的情况，这需要进一步深入解决。

采用杨长辉等人提出的方法，定义环境障碍物准确率为

$$A_r = \frac{C_{rb}}{A_b} \times 100\% \tag{10-4}$$

式中，A_r 为重建的准确率；C_{rb} 为正确重建的环境障碍物个数；A_b 为实际环境障碍物的个数。

最终求取多组环境障碍物准确率的平均值为 82.5%，即本书中环境障碍物重建的准确率为 82.5%。

10.4　目标物抓取实验

10.4.1　抓取实验示例

实验过程中，$\left(p_{Cx}, p_{Cy}, p_{Cz}\right)$、$\left(p'_{Cx}, p'_{Cy}, p'_{Cz}\right)$ 和 $\left(p''_{Cx}, p''_{Cy}, p''_{Cz}\right)$ 分别代表双目摄像头第一次看到的目标物相对于坐标系 $\{C\}$ 的位置、双目跟踪到目标物后得到的位置和移动小车补偿后得到的目标物位置；$\left(p_{Gx}, p_{Gy}, p_{Gz}\right)$ 和 $\left(p'_{Gx}, p'_{Gy}, p'_{Gz}\right)$

分别代表目标物在大地坐标系中的理论位置值和实际位置值；$\left(p_{Ox}, p_{Oy}, p_{Oz}\right)$ 和 $\left(p'_{Ox}, p'_{Oy}, p'_{Oz}\right)$ 分别代表二次跟踪到的目标物在胸部中心坐标系 $\{O\}$ 中的位置和小车补偿后目标物在机器人胸部中心坐标系 $\{O\}$ 中的位置。

1．第一步

机器人抓取系统平台在实验刚开始时，机器人各个关节都处于初始状态，每个旋转角度和平移距离均为 0。故可在得到目标物位姿 ${}_{A}^{C}\boldsymbol{T}$ 之后，根据式（3-11），得到目标物在大地坐标系中的位姿 ${}_{A}^{G}\boldsymbol{T}$，如式（10-5）所示。

$$
\begin{aligned}
{}_{A}^{G}\boldsymbol{T} = {}_{C}^{G}\boldsymbol{T}\,{}_{A}^{C}\boldsymbol{T} &= \begin{bmatrix} 1 & 0 & 0 & -32.5 \\ 0 & 0 & 1 & 254.5 \\ 0 & -1 & 0 & 1050 \\ 0 & 0 & 0 & 1 \end{bmatrix} \begin{bmatrix} 0.8672 & -0.04662 & -0.4958 & 123.117 \\ -0.4348 & -0.5561 & -0.7083 & 204.16 \\ -0.2427 & 0.8298 & -0.5025 & 1151 \\ 0 & 0 & 0 & 1 \end{bmatrix} \\
&= \begin{bmatrix} 0.8672 & -0.04662 & -0.4958 & 90.62 \\ -0.2427 & 0.8298 & -0.5025 & 1405.5 \\ 0.4348 & 0.5561 & 0.7083 & 845.8 \\ 0 & 0 & 0 & 1 \end{bmatrix}
\end{aligned} \tag{10-5}
$$

根据上文，由 $p_{Cy} = 204.16 > 0$ 判断出目标物在双目摄像头视线以上，故将手臂末端执行器（手爪）中心到腰部模型的各个关节分别设置为10°、10°、30°、10°和−60°。根据式（4-7）和式（10-5），得到腰部在大地坐标系中的目标位姿 ${}_{W}^{G}\boldsymbol{T}_{\text{float}}$，如式（10-6）所示。

$$
{}_{W}^{G}\boldsymbol{T}_{\text{float}} = {}_{A}^{G}\boldsymbol{T}\,{}_{W}^{A}\boldsymbol{T} = \begin{bmatrix} 0.2441 & -0.9096 & -0.3362 & -203.8 \\ 0.103 & 0.369 & -0.9237 & 1079.0 \\ 0.9643 & 0.1909 & 0.1838 & 573.6 \\ 0 & 0 & 0 & 1 \end{bmatrix} \tag{10-6}
$$

2．第二步

根据式(4-12)和式(10-6)，得到小车到腰部模型中各个关节所需的运动量，如式(10-7)所示。

$$
\begin{cases} d_x = -203.8\text{mm} \\ d_y = 892.9\text{mm} \\ \theta_3 = 0° \\ \theta_4 = -20° \\ h_z = 28.64\text{mm} \\ \theta_6 = -10.59° \\ \theta_7 = -11.2° \end{cases} \tag{10-7}
$$

故在满足假设主作业臂已经成功抓取到目标物的条件下，求解到了抓取分支各关节的角度值。另外，在作业臂末端执行器到腰部和腰部到作业臂末端执行器两个模型中，所选取基坐标系的不同，导致在抓取分支中进行验证时，后 5 个关节角度值与给定角度值的正负是相反的，即主作业臂各个关节角度值分别为 60°、−10°、−30°、−10°、−10°。

3．第三步

对目标物实现连续跟踪，求解出机器人头部运动量为 $\alpha_1 = -7.39°$（抬头为正）、$\alpha_2 = -19.55°$（逆时针为正），此时将摄像头获取到的目标物的姿态记为 3×3 的方阵 $\boldsymbol{R}$，其位置为 $\left(p'_{Cx}, p'_{Cy}, p'_{Cz}\right) = (38.18, 62.87, 248)$。由于抓取目标物时位置影响较大，故在此处只考虑其位置的影响，将位置坐标转换到机器人胸部中心坐标系 $\{O\}$ 后，得到其位置坐标值为 $\left(p_{Ox}, p_{Oy}, p_{O_z}\right) = (129.5, -285.8, 111.3)$，即根据式（3-16）得到 ${}_A^O\boldsymbol{T}$（姿态为理想情况下的姿态），如式（10-8）所示。

$$
\begin{aligned}
{}_A^O\boldsymbol{T} = {}_C^O\boldsymbol{T}\,{}_A^C\boldsymbol{T} &= \begin{bmatrix} 0.04304 & -0.9917 & -0.1212 & 220.3 \\ 0.3318 & 0.1286 & -0.9345 & -74.8 \\ 0.9423 & 0 & 0.3346 & -7.704 \\ 0 & 0 & 0 & 1 \end{bmatrix} \begin{bmatrix} & \boldsymbol{R} & & 38.18 \\ & & & 62.87 \\ & & & 248 \\ 0 & 0 & 0 & 1 \end{bmatrix} \\
&= \begin{bmatrix} 0.5101 & 0.606 & 0.6103 & 129.5 \\ 0.761 & 0.01258 & -0.6486 & -285.8 \\ -0.4007 & 0.7954 & -0.4548 & 111.3 \\ 0 & 0 & 0 & 1 \end{bmatrix}
\end{aligned} \tag{10-8}
$$

式（10-8）中的 ${}_A^O\boldsymbol{T}$ 为图 4-6 中末端执行器期望达到的目标位姿。根据式（4-22）、数值法及式（10-8），求得符合作业臂各个关节限度的两组角度值，如式（10-9）所示。

$$
\begin{cases} \text{analysis}: \left(59.57°, -15.12°, -27.38°, -7.05°, -5.74°\right) \\ \text{iteration}: \left(60.83°, -23.33°, -31.60°, 8.996°, 1.91°\right) \end{cases} \tag{10-9}
$$

将两组解分别代入式（4-20）中，得到末端执行器实际达到的位姿 ${}_P^O\boldsymbol{T}_{\text{analysis}}$、${}_P^O\boldsymbol{T}_{\text{iteration}}$，分别如式（10-10）、式（10-11）所示。

$$
{}_P^O\boldsymbol{T}_{\text{analysis}} = \begin{bmatrix} 0.5176 & 0.5685 & 0.6395 & 102.4 \\ 0.7577 & 0.04282 & -0.6513 & -347.7 \\ -0.3976 & 0.8216 & -0.4086 & 125.2 \\ 0 & 0 & 0 & 1 \end{bmatrix} \tag{10-10}
$$

$$
{}_P^O\boldsymbol{T}_{\text{iteration}} = \begin{bmatrix} 0.3621 & 0.6102 & 0.7046 & 129.5 \\ 0.886 & 0.009612 & -0.4636 & -285.8 \\ -0.2897 & 0.7922 & -0.5372 & 111.3 \\ 0 & 0 & 0 & 1 \end{bmatrix} \tag{10-11}
$$

观察式（10-10）、式（10-11）得出，虽然两组解得到的姿态都与目标物实际的姿态不符，但是在抓取过程中，影响最大的是位置，只要位置在合理的误差范围内，都可以成功地抓取到目标物。本实验中，两组解都可以成功地抓取到目标物，但为了保证抓取的精度，本书使用迭代解来进行抓取。实验抓取过程如图 10-26 所示。

（a）初始状态　（b）腰部以下动作

（c）目标追踪前　（d）目标追踪后　（e）解析解　（f）数值解

图 10-26　实验抓取过程

图 10-26 展示了机器人从初始状态到抓取到目标物的整个运动过程。在图 10-26（a）所示的初始状态时，以移动平台所在位置的中心点为大地基坐标系 $\{G\}$，并通过视觉系统获取到目标物的位置信息后经过感知系统的变换，确定待抓取目标物在大地坐标系中的位姿关系，再给定主作业臂末端执行器抓取到目标物时的预设关节角度值，得到机器人下半身各个关节的运动量；图 10-26（b）所示为初始状态得到的下半身关节值下发至底层并驱动下半身动作至目标点后机器人的状态；图 10-26（c）表示下半身动作后，相机视野内看不到目标物；图 10-26（d）表示经过目标追踪后，目标物又出现在相机视野内并可获取到目标物相对于机器人胸部中心坐标系 $\{O\}$ 的位置信息；图 10-26（e）、图 10-26（f）分别表示采用不同求逆解的方法得到主作业臂各个关节角度值并下发至驱动舵机完成抓取任务。

10.4.2　误差校正

当小车运动量和机器人自身结构的误差较大时，采用本书提出的模型分离逆运动学算法也会求不出合适的解，此时，为了能够成功抓取到目标物，需要移动小车来补偿其误差，具体方法如下。

（1）获取到第一次看到的目标物在大地坐标系的位姿 ${}^{G}_{A}\boldsymbol{T}$ 。

（2）当小车、机器人脚部和腰部都运动到指定位置后，获取到摄像头追踪到的目标物相对于机器人胸部中心坐标系 $\{O\}$ 的位姿 ${}^{O}_{A}\boldsymbol{T}$ 。

（3）找出机器人胸部中心 $\{O\}$ 与腰部末端执行器坐标系 $\{W\}$ 之间的关系 ${}^{W}_{O}\boldsymbol{T}$ ，如式（10-12）所示。

$$
{}_{O}^{W}\boldsymbol{T}=\begin{bmatrix}1 & 0 & 0 & 275\\ 0 & 0 & -1 & 0\\ 0 & 1 & 0 & 0\\ 0 & 0 & 0 & 1\end{bmatrix} \tag{10-12}
$$

（4）将小车、机器人脚部和腰部关节的运动量代入式（4-9）中，得到 ${}_{W}^{G}\boldsymbol{T}'$ 。故得到目标物相对于大地坐标系的实际位姿为 ${}_{W}^{G}\boldsymbol{T}'{}_{O}^{W}\boldsymbol{T}{}_{A}^{O}\boldsymbol{T}$ ，并将其记为 ${}_{A}^{G}\boldsymbol{T}'$ 。

（5）综上可知，${}_{A}^{G}\boldsymbol{T}$ 与 ${}_{A}^{G}\boldsymbol{T}'$ 分别为目标物在大地坐标系中的理论位姿和实测位姿，但在此处只比较两者的位置关系，这是因为 ${}_{A}^{G}\boldsymbol{T}$ 是将末端执行器旋转至与大地基坐标系一致，而 ${}_{A}^{G}\boldsymbol{T}'$ 没有，所以两者的姿态会有差异，但位置值在理论上是相等的。故运动结束后的小车在 x 、 y 方向还需要补偿的值分别为 d_x' 与 d_y'，如式（10-13）所示。

$$
d_x' = {}_{A}^{G}\boldsymbol{T}(1,4) - {}_{A}^{G}\boldsymbol{T}'(1,4) \quad d_y' = {}_{A}^{G}\boldsymbol{T}(2,4) - {}_{A}^{G}\boldsymbol{T}'(2,4) \tag{10-13}
$$

（6）将小车分别沿 x 、 y 方向移动 d_x' 、 d_y' 后，由于是微量的补偿，双目摄像头仍可以观测到目标物，故可以继续使用牛顿迭代法进行逆运动学的求解。

所以，当出现该种情况时，本书将利用上述方法进行误差的补偿，从而解决求不出合适解的问题，以下将对该种情况进行实验。

刚开始进行抓取实验时，目标物在大地中的位姿 ${}_{A}^{G}\boldsymbol{T}$ 如式（10-14）所示。

$$
{}_{A}^{G}\boldsymbol{T} = {}_{C}^{G}\boldsymbol{T}{}_{A}^{C}\boldsymbol{T} = \begin{bmatrix}0.9341 & -0.07268 & 0.3494 & 22.3\\ 0.3527 & 0.3372 & -0.8728 & 1234.0\\ -0.05439 & 0.9386 & 0.3406 & 1164.0\\ 0 & 0 & 0 & 1\end{bmatrix} \tag{10-14}
$$

根据式（4-6）、式（10-14），给定手臂末端执行器（手爪）中心到腰部模型的各个关节角度值为 0°、45°、20°、5° 和 −110° 时，得到腰部在大地坐标系中的位姿 ${}_{W}^{G}\boldsymbol{T}'$ ，如式（10-15）所示。

$$
{}_{W}^{G}\boldsymbol{T}' = {}_{A}^{G}\boldsymbol{T}{}_{W}^{A}\boldsymbol{T} = \begin{bmatrix}0.3472 & -0.7818 & 0.518 & -153.1\\ 0.0567 & -0.5338 & -0.8437 & 854.4\\ 0.9361 & 0.3223 & -0.141 & 611.6\\ 0 & 0 & 0 & 1\end{bmatrix} \tag{10-15}
$$

根据式（4-12）、式（10-15），得到小车到腰部模型中各个关节所需的运动量，如式（10-16）所示。

$$
\begin{cases} d_x = -153.1\text{mm}\\ d_y = 668.4\text{mm}\\ \theta_3 = 0°\\ \theta_4 = 31.55°\\ h_z = 66.56\text{mm}\\ \theta_6 = 8.106°\\ \theta_7 = -19° \end{cases} \tag{10-16}
$$

当腰部达到“悬浮”状态后，利用高斯牛顿算法，求解出机器人连续追踪目标物时，头部需要转动的角度值$\alpha_1 = 20.67°$（抬头为正）、$\alpha_2 = -31.31°$（逆时针为正）。且获取到目标物此时相对于坐标系$\{C\}$的位置坐标为$\left(p'_{Cx}, p'_{Cy}, p'_{Cz}\right) = (-42.4878, 0.7516, 232)$，故根据式（3-16）得到${}^O_A\boldsymbol{T}$，如式（10-17）所示。

$$
{}^O_A\boldsymbol{T} = {}^O_C\boldsymbol{T}\,{}^C_A\boldsymbol{T} = \begin{bmatrix} 0.3907 & 0.2934 & 0.8725 & 333.7 \\ 0.8694 & 0.1939 & -0.4545 & -276.9 \\ -0.3026 & 0.9361 & -0.1793 & 92.09 \\ 0 & 0 & 0 & 1 \end{bmatrix} \tag{10-17}
$$

根据式（10-17）中的目标位姿，利用解析法和迭代法都求不出合适的逆解。因此，采用上文中提到的利用小车的移动对误差进行补偿。具体过程如下。

（1）根据式（10-14），得到理论上目标物相对于大地坐标系的目标位姿${}^G_A\boldsymbol{T}$，其中位置值为$\left(p_{Gx}, p_{Gy}, p_{Gz}\right) = (22.3, 1234, 1164)$。

（2）根据式（10-12）、式（10-15）和式（10-17），得到目标物在大地坐标系中的实际位姿${}^G_A\boldsymbol{T}'$，如式（10-18）所示。

$$
{}^G_A\boldsymbol{T}' = {}^G_W\boldsymbol{T}'\,{}^W_O\boldsymbol{T}\,{}^O_A\boldsymbol{T} \tag{10-18}
$$

其中，${}^G_A\boldsymbol{T}'$的位置为$\left(p'_{Gx}, p'_{Gy}, p'_{Gz}\right) = (-13.21, 1172, 1191)$。利用移动小车来补偿该误差时，只能补偿其在$x$、$y$方向上的误差。故为了满足$\left(p_{Gx}, p_{Gy}\right)$与$\left(p'_{Gx}, p'_{Gy}\right)$相等的条件，小车需要沿$x$、$y$方向移动的距离如式（10-19）所示。

$$
\begin{aligned} d'_x &= 35.51\text{mm} \\ d'_y &= 62\text{mm} \end{aligned} \tag{10-19}
$$

当小车移动到最终指定的位置后，再使用摄像头读取目标物的位置为$\left(p''_{Cx}, p''_{Cy}, p''_{Cz}\right) = (65.1125, 28.458, 288)$，转换到机器人胸部中心坐标系$\{O\}$中的位置为$\left(p'_{Ox}, p'_{Oy}, p'_{Oz}\right) = (304.9, -279.2, 213.1)$。此时得到的${}^O_A\boldsymbol{T}'$如式（10-20）所示。

$$
{}^O_A\boldsymbol{T}' = {}^O_C\boldsymbol{T}\,{}^C_A\boldsymbol{T}' = \begin{bmatrix} 0.3907 & 0.2934 & 0.8725 & 304.9 \\ 0.8694 & 0.1939 & -0.4545 & -279.2 \\ -0.3026 & 0.9361 & -0.1793 & 213.1 \\ 0 & 0 & 0 & 1 \end{bmatrix} \tag{10-20}
$$

将${}^O_A\boldsymbol{T}'$作为手臂末端执行器的目标位姿，通过牛顿迭代法和解析法求得合适的逆解，即在关节限度内的各个角度值，如式（10-21）所示。

$$
\begin{cases} \text{analysis}: \left(106.81°, -21.44°, -29.14°, -35.05°, 17.66°\right) \\ \text{iteration}: \left(103.4°, -26.07°, -30.84°, -25.69°, 20.47°\right) \end{cases} \tag{10-21}
$$

将两组解分别代入式（4-20）中，得到末端执行器实际达到的位姿${}^O_P\boldsymbol{T}_{\text{analysis}}$、${}^O_P\boldsymbol{T}_{\text{iteration}}$，分别如式（10-22）、式（10-23）所示。

$$
{}_P^O\boldsymbol{T}_{\text{analysis}} = \begin{bmatrix} 0.3891 & 0.2684 & 0.8812 & 313.6 \\ 0.8755 & 0.1898 & -0.4444 & -296.4 \\ -0.2865 & 0.9444 & -0.1611 & 218.6 \\ 0 & 0 & 0 & 1 \end{bmatrix} \tag{10-22}
$$

$$
{}_P^O\boldsymbol{T}_{\text{iteration}} = \begin{bmatrix} 0.3285 & 0.3164 & 0.89 & 305.1 \\ 0.8994 & 0.1829 & -0.397 & -279.0 \\ -0.2883 & 0.9309 & -0.2245 & 213.1 \\ 0 & 0 & 0 & 1 \end{bmatrix} \tag{10-23}
$$

由式（10-22）、式（10-23）可知，追踪位置与目标物实际位置的误差在允许范围内，故两组解都可以成功地抓取到目标物。

图 10-27（a）表示没有进行误差校正时，相机视野中末端执行器对目标物的抓取状态；图 10-27（b）表示没有进行误差校正时，机器人末端执行器抓取目标物的实际状态；图 10-27（c）表示校正误差后，主作业臂成功抓取到目标物的状态。

（a）追踪目标物

（b）误差补偿前抓取

（c）误差补偿后抓取

图 10-27　校正误差后抓取目标物实验

10.4.3　双臂抓取实验

本书中，当主作业系统在抓取被障碍物遮挡的目标物时，若不存在无碰撞路径或规划的无碰撞路径不合理时，可以采取辅助作业臂将环境障碍物拉开，再使用主作业臂抓取目标物。其中，为了主辅作业臂能够协调抓取，机器人脚部旋转的角度尽可能小。同时，辅助作业臂末端执行器的目标环境障碍物点也与待抓取目标物保持了一定的距离，实验过程如图 10-28 所示。

图 10-28（a）表示相机识别到的被障碍物遮挡住的待抓取目标物；图 10-28（b）、图 10-28（c）分别表示辅助作业臂拨开树枝后，主作业臂抓取到目标物时相机中检测到的状态和现场实际抓取状态。

因此，当待抓取目标物隐藏在障碍物后面，且无碰撞路径规划不合理时，可以采用辅助作业臂协助主作业系统完成作业任务。

（a）隐藏目标物

（b）追踪目标物

（c）双臂抓取目标物

图 10-28　双臂抓取实验

综合以上实验得出，机器人平台的平均抓取成功率达 97%，且从主作业臂开始动作到抓取成功的平均抓取时间为 8.2s。

10.5　本章小结

本章首先通过 MATLAB 机器人工具箱对建立的模型进行了仿真实验。然后根据第 9 章中提出的控制算法，在 ROS 系统下编写控制程序，在机器人上进行了实时的控制实验，并对实验过程的误差进行了校正；最后使用主辅作业臂对隐藏在障碍物后的目标物进行抓取实验。

习　题　10

10.1 设计并实践目标物识别算法。

10.2 设计并实践环境障碍物识别算法。

10.3 设计并实践环境障碍物重建算法。

10.4 设计并实践基于双目视觉信息的闭环控制算法。

10.5 设计并实践地图构建程序。

思政内容

参 考 文 献

[1] 乌尔里希·森德勒. 工业4.0：即将来袭的第四次工业革命[M]. 邓敏，李现民，译. 北京：机械工业出版社，2014.

[2] 王耀南，梁桥康，朱江，等. 机器人环境感知与控制技术[M]. 北京：机械工业出版社，2019.

[3] NICOLA S, DANIELE D S, LEONARDO L, et al. MPC for Humanoid Gait Generation: Stability and Feasibility[J]. IEEE TRANSACTIONS ON ROBOTICS, 2020, 36(4):1171-1188.

[4] ZHANG Y, HUANG H, YAN X, et al. Inverse-free solution to inverse kinematics of two-wheeled mobile robot system using gradient dynamics method[C]//2016 3rd International Conference on Systems and Informatics(ICSAI). IEEE, 2016: 126-132.

[5] 中国科学院. 中国机器人标准化白皮书（2017）[R/OL]. （2017-10-25）[2017-10-25].

[6] KLEIN C A, HUANG C H. Review of pseudoinverse control for use with kinematically redundant manipulators[J]. IEEE Transactions on Systems, Man, and Cybernetics, 1983(2): 245-250.

[7] TCHOŃ K, JAKUBIAK J. Endogenous configuration space approach to mobile manipulators: a derivation and performance assessment of Jacobian inverse kinematics algorithms[J]. International Journal of Control, 2003, 76(14): 1387-1419.

[8] BUSS S R. Introduction to inverse kinematics with jacobian transpose, pseudoinverse and damped least squares methods[J]. IEEE Journal of Robotics and Automation, 2004, 17(1-19): 16.

[9] TCHOŃ K, JAKUBIAK J, MAŁEK Ł. Dynamic Jacobian inverses of mobile manipulator kinematics[M]//Advances in robot kinematics: Motion in man and machine. Springer, Dordrecht, 2010: 11-21.

[10] GALICKI M. Inverse kinematics solution to mobile manipulators[J]. The International Journal of Robotics Research, 2003, 22(12): 1041-1064.

[11] ARISTIDOU A, LASENBY J. Inverse kinematics: a review of existing techniques and introduction of a new fast iterative solver[J]. 2009:1-60.

[12] ARISTIDOU A, CHRYSANTHOU Y, LASENBY J. Extending FABRIK with model constraints[J]. Computer Animation and Virtual Worlds, 2016, 27(1): 35-57.

[13] GOTTSCHALK S, LIN M C, MANOCHA D. OBBTree: A hierarchical structure for rapid interference detection[C]//Proceedings of the 23rd annual conference on Computer graphics and interactive techniques. 1996: 171-180.
[14] 华为技术有限公司. 全球产业展望 GIV 2025[R/OL]. （2018-04-17）[2018-04-17].
[15] LI Q, MU Y, YOU Y, et al. A hierarchical motion planning for mobile manipulator[J]. IEEJ Transactions on Electrical and Electronic Engineering, 2020, 15(9): 1390-1399.
[16] 李峰. 2（3-RPS）并串机器人运动构型的位置正解分析[J]. 机械传动，2018，42（2）：76-80+86.
[17] 左富勇. 基于 MATLAB Robotics 工具箱的 SCARA 机器人轨迹规划与仿真[J]. 湖南科技大学学报（自然科学版），2012，27（2）：41-44.
[18] ROKBANI N, ALIMI A M. Inverse kinematics using particle swarm optimization, a statistical analysis[J]. Procedia Engineering, 2013, 64: 1602-1611.
[19] DUKA A V. ANFIS based Solution to the Inverse Kinematics of a 3DOF planar Manipulator[J]. Procedia Technology, 2015, 19: 526-533.
[20] RAM R V, PATHAK P M, JUNCO S J. Inverse kinematics of mobile manipulator using bidirectional particle swarm optimization by manipulator decoupling[J]. Mechanism and Machine Theory, 2019, 131: 385-405.
[21] 张慧娟. 复杂环境下 RGB-D 同时定位与建图算法研究[D]. 北京：中国科学院大学（中国科学院宁波材料技术与工程研究所），2019.
[22] 彭亚丽. 三维重建的若干关键技术研究[D]. 西安：西安电子科技大学，2013.
[23] 慈文彦，黄影平，胡兴. 视觉里程计算法研究综述[J]. 计算机应用研究，2019，36（9）：2561-2568.
[24] LOWE D G. Distinctive image features from scale-invariant keypoints[J]. International journal of computer vision, 2004, 60(2): 91-110.
[25] BAY H, TUYTELAARS T, VAN G L. Surf: Speeded up robust features[C]. European conference on computer vision, 2006: 404-417.
[26] RUBLEE E, RABAUD V, KONOLIGE K, et al. ORB: An efficient alternative to SIFT or SURF[C]. 2011 International conference on computer vision, 2011: 2564-2571.
[27] 吴文欢. 计算机视觉中立体匹配相关问题研究[D]. 西安：西安理工大学，2020.
[28] 谢榛. 基于无人机视觉的场景感知方法研究[D]. 杭州：浙江工业大学，2017.
[29] BESL P J, MCKAY N D. Method for registration of 3-D shapes[C]. Sensor fusion IV: control paradigms and data structures, 1992: 586-606.
[30] WILLIAMS B, CUMMINS M, NEIRA J, et al. A comparison of loop closing techniques in monocular SLAM[J]. Robotics and Autonomous Systems, 2009, 57(12): 1188-1197.
[31] JAIN A K. Data clustering: 50 years beyond K-means[J]. Pattern recognition letters, 2010, 31(8): 651-666.
[32] KONOLIGE K, AGRAWAL M. FrameSLAM: From bundle adjustment to real-time visual mapping[J]. IEEE Transactions on Robotics, 2008, 24 (5): 1066-1077.

[33] 吴荻. 基于立体视觉里程计的地下铲运机定位技术研究[D]. 北京：北京科技大学，2019.

[34] MUJA M, LOWE D G. Fast approximate nearest neighbors with automatic algorithm configuration[J]. VISAPP, 2009, 2: 331-340.

[35] 李科. 移动机器人全景视觉归航技术研究[D]. 哈尔滨：哈尔滨工程大学，2011.

[36] 何凯文. 基于综合特征 SLAM 的无人机多传感器融合导航算法研究[D]. 上海：上海交通大学，2018.

[37] GIRSHICK R, DONAHUE J, DARRELL T, et al. Rich feature hierarchies for accurate object detection and semantic segmentation[C]. Proceedings of the IEEE conference on computer vision and pattern recognition, 2014: 580-587.

[38] GIRSHICK R. Fast r-cnn[C]. Proceedings of the IEEE international conference on computer vision, 2015: 1440-1448.

[39] REN S, HE K, GIRSHICK R, et al. Faster r-cnn: Towards real-time object detection with region proposal networks[J]. IEEE transactions on pattern analysis and machine intelligence, 2016, 39(6): 1137-1149.

[40] REDMON J, DIVVALA S, GIRSHICK R, et al. You only look once: Unified, real-time object detection[C]. Proceedings of the IEEE conference on computer vision and pattern recognition, 2016: 779-788.

[41] LIU W, ANGUELOV D, ERHAN D, et al. Ssd: Single shot multibox detector[C]. European conference on computer vision, 2016: 21-37.

[42] 刘传领. 基于势场法和遗传算法的机器人路径规划技术研究[D]. 南京：南京理工大学，2012.

[43] 黄辰. 基于智能优化算法的移动机器人路径规划与定位方法研究[D]. 大连：大连交通大学, 2018.

[44] EUN Y, BANG H. Cooperative task assignment/path planning of multiple unmanned aerial vehicles using genetic algorithm[J]. Journal of aircraft, 2009, 46(1): 338-343.

[45] HART P E, NILSSON N J, RAPHAEL B. A formal basis for the heuristic determination of minimum cost paths[J]. IEEE transactions on Systems Science and Cybernetics, 1968, 4(2): 100-107.

[46] WANG H, YU Y, YUAN Q. Application of Dijkstra algorithm in robot path-planning[C]. second international conference on mechanic automation and control engineering, 2011: 1067-1069.

[47] LAVALLE S M. Rapidly-exploring random trees: A new tool for path planning[J]. 1998:1-4.

[48] LAVALLE S M, KUFFNER J J. Rapidly-exploring random trees: Progress and prospects[J]. Algorithmic and computational robotics: new directions, 2001(5): 293-308.

[49] KARAMAN S, FRAZZOLI E. Sampling-based algorithms for optimal motion planning[J]. The international journal of robotics research, 2011, 30(7): 846-894.

附录A 网络配置参数

```
[net]
#Testing
#batch=1
#subdivisions=1
#Training
batch= 64                    #batch 表示一次训练要输入的图片张数
subdivisions= 16             #subdvisions 表示这 64 张图片分 16 次输完
width=416                    #对输入任意尺寸的图片规整尺寸
height=416
channels=3                   #输入图片一共 3 个通道
momentum=0.9                 #动量参数
decay=0.0005                 #权重衰减正则项
angle=0
saturation = 1.5
exposure = 1.5
hue=.1

learning_rate=0.001
burn_in=1000
max_batches = 50200
policy=steps
steps=40000,45000
scales=.1,.1

[convolutional]
batch_normalize=1
filters=32
size=3
stride=1
pad=1
activation=leaky

#Downsample

[convolutional]
batch_normalize=1
filters=64
```

```
size=3
stride=2
pad=1
activation=leaky

[convolutional]
batch_normalize=1
filters=32
size=1
stride=1
pad=1
activation=leaky

[convolutional]
batch_normalize=1
filters=64
size=3
stride=1
pad=1
activation=leaky

[shortcut]
from=-3
activation=linear

#Downsample

[convolutional]
batch_normalize=1
filters=128
size=3
stride=2
pad=1
activation=leaky

[convolutional]
batch_normalize=1
filters=64
size=1
stride=1
pad=1
activation=leaky

[convolutional]
batch_normalize=1
filters=128
size=3
```

```
stride=1
pad=1
activation=leaky

[shortcut]
from=-3
activation=linear

[convolutional]
batch_normalize=1
filters=64
size=1
stride=1
pad=1
activation=leaky

[convolutional]
batch_normalize=1
filters=128
size=3
stride=1
pad=1
activation=leaky

[shortcut]
from=-3
activation=linear

#Downsample

[convolutional]
batch_normalize=1
filters=256
size=3
stride=2
pad=1
activation=leaky

[convolutional]
batch_normalize=1
filters=128
size=1
stride=1
pad=1
activation=leaky

[convolutional]
```

```
batch_normalize=1
filters=256
size=3
stride=1
pad=1
activation=leaky

[shortcut]
from=-3
activation=linear

[convolutional]
batch_normalize=1
filters=128
size=1
stride=1
pad=1
activation=leaky

[convolutional]
batch_normalize=1
filters=256
size=3
stride=1
pad=1
activation=leaky

[shortcut]
from=-3
activation=linear

[convolutional]
batch_normalize=1
filters=128
size=1
stride=1
pad=1
activation=leaky

[convolutional]
batch_normalize=1
filters=256
size=3
stride=1
pad=1
activation=leaky
```

```
[shortcut]
from=-3
activation=linear

[convolutional]
batch_normalize=1
filters=128
size=1
stride=1
pad=1
activation=leaky

[convolutional]
batch_normalize=1
filters=256
size=3
stride=1
pad=1
activation=leaky

[shortcut]
from=-3
activation=linear


[convolutional]
batch_normalize=1
filters=128
size=1
stride=1
pad=1
activation=leaky

[convolutional]
batch_normalize=1
filters=256
size=3
stride=1
pad=1
activation=leaky

[shortcut]
from=-3
activation=linear

[convolutional]
batch_normalize=1
```

```
filters=128
size=1
stride=1
pad=1
activation=leaky

[convolutional]
batch_normalize=1
filters=256
size=3
stride=1
pad=1
activation=leaky

[shortcut]
from=-3
activation=linear

[convolutional]
batch_normalize=1
filters=128
size=1
stride=1
pad=1
activation=leaky

[convolutional]
batch_normalize=1
filters=256
size=3
stride=1
pad=1
activation=leaky

[shortcut]
from=-3
activation=linear

[convolutional]
batch_normalize=1
filters=128
size=1
stride=1
pad=1
activation=leaky

[convolutional]
```

```
batch_normalize=1
filters=256
size=3
stride=1
pad=1
activation=leaky

[shortcut]
from=-3
activation=linear

#Downsample

[convolutional]
batch_normalize=1
filters=512
size=3
stride=2
pad=1
activation=leaky

[convolutional]
batch_normalize=1
filters=256
size=1
stride=1
pad=1
activation=leaky

[convolutional]
batch_normalize=1
filters=512
size=3
stride=1
pad=1
activation=leaky

[shortcut]
from=-3
activation=linear


[convolutional]
batch_normalize=1
filters=256
size=1
stride=1
```

```
pad=1
activation=leaky

[convolutional]
batch_normalize=1
filters=512
size=3
stride=1
pad=1
activation=leaky

[shortcut]
from=-3
activation=linear


[convolutional]
batch_normalize=1
filters=256
size=1
stride=1
pad=1
activation=leaky

[convolutional]
batch_normalize=1
filters=512
size=3
stride=1
pad=1
activation=leaky

[shortcut]
from=-3
activation=linear

[convolutional]
batch_normalize=1
filters=256
size=1
stride=1
pad=1
activation=leaky

[convolutional]
batch_normalize=1
filters=512
```

```
size=3
stride=1
pad=1
activation=leaky

[shortcut]
from=-3
activation=linear

[convolutional]
batch_normalize=1
filters=256
size=1
stride=1
pad=1
activation=leaky

[convolutional]
batch_normalize=1
filters=512
size=3
stride=1
pad=1
activation=leaky

[shortcut]
from=-3
activation=linear

[convolutional]
batch_normalize=1
filters=256
size=1
stride=1
pad=1
activation=leaky

[convolutional]
batch_normalize=1
filters=512
size=3
stride=1
pad=1
activation=leaky

[shortcut]
from=-3
```

```
activation=linear

[convolutional]
batch_normalize=1
filters=256
size=1
stride=1
pad=1
activation=leaky

[convolutional]
batch_normalize=1
filters=512
size=3
stride=1
pad=1
activation=leaky

[shortcut]
from=-3
activation=linear

[convolutional]
batch_normalize=1
filters=256
size=1
stride=1
pad=1
activation=leaky

[convolutional]
batch_normalize=1
filters=512
size=3
stride=1
pad=1
activation=leaky

[shortcut]
from=-3
activation=linear

#Downsample

[convolutional]
batch_normalize=1
filters=1024
```

```
size=3
stride=2
pad=1
activation=leaky

[convolutional]
batch_normalize=1
filters=512
size=1
stride=1
pad=1
activation=leaky

[convolutional]
batch_normalize=1
filters=1024
size=3
stride=1
pad=1
activation=leaky

[shortcut]
from=-3
activation=linear

[convolutional]
batch_normalize=1
filters=512
size=1
stride=1
pad=1
activation=leaky

[convolutional]
batch_normalize=1
filters=1024
size=3
stride=1
pad=1
activation=leaky

[shortcut]
from=-3
activation=linear

[convolutional]
batch_normalize=1
```

```
filters=512
size=1
stride=1
pad=1
activation=leaky

[convolutional]
batch_normalize=1
filters=1024
size=3
stride=1
pad=1
activation=leaky

[shortcut]
from=-3
activation=linear

[convolutional]
batch_normalize=1
filters=512
size=1
stride=1
pad=1
activation=leaky

[convolutional]
batch_normalize=1
filters=1024
size=3
stride=1
pad=1
activation=leaky

[shortcut]
from=-3
activation=linear

######################

[convolutional]
batch_normalize=1
filters=512
size=1
stride=1
pad=1
activation=leaky
```

```
[convolutional]
batch_normalize=1
size=3
stride=1
pad=1
filters=1024
activation=leaky

[convolutional]
batch_normalize=1
filters=512
size=1
stride=1
pad=1
activation=leaky

[convolutional]
batch_normalize=1
size=3
stride=1
pad=1
filters=1024
activation=leaky

[convolutional]
batch_normalize=1
filters=512
size=1
stride=1
pad=1
activation=leaky

[convolutional]
batch_normalize=1
size=3
stride=1
pad=1
filters=1024
activation=leaky

[convolutional]
size=1
stride=1
pad=1
filters=75
activation=linear
```

```
[yolo]
mask = 6,7,8
anchors = 10,13,  16,30,  33,23,  30,61,  62,45,  59,119,  116,90,
156,198,  373,326
classes=20
num=9
jitter=.3
ignore_thresh = .5
truth_thresh = 1
random=1

[route]
layers = -4

[convolutional]
batch_normalize=1
filters=256
size=1
stride=1
pad=1
activation=leaky

[upsample]
stride=2

[route]
layers = -1, 61

[convolutional]
batch_normalize=1
filters=256
size=1
stride=1
pad=1
activation=leaky

[convolutional]
batch_normalize=1
size=3
stride=1
pad=1
filters=512
activation=leaky

[convolutional]
batch_normalize=1
```

```
filters=256
size=1
stride=1
pad=1
activation=leaky

[convolutional]
batch_normalize=1
size=3
stride=1
pad=1
filters=512
activation=leaky

[convolutional]
batch_normalize=1
filters=256
size=1
stride=1
pad=1
activation=leaky

[convolutional]
batch_normalize=1
size=3
stride=1
pad=1
filters=512
activation=leaky

[convolutional]
size=1
stride=1
pad=1
filters=75
activation=linear

[yolo]
mask = 3,4,5
anchors = 10,13,  16,30,  33,23,  30,61,  62,45,  59,119,  116,90,
156,198,  373,326
classes=20
num=9
jitter=.3
ignore_thresh = .5
truth_thresh = 1
random=1
```

```
[route]
layers = -4

[convolutional]
batch_normalize=1
filters=128
size=1
stride=1
pad=1
activation=leaky

[upsample]
stride=2

[route]
layers = -1, 36

[convolutional]
batch_normalize=1
filters=128
size=1
stride=1
pad=1
activation=leaky

[convolutional]
batch_normalize=1
size=3
stride=1
pad=1
filters=256
activation=leaky

[convolutional]
batch_normalize=1
filters=128
size=1
stride=1
pad=1
activation=leaky

[convolutional]
batch_normalize=1
size=3
stride=1
pad=1
```

```
    filters=256
    activation=leaky

    [convolutional]
    batch_normalize=1
    filters=128
    size=1
    stride=1
    pad=1
    activation=leaky

    [convolutional]
    batch_normalize=1
    size=3
    stride=1
    pad=1
    filters=256
    activation=leaky

    [convolutional]
    size=1
    stride=1
    pad=1
    filters=75
    activation=linear

    [yolo]
    mask = 0,1,2
    anchors = 10,13,  16,30,  33,23,  30,61,  62,45,  59,119,  116,90,
156,198,  373,326
    classes=20
    num=9
    jitter=.3
    ignore_thresh = .5
    truth_thresh = 1
    random=1
```

附录 B　*P-R* 曲线绘制代码

通过 *P-R* 曲线计算 mAP 值，并衡量模型性能，绘制 *P-R* 曲线。

```
import cPickle
import matplotlib.pyplot as plt
fr = open('testball/ball_pr.pkl','rb')
inf = cPickle.load(fr)
fr.close()

x=inf['rec']
y=inf['prec']
plt.figure()
plt.xlabel('recall')
plt.ylabel('precision')
plt.title('PR cruve')
plt.plot(x,y)
plt.show()
print('AP:',inf['ap'])
```

聚类出先验框：

```
from os import listdir
from os.path import isfile, join
import argparse
#import cv2
import numpy as np
import sys
import os
import shutil
import random
import math

width_in_cfg_file = 608 # 1280
height_in_cfg_file = 608 # 720

def IOU(x,centroids):
    similarities = []
    k = len(centroids)
    for centroid in centroids:
```

```
            c_w,c_h = centroid
            w,h = x
            if c_w>=w and c_h>=h:
                similarity = w*h/(c_w*c_h)
            elif c_w>=w and c_h<=h:
                similarity = w*c_h/(w*h + (c_w-w)*c_h)
            elif c_w<=w and c_h>=h:
                similarity = c_w*h/(w*h + c_w*(c_h-h))
            else: #means both w,h are bigger than c_w and c_h respectively
                similarity = (c_w*c_h)/(w*h)
            similarities.append(similarity) # will become (k,) shape
        return np.array(similarities)

    def avg_IOU(X,centroids):
        n,d = X.shape
        sum = 0.
        for i in range(X.shape[0]):
            #note IOU() will return array which contains IoU for each centroid
and X[i] // slightly ineffective, but I am too lazy
            sum+= max(IOU(X[i],centroids))
        return sum/n

    def write_anchors_to_file(centroids,X,anchor_file):
        f = open(anchor_file,'w')

        anchors = centroids.copy()
        print(anchors.shape)

        for i in range(anchors.shape[0]):
            anchors[i][0]*=width_in_cfg_file/32.
            anchors[i][1]*=height_in_cfg_file/32.


        widths = anchors[:,0]
        sorted_indices = np.argsort(widths)

        print('Anchors = ', anchors[sorted_indices])

        for i in sorted_indices[:-1]:
            f.write('%0.2f,%0.2f, '%(anchors[i,0],anchors[i,1]))

        #there should not be comma after last anchor, that's why
        f.write('%0.2f,%0.2f\n'%(anchors[sorted_indices[-1:],0],anchors
[sorted_indices[-1:],1]))

        f.write('%f\n'%(avg_IOU(X,centroids)))
        print()
```

```
def kmeans(X,centroids,eps,anchor_file):

    N = X.shape[0]
    iterations = 0
    k,dim = centroids.shape
    prev_assignments = np.ones(N)*(-1)
    iter = 0
    old_D = np.zeros((N,k))

    while True:
        D = []
        iter+=1
        for i in range(N):
            d = 1 - IOU(X[i],centroids)
            D.append(d)
        D = np.array(D) # D.shape = (N,k)

        print("iter {}: dists = {}".format(iter,np.sum(np.abs(old_D-
D))))

        #assign samples to centroids
        assignments = np.argmin(D,axis=1)

        if (assignments == prev_assignments).all() :
            print("Centroids = ",centroids)
            write_anchors_to_file(centroids,X,anchor_file)
            return

        #calculate new centroids
        centroid_sums=np.zeros((k,dim),np.float)
        for i in range(N):
            centroid_sums[assignments[i]]+=X[i]
        for j in range(k):
            centroids[j] = centroid_sums[j]/(np.sum(assignments==j))

        prev_assignments = assignments.copy()
        old_D = D.copy()

def main(argv):
    parser = argparse.ArgumentParser()
    parser.add_argument('-filelist', default = '2007_train.txt',
                        help='path to filelist\n' )
    parser.add_argument('-output_dir', default = 'generated_anchors/
anchors', type = str,
                        help='Output anchor directory\n' )
    parser.add_argument('-num_clusters', default = 9, type = int,
```

```
                            help='number of clusters\n' )


        args = parser.parse_args()

        if not os.path.exists(args.output_dir):
            os.mkdir(args.output_dir)

        f = open(args.filelist)

        lines = [line.rstrip('\n') for line in f.readlines()]

        annotation_dims = []

        size = np.zeros((1,1,3))
        for line in lines:

            #line = line.replace('images','labels')
            #line = line.replace('img1','labels')
            line = line.replace('JPEGImages','labels')


            line = line.replace('.jpg','.txt')
            line = line.replace('.png','.txt')
            print(line)
            f2 = open(line)
            for line in f2.readlines():
                line = line.rstrip('\n')
                w,h = line.split(' ')[3:]
                #print(w,h)
                annotation_dims.append(tuple(map(float,(w,h))))
        annotation_dims = np.array(annotation_dims)

        eps = 0.005

        if args.num_clusters == 0:
            for num_clusters in range(1,11): #we make 1 through 10 clusters
                anchor_file = join( args.output_dir,'anchors%d.txt'%(num_
clusters))

                indices = [ random.randrange(annotation_dims.shape[0]) for
i in range(num_clusters)]
                centroids = annotation_dims[indices]
                kmeans(annotation_dims,centroids,eps,anchor_file)
                print('centroids.shape', centroids.shape)
        else:
            anchor_file = join( args.output_dir,'anchors%d.txt'%(args.num_
```

```
clusters))
            indices = [ random.randrange(annotation_dims.shape[0]) for i in
range(args.num_clusters)]
            centroids = annotation_dims[indices]
            kmeans(annotation_dims,centroids,eps,anchor_file)
            print('centroids.shape', centroids.shape)

   if __name__=="__main__":
       main(sys.argv)
```

附录 C　网络训练过程代码

物体识别方法部分代码如下。

训练：

```
void train_detector(char *datacfg, char *cfgfile, char *weightfile, int *
gpus, int ngpus, int clear)
{
    list *options = read_data_cfg(datacfg);
    char *train_images = option_find_str(options, "train", "data/train.
list");
    char   *backup_directory   =   option_find_str(options,   "backup",
"/backup/");

    srand(time(0));
    char *base = basecfg(cfgfile);
    printf("%s\n", base);
    float avg_loss = -1;
    network **nets = calloc(ngpus, sizeof(network));

    srand(time(0));
    int seed = rand();
    int i;
    for(i = 0; i < ngpus; ++i){
        srand(seed);
#ifdef GPU
        cuda_set_device(gpus[i]);
#endif
        nets[i] = load_network(cfgfile, weightfile, clear);
        nets[i]->learning_rate *= ngpus;
    }
    srand(time(0));
    network *net = nets[0];

    int imgs = net->batch * net->subdivisions * ngpus;
    printf("Learning Rate: %g, Momentum: %g, Decay: %g\n", net->learning_
rate, net->momentum, net->decay);
    data train, buffer;
```

```
    layer l = net->layers[net->n - 1];

    int classes = l.classes;
    float jitter = l.jitter;

    list *plist = get_paths(train_images);
    //int N = plist->size;
    char **paths = (char **)list_to_array(plist);

    load_args args = get_base_args(net);
    args.coords = l.coords;
    args.paths = paths;
    args.n = imgs;
    args.m = plist->size;
    args.classes = classes;
    args.jitter = jitter;
    args.num_boxes = l.max_boxes;
    args.d = &buffer;
    args.type = DETECTION_DATA;
    //args.type = INSTANCE_DATA;
    args.threads = 64;

    pthread_t load_thread = load_data(args);
    double time;
    int count = 0;
    //while(i*imgs < N*120){
    while(get_current_batch(net) < net->max_batches){
        if(l.random && count++%10 == 0){
            printf("Resizing\n");
            int dim = (rand() % 10 + 10) * 32;
            if (get_current_batch(net)+200 > net->max_batches) dim =
608;
            //int dim = (rand() % 4 + 16) * 32;
            printf("%d\n", dim);
            args.w = dim;
            args.h = dim;

            pthread_join(load_thread, 0);
            train = buffer;
            free_data(train);
            load_thread = load_data(args);

            #pragma omp parallel for
            for(i = 0; i < ngpus; ++i){
                resize_network(nets[i], dim, dim);
            }
            net = nets[0];
```

```
            }
            time=what_time_is_it_now();
            pthread_join(load_thread, 0);
            train = buffer;
            load_thread = load_data(args);

            printf("Loaded: %lf seconds\n", what_time_is_it_now()-time);

            time=what_time_is_it_now();
            float loss = 0;
    #ifdef GPU
            if(ngpus == 1){
                loss = train_network(net, train);
            } else {
                loss = train_networks(nets, ngpus, train, 4);
            }
    #else
            loss = train_network(net, train);
    #endif
            if (avg_loss < 0) avg_loss = loss;
            avg_loss = avg_loss*.9 + loss*.1;

            i = get_current_batch(net);
            printf("%ld: %f, %f avg, %f rate, %lf seconds, %d images\n",
get_current_batch(net), loss, avg_loss, get_current_rate(net), what_time_is_
it_now()-time, i*imgs);
            if(i%100==0){
    #ifdef GPU
                if(ngpus != 1) sync_nets(nets, ngpus, 0);
    #endif
                char buff[256];
                sprintf(buff, "%s/%s.backup", backup_directory, base);
                save_weights(net, buff);
            }
            if(i%10000==0 || (i < 1000 && i%100 == 0)){
    #ifdef GPU
                if(ngpus != 1) sync_nets(nets, ngpus, 0);
    #endif
                char buff[256];
                sprintf(buff,  "%s/%s_%d.weights",  backup_directory,
base, i);
                save_weights(net, buff);
            }
            free_data(train);
        }
    #ifdef GPU
        if(ngpus != 1) sync_nets(nets, ngpus, 0);
```

```
#endif
        char buff[256];
        sprintf(buff, "%s/%s_final.weights", backup_directory, base);
        save_weights(net, buff);
    }
```

检测：

```
    void run_detector(int argc, char **argv)
    {
        char *prefix = find_char_arg(argc, argv, "-prefix", 0);
        float thresh = find_float_arg(argc, argv, "-thresh", .5);
        float hier_thresh = find_float_arg(argc, argv, "-hier", .5);
        int cam_index = find_int_arg(argc, argv, "-c", 0);
        int frame_skip = find_int_arg(argc, argv, "-s", 0);
        int avg = find_int_arg(argc, argv, "-avg", 3);
        if(argc < 4){
            fprintf(stderr, "usage: %s %s [train/test/valid] [cfg] [weights
(optional)]\n", argv[0], argv[1]);
            return;
        }
        char *gpu_list = find_char_arg(argc, argv, "-gpus", 0);
        char *outfile = find_char_arg(argc, argv, "-out", 0);
        int *gpus = 0;
        int gpu = 0;
        int ngpus = 0;
        if(gpu_list){
            printf("%s\n", gpu_list);
            int len = strlen(gpu_list);
            ngpus = 1;
            int i;
            for(i = 0; i < len; ++i){
                if (gpu_list[i] == ',') ++ngpus;
            }
            gpus = calloc(ngpus, sizeof(int));
            for(i = 0; i < ngpus; ++i){
                gpus[i] = atoi(gpu_list);
                gpu_list = strchr(gpu_list, ',')+1;
            }
        } else {
            gpu = gpu_index;
            gpus = &gpu;
            ngpus = 1;
        }

        int clear = find_arg(argc, argv, "-clear");
        int fullscreen = find_arg(argc, argv, "-fullscreen");
```

```
        int width = find_int_arg(argc, argv, "-w", 0);
        int height = find_int_arg(argc, argv, "-h", 0);
        int fps = find_int_arg(argc, argv, "-fps", 0);
        //int class = find_int_arg(argc, argv, "-class", 0);

        char *datacfg = argv[3];
        char *cfg = argv[4];
        char *weights = (argc > 5) ? argv[5] : 0;
        char *filename = (argc > 6) ? argv[6]: 0;
        if(0==strcmp(argv[2], "test")) test_detector(datacfg, cfg, weights,
filename, thresh, hier_thresh, outfile, fullscreen);
        else if(0==strcmp(argv[2], "train")) train_detector(datacfg, cfg,
weights, gpus, ngpus, clear);
        else if(0==strcmp(argv[2], "valid")) validate_detector(datacfg, cfg,
weights, outfile);
        else if(0==strcmp(argv[2], "valid2")) validate_detector_flip(datacfg,
cfg, weights, outfile);
        else if(0==strcmp(argv[2], "recall")) validate_detector_recall(cfg,
weights);
        else if(0==strcmp(argv[2], "demo")) {
            list *options = read_data_cfg(datacfg);
            int classes = option_find_int(options, "classes", 20);
            char    *name_list    =    option_find_str(options,    "names",
"data/names.list");
            char **names = get_labels(name_list);
            demo(cfg, weights, thresh, cam_index, filename, names, classes,
frame_skip, prefix, avg, hier_thresh, width, height, fps, fullscreen);
        }
    }
```

主程序：

```
    int main(int argc, char **argv)
    {
        //test_resize("data/bad.jpg");
        //test_box();
        //test_convolutional_layer();
        if(argc < 2){
            fprintf(stderr, "usage: %s <function>\n", argv[0]);
            return 0;
        }
        gpu_index = find_int_arg(argc, argv, "-i", 0);
        if(find_arg(argc, argv, "-nogpu")) {
            gpu_index = -1;
        }

    #ifndef GPU
```

```
        gpu_index = -1;
    #else
        if(gpu_index >= 0){
            cuda_set_device(gpu_index);
        }
    #endif

        if (0 == strcmp(argv[1], "average")){
            average(argc, argv);
        } else if (0 == strcmp(argv[1], "yolo")){
            run_yolo(argc, argv);
        } else if (0 == strcmp(argv[1], "super")){
            run_super(argc, argv);
        } else if (0 == strcmp(argv[1], "lsd")){
            run_lsd(argc, argv);
        } else if (0 == strcmp(argv[1], "detector")){
            run_detector(argc, argv);
        } else if (0 == strcmp(argv[1], "detect")){
            float thresh = find_float_arg(argc, argv, "-thresh", .5);
            char *filename = (argc > 4) ? argv[4]: 0;
            char *outfile = find_char_arg(argc, argv, "-out", 0);
            int fullscreen = find_arg(argc, argv, "-fullscreen");
            test_detector("cfg/coco.data", argv[2], argv[3], filename,
thresh, .5, outfile, fullscreen);
        } else if (0 == strcmp(argv[1], "cifar")){
            run_cifar(argc, argv);
        } else if (0 == strcmp(argv[1], "go")){
            run_go(argc, argv);
        } else if (0 == strcmp(argv[1], "rnn")){
            run_char_rnn(argc, argv);
        } else if (0 == strcmp(argv[1], "coco")){
            run_coco(argc, argv);
        } else if (0 == strcmp(argv[1], "classify")){
            predict_classifier("cfg/imagenet1k.data", argv[2], argv[3],
argv[4], 5);
        } else if (0 == strcmp(argv[1], "classifier")){
            run_classifier(argc, argv);
        } else if (0 == strcmp(argv[1], "regressor")){
            run_regressor(argc, argv);
        } else if (0 == strcmp(argv[1], "isegmenter")){
            run_isegmenter(argc, argv);
        } else if (0 == strcmp(argv[1], "segmenter")){
            run_segmenter(argc, argv);
        } else if (0 == strcmp(argv[1], "art")){
            run_art(argc, argv);
        } else if (0 == strcmp(argv[1], "tag")){
            run_tag(argc, argv);
```

```
        } else if (0 == strcmp(argv[1], "3d")){
            composite_3d(argv[2], argv[3], argv[4], (argc > 5) ? atof(argv
[5]) : 0);
        } else if (0 == strcmp(argv[1], "test")){
            test_resize(argv[2]);
        } else if (0 == strcmp(argv[1], "nightmare")){
            run_nightmare(argc, argv);
        } else if (0 == strcmp(argv[1], "rgbgr")){
            rgbgr_net(argv[2], argv[3], argv[4]);
        } else if (0 == strcmp(argv[1], "reset")){
            reset_normalize_net(argv[2], argv[3], argv[4]);
        } else if (0 == strcmp(argv[1], "denormalize")){
            denormalize_net(argv[2], argv[3], argv[4]);
        } else if (0 == strcmp(argv[1], "statistics")){
            statistics_net(argv[2], argv[3]);
        } else if (0 == strcmp(argv[1], "normalize")){
            normalize_net(argv[2], argv[3], argv[4]);
        } else if (0 == strcmp(argv[1], "rescale")){
            rescale_net(argv[2], argv[3], argv[4]);
        } else if (0 == strcmp(argv[1], "ops")){
            operations(argv[2]);
        } else if (0 == strcmp(argv[1], "speed")){
            speed(argv[2], (argc > 3 && argv[3]) ? atoi(argv[3]) : 0);
        } else if (0 == strcmp(argv[1], "oneoff")){
            oneoff(argv[2], argv[3], argv[4]);
        } else if (0 == strcmp(argv[1], "oneoff2")){
            oneoff2(argv[2], argv[3], argv[4], atoi(argv[5]));
        } else if (0 == strcmp(argv[1], "print")){
            print_weights(argv[2], argv[3], atoi(argv[4]));
        } else if (0 == strcmp(argv[1], "partial")){
            partial(argv[2], argv[3], argv[4], atoi(argv[5]));
        } else if (0 == strcmp(argv[1], "average")){
            average(argc, argv);
        } else if (0 == strcmp(argv[1], "visualize")){
            visualize(argv[2], (argc > 3) ? argv[3] : 0);
        } else if (0 == strcmp(argv[1], "mkimg")){
            mkimg(argv[2], argv[3], atoi(argv[4]), atoi(argv[5]), atoi
(argv[6]), argv[7]);
        } else if (0 == strcmp(argv[1], "imtest")){
            test_resize(argv[2]);
        } else {
            fprintf(stderr, "Not an option: %s\n", argv[1]);
        }
        return 0;
    }
```

反侵权盗版声明

反侵权盗版声明